DAXING FENGLI FADIAN JIZU
FENGNENG BUHUO GUANGYI GENZONG KONGZHI JISHU

大型风力发电机组
风能捕获广义跟踪控制技术

殷明慧　陈载宇　夏亚平　李　群　邹　云　著

中国电力出版社
CHINA ELECTRIC POWER PRESS

内 容 提 要

本书主要针对大型风力发电机组，在介绍风力发电机组基本概念和数学模型的基础上，介绍了在复杂湍流风速环境下风能捕获跟踪控制的问题与难点，并围绕风力机跟踪性能提升、气动特性与风力机跟踪的关联协调、参考输入与风力机跟踪的关联协调以及基于能控度的风力机结构参数优化的技术路线，结合大量仿真分析和验证，系统论述了提升大型风力发电机组风能捕获的理论与方法。

本书适合于从事风力发电机组控制系统研发、调试和运行的工程技术人员参考，也可作为高等院校从事风电研究的教师和研究生的参考用书。

图书在版编目（CIP）数据

大型风力发电机组风能捕获广义跟踪控制技术/殷明慧等著．—北京：中国电力出版社，2019.11
ISBN 978-7-5198-3524-8

Ⅰ.①大… Ⅱ.①殷… Ⅲ.①大型发电机－风力发电机－发电机组－自动控制－研究
Ⅳ.①TM315

中国版本图书馆 CIP 数据核字（2019）第 289867 号

出版发行：中国电力出版社
地　　址：北京市东城区北京站西街 19 号（邮政编码 100005）
网　　址：http://www.cepp.sgcc.com.cn
责任编辑：孙　芳（010-63412381）
责任校对：黄　蓓　闫秀英
装帧设计：赵姗姗
责任印制：吴　迪

印　　刷：三河市航远印刷有限公司
版　　次：2019 年 11 月第一版
印　　次：2019 年 11 月北京第一次印刷
开　　本：787 毫米×1092 毫米　16 开本
印　　张：11.5
字　　数：249 千字
印　　数：0001—1500 册
定　　价：60.00 元

序

二十一世纪是能源变革的时代，面对化石能源枯竭、能源需求激增、生态环境恶化和全球气候变暖等一系列关乎人类文明的重大问题，应未雨绸缪，尽早规划进入可再生能源时代的道路。风能来自太阳能，近乎无尽，广泛分布，是绿色低碳的可再生能源。风力发电是开发利用风能的主要形式，也是目前技术发展最成熟、基本实现商业化和最具规模化发展前景的可再生能源发电技术之一。随着绿色低碳、高效清洁的可持续发展理念不断深入，风力发电将成为未来能源转型的主要方向之一。

2006 年以来，中国风电的发展举世瞩目，在世界风电产业的高速发展中扮演了重要的角色。风电机组的新增和累计装机容量已稳居全球首位，风电设备制造企业规模迅速扩大，形成了较为完备的风电产业体系。不仅在大容量风电机组开发上基本实现了与世界同步，而且在适应低风速条件和恶劣环境的风电机组开发方面形成了中国特色。

控制系统是风电机组的灵魂。对于一次设备业已定型的现代大型风电机组，控制系统将在优化机组性能、提升系统可靠、保障设备安全和支撑电网消纳等方面发挥越来越重要的作用。特别是在我国，风电机组控制系统关键部件仍有相当比例直接进口或采购外资企业产品。因此，基于先进传感技术、大数据分析技术和智能控制技术的深度融合，研发充分考虑到我国风能资源、自然环境和并网接纳特殊性的控制系统将是中国风电装备的发展趋势之一，具有重要的科学和实践意义。

《大型风力发电机组风能捕获广义跟踪控制技术》是一本聚焦复杂风速环境下提升大型风力发电机组风能捕获效率的专著。该著作论述的内容源自作者团队关于低风速风电机组跟踪控制近十年的科研和实践成果。不仅提出了有别于传统最大功率点跟踪的大型风电机组最大化风能捕获机理，更拓展了优化控制策略改善系统性能的常规手段。据此提出了控制策略设计、叶片气动优化和跟踪目标优化三条技术路线，开发出一系列提升大型风电机组风能捕获效率的策略和方法。值得一提的是，在风电控制工程的基础上，作者还将跟踪控制的内涵拓展到系统结构参数与控制工艺参数的协调优化，形成了广义跟踪控制的新概念，丰富了一类跟踪效益控制问题的解决途径。该著作可供风能开发利用领域的科技人员参阅，为正在进行风电机组控制系统研发的专业人员提供宝贵的参考资料。该书的问世将有助于我国低风速风能的高效率开发利用，并为风电领域的人才培养产生积极的作用。

2019 年 9 月 18 日

前 言

能源是人类赖以生存和发展的驱动力，从蒸汽时代到电气时代，每一次能源方式的变革都标志着人类文明的进步。尽管全球的能源消费结构仍然以石油、煤炭、天然气等化石能源为主，但是随着全球能源危机、生态环境和气候变化等问题的日益显现，开发绿色低碳、高效清洁的新能源已成为世界各国共同的迫切需求与目标。

从十九世纪末风力发电机组的诞生，到今天风电产业的商业化、规模化运营，风力发电的优势在长期的探索与发展中逐步凸显，成为未来全球能源转型的主要方向之一。为了提升风电的市场竞争力，不仅要求风力发电机组向大容量、高可靠和智能化的方向发展，而且需要风电场建设向风况更复杂的低风速地区、环境更恶劣的海上区域拓展。这其中所面临的技术挑战制约着风力发电的发展、关系着能源变革的进程。本书正是聚焦大型风力发电机组在复杂湍流风速环境下的风能捕获问题，从气动、电气和控制多学科交叉融合的视角，对该问题进行了深入分析、系统论述和前瞻探索。

全书具体内容安排如下：

第 1 章梳理了风力发电技术的发展历史和未来趋势，介绍了风力发电机组的基本组成、主要类型和运行原理，并从机电动态和电磁动态两个时间尺度阐述了风力发电机组控制系统的结构和原理。

第 2 章介绍了适用于风能捕获跟踪控制研究的风速模型、气动模型和传动链模型，并且阐述了关注机电动态的风力发电机组复杂模型与简化模型。

第 3 章概述了变速风力发电机组的最大功率点跟踪原理，介绍了基于该原理的变速风力机气动设计方法与跟踪控制方法。围绕跟踪损失和跟踪失效问题，论述了湍流风速对大型风力机最大功率点跟踪效果的影响，并提炼出提升风力机风能捕获的三条技术路线。

第 4 章论述了基于提升风力机跟踪性能的风能捕获跟踪控制技术，即第一条技术路线。主要包括：基于增大不平衡转矩的改进方法、基于减小转矩增益的改进方法和基于自适应调整转矩增益的改进方法。

第 5 章论述了基于气动参数与风力机跟踪关联协调的风能捕获跟踪控制技术，即第二条技术路线。主要包括：基于来流风能分布的运行工况描述方法、协调风力机跟踪性能的翼型多攻角设计优化、叶片气动外形正设计方法和叶片气动外形逆设计方法。

第 6 章论述了基于参考输入与风力机跟踪关联协调的风能捕获跟踪控制技术，即第三条技术路线。主要包括：收缩跟踪区间和有效跟踪区间的提出，基于风能分布、神经网络和响应面模型的有效跟踪区间估计方法及相应的针对传统的最优转矩法的改进方法。

第 7 章论述了基于能控度优化风力机结构参数的风能捕获跟踪控制技术，在阐明状态能控度与跟踪控制效果内在关系的基础上，给出了基于参数摄动裕度能控度与能量能控度的风力机结构参数优化设计方法。

这些内容是对作者过往风电研究工作的梳理和总结。该研究源自国网江苏省电力有限公司于 2008 年设立的关于低风速风电的科技项目“风能综合利用及示范应用研究”(J2008093)，并具体经历了四个阶段：

（1）发现低风速场景下传统最大功率点跟踪的跟踪失效现象，探索了发生机理。

2008～2011 年期间，在时任江苏省电力试验研究院研究室主任李群博士负责的低风速风电机组研发过程中，当时负责跟踪控制策略研发的殷明慧博士发现：在某些低风速条件下，会出现无论使用怎样的跟踪控制策略，风力机都完全跟踪不上传统最优转速的现象。进一步研究表明，这是由于低风速风场普遍存在的风速湍流特性对风力机动态响应特性提出了更高的要求，但风轮尺寸大幅增大却严重降低了低风速风力机的动态响应性能，致使风力机跟踪性能与跟踪要求之间的矛盾加剧、从而造成经典最大功率点跟踪（Maximum Power Point Tracking，MPPT）控制难以实现低风速风能高效率捕获的结果。这部分内容具体参见第 3 章。

（2）改进了低风速风力机 MPPT 控制策略，得出在目前技术条件下单纯依赖控制系统设计已很难进一步实质性地提高风能捕获效率的结论。这一方面的研究获得国家自然科学基金“复杂风场最大功率点跟踪控制的机理分析与设计”（61203129）资助。

这一研究集中在 2012～2015 年，相关工作主要是试图通过优化控制系统设计参数的传统方法解决（1）中提出的跟踪控制问题。研究发现：低风速场景下，尽管控制系统参数的优化设计可以部分提高风能捕获效率，但由于发电机容量和机组结构载荷的限制，仅仅通过该技术途径已经很难取得风能捕获效率的显著提升。在此期间攻读博士学位的张小莲博士、周连俊博士和陈载宇博士围绕提升跟踪性能问题先后取得的相关研究进展，为获得这一结论提供了可靠的理论分析与仿真实验依据。这部分内容具体参见第 4 章。

（3）开展了气动参数—跟踪控制一体化设计，以进一步突破低风速场景风能捕获效率瓶颈。相关研究先后获得“一体化设计新探索：系统的控制性设计、概念与方法”（61174038）和“受控对象结构与控制器一体化设计：低风速风机气动参数与 MPPT 控制的关联协调优化方法”（61673213）两项国家自然科学基金资助。

这一工作主要是在 2015～2018 年展开的，相关的研究不再拘泥于以往单纯优化控制系统参数的常规设计思路的限制，而是以优化控制系统参数之外的风力机可调气动参数，并使之与跟踪控制协调配合的方法拓展了跟踪控制手段，以尝试达成低风速场景下风能捕获效率的有效提升。为此，殷明慧博士牵头的研究小组以邹云教授长期探索的受控对象结构 - 控制器一体化设计新方法为初始框架，结合李群博士对一体化设计在工程实现方面存在的问题和相关技术指导意见，尝试通过风力机气动参数与其跟踪控制的关联协调来提升风能捕获。针对这一课题，在此期间攻读博士学位的杨志强博士和夏亚平博士分别从风力机气动设计和受控对象能控度出发展开了较为系统的研究，形成了具有控制性设计特性的风力机气动和结构设计方法的基础框架。研究结果表明：这类方法能更有效地提高低风速风能的捕获效率。这部分内容具体参见第 5 章和第 7 章。

（4）提出了非硬件参数的参考输入－跟踪控制一体化设计方法，为有效克服风力机气动参数－跟踪控制一体化设计在工程实现上遇到的诸多限制提供新的解决途径。相关研究获得国家自然科学基金“跟踪效益问题中伺服控制的新思路：一种‘参考输入 - 伺服控制器一体化设计’”（61773214）资助。

这部分工作起始于 2017 年，目前仍然在持续探索中。众所周知，气动参数的优化受到风电机组总体设计环节的诸多约束。这不仅影响一体化设计技术发挥效果，而且工程实现的难度也很大。就如何解决这一问题，在李群博士的工程技术指导和邹云教授的学术理论引导下，研究小组做了多年的努力。在此之前，殷明慧博士曾提出有效跟踪区间概念与跟踪控制方法，效果明显。其主要学术思想是：鉴于低风速风力机的缓慢动态特性，提出应该放弃低风速段的 MPPT，以换取高风速段的跟踪路程减小以及跟踪效果的改善，进而达成从整体上提高捕获风能总量的目的。它的实质是在接受慢动态风力机跟不上快速波动风速的前提下，将有限的跟踪性能用于跟踪效益最大的风能集中分布的风速区间。这样，反而能更显著地提升低风速场景的跟踪控制效益。

随后，邹云教授与陈载宇博士注意到这一迥异于传统跟踪控制目标的概念很奇特：它既不涉及风电机组硬件参数，也无关控制系统参数。通过进一步的理论建模与分析，他们发现前述有效跟踪区间本质上就是对闭环反馈控制的参考输入的一种优化，优化的目的是为了提高跟踪效益。也即，在这个视角下，可将参考输入作为跟踪控制的可控工艺参数。这相当于将被跟踪的参考输入作为广义控制变量纳入跟踪控制策略进行一体化设计，以提高风能捕获效率。

这一发现不仅从控制理论上阐释了由殷明慧博士提出并指导张小莲博士和周连俊博士在前期展开的考虑湍流风速的跟踪区间优化研究的学术意义，更由此发展出通过参考输入与跟踪控制的关联协调以提升风能捕获的新技术路径。同时这也将一体化设计从受控对象参数 - 控制器拓展到控制工艺参数 - 控制器层面。由于参考输入与受控对象无关，也与控制器参数无关，完全可由控制工程师以极大化风能捕获效率为目的进行自主虚拟设计。因此从工程可行性角度来看，该一体化设计天然具有很强的发展潜力和工程实用性。该方向上，作者的研究团队的探索仍在持续中，本书仅给出了由博士研究生郭连松具体完成的基于最优控制视角优化参考输入的部分阶段性研究结果。有关基于有效跟踪区间跟踪控制的研究成果和参考输入 - 跟踪伺服系统一体化设计的最新进展，具体参见第 6 章。

整个研究工作时间跨度 10 年，取得的主要学术和技术成果在《中国科学》、《中国电机工程学报》、《电力系统自动化》、IEEE Transactions on Power Systems、Applied Energy 及 IET Renewable Power Generation 等国内外高水平期刊发表学术论文 24 篇；申请发明专利 32 项，其中获授权发明专利 23 项；获江苏省科学技术三等奖和江苏省电力科学技术进步一等奖各一项。培养博士研究生 8 人，其中已获博士学位 6 人。同时，应用相关技术的低风速风电机组也取得了显著的发电效益。

本书在各章结尾均附有注释和参考文献。一方面是对本章相关内容的总结、诠释以及点评与延伸，方便读者的理解把握和扩展阅读；另一方面也是阐述作者在从事风电领域科研、教学和实践过程中的沉淀与思考。这些看法可能并不十分准确，甚至很不成熟。其主要目的在于活跃读者学术思想，以营造共同学习思考、去伪存真的良好氛围，也期待与读者展开进一步的探讨和交流。

本书写作所引用的参考资料已尽可能地列写在每章的参考文献中。但其中难免有些遗漏，特别是一些资料经过反复引用已难以查实原始出处。在此，特向被漏列参考文献的作者表示歉意，并向所有引用文献的作者表示诚挚的感谢。

这里，需要特别强调说明的是：在完成本书所涉及研究工作的过程中，先后得到了 5 项国网江苏省电力有限公司、国网江苏省电力有限公司电力科学研究院科技项目、4 项国家自然科学基金项目（61673213、61773214、61203129 和 61174038），以及江苏省“六大人才高峰”高层次人才项目（XNY-025）的资助。同时，还要感谢国网江苏省电力有限公司电力科学研究院在风电技术仿真、试验和工程化等方面的长期支持；感谢南京理工大学的多年教育培养并持续提供 3 项创新培育项目的支持；感谢它所提供的优美的校园环境、浓厚的学术氛围和鼓励探索的科研机制；感谢新加坡南洋理工大学提供的访问学习和学术交流机会。没有这些项目的支撑和这些单位的支持，上述研究成果是不可能取得的。

此外，本书得以顺利完成和出版，还要特别感谢张小莲博士、周连俊博士和杨志强博士攻读学位期间在风能捕获跟踪控制方面做出的独特学术贡献；特别感谢硕士研究生王静波、高一帆、汤仕杰、王文博和金慧等同学的帮助和支持。

由于作者水平有限，书中疏漏之处在所难免，敬请读者批评指正。

常用英文缩写对照表

英文缩写	英文全称	汉译术语
WMO	World Meteorological Organization	世界气象组织
GWEC	Global Wind Energy Council	全球风能理事会
NREL	National Renewable Energy Laboratory	美国国家可再生能源实验室
SCIG	Squirrel Cage Induction Generator	笼型异步发电机
DFIG	Doubly Fed Induction Generator	双馈异步发电机
PMSG	Permanent Magnet Synchronous Generator	永磁同步发电机
RSC	Rotor Side Converter	转子侧变流器
GSC	Grid Side Converter	电网侧变流器
PWM	Pulse Width Modulation	脉冲宽度调制
PI	Proportional Integral	比例积分控制器
PID	Proportional Integral Derivative	比例积分微分控制器
IEC	International Electrotechnical Commission	国际电工委员会
FAST	Fatigue Aerodynamics Structures Turbulence	“疲劳-气动-结构-湍流”软件
BEM	Blade Element Momentum Theory	叶素动量理论
CFD	Computational Fluid Dynamics	计算流体力学
MPPT	Maximum Power Point Tracking	最大功率点跟踪
COE	Cost of Energy	单位能量成本
AEP	Annual Energy Production	年发电量
GA	Genetic Algorithm	遗传算法
PSO	Particle Swarm Optimization	粒子群算法
RTR	Reduction of Tracking Range	收缩跟踪区间
DTG	Decreased Torque Gain	减小转矩增益
OT	Optimal Torque	最优转矩法
HCS	Hill-Climbing Search	爬山法
AOT	Accelerated Optimal Torque	加速最优转矩法
AT	Adaptive Torque	自适应转矩法
MOAP	Multi-Point Optimization Using Approximation of P_{favg}	以P_{favg}近似值为目标函数的多工况优化方法
MODP	Multi-Point Optimization Directly Applying P_{favg}	以P_{favg}为目标函数的多工况优化方法
MONU	Multi-Point Optimization Without Update	不对目标函数的叶尖速比和权重系数进行更新的多工况优化方法
DAEP	Dynamic Annual Energy Production	动态年发电量
MDO	Multidisciplinary Design Optimization	多学科设计优化
RBF	Radial Basis Function	径向基函数
AGC	Automatic Generation Control	自动发电控制
LQR	Linear Quadratic Regulator	线性二次型调节器

常用变量符号对照表

变量符号	名称	变量符号	名称
A_D	风力机的扫略面积	$f_{TSR}(e)$	基于误差设计的反馈控制律
A^{be}	叶素所在圆环的扫略面积	h	轮毂高度
a	轴向诱导因子	J_{B1}，J_{B2}，J_{B3}	叶片的转动惯量
b	切向诱导因子	J_H	轮毂的转动惯量
C_P	风能利用系数	J_{GH}	齿轮箱的转动惯量
C_P^{max}	最大风能利用系数	J_G	发电机转子的转动惯量
C_P^{be}	叶素风能利用系数	J_r	低速轴侧的转动惯量
$C_P^{\lambda_j}$	某叶尖速比处的风能利用系数	J_g	高速轴侧的转动惯量
C_l	升力系数	J	单质量块模型的转动惯量
C_d	阻力系数	K_{ls}	低速轴刚度系数
C_x	法向系数	K_d	减小转矩增益法的增益减小系数
C_y	切向系数	K_d^{opt}	系数 K_d 的最优值
c	弦长	K_a	自适应转矩转矩法调整后的转矩增益系数
D_r	风力机阻尼系数	K_a^{avg}	系数 K_a 的平均值
D_g	发电机阻尼系数	K_a^{min}	系数 K_a 的最小值
D_{ls}	低速轴阻尼系数	K_a^{opt}	系数 K_a 的最优值
D_t	单质量块阻尼系数	K_a^{max}	系数 K_a 的最大值
dD	作用于单位圆环的阻力分量	K_P	比例控制的增益系数
dL	作用于单位圆环的升力分量	k_{opt}	最优转矩法的转矩增益系数
$E_{inflow}^{U_\lambda}$	运行叶尖速比区间内蕴含的来流风能	k_B	降低等效惯量法的修正比例系数
$E_{inflow}^{U_\alpha}$	运行攻角区间内蕴含的来流风能	k_c	考虑干扰的能量能控度指标
E_{cap}^{total}	风力机捕获的风能	L	积分尺度
E_{inflow}^{total}	总的来流风能	M	风力机的总切向转矩
E_{inflow}^{be}	叶素来流风能	N_B	叶片数
$E_{cap}^{U_\lambda}$	运行叶尖速比区间内捕获的风能	n_g	齿轮箱变比
$f_{Pa}(v)$	可捕获风功率的概率密度	obj	目标函数
$f_v(v)$	风速的概率密度	P_a	风力机捕获的风功率，即风力机产生的气动功率
f	湍流风速的频率	P_{rated}	额定功率
P_{cap}	风力机实际捕获功率的估计值	TI	湍流强度

续表

变量符号	名称	变量符号	名称
P_{wy}	空气中蕴含的风功率	T	风力机对杆塔总推力
P_{favg}	风能捕获效率	T_{find}	搜索周期
$P_N(U_\lambda)$	运行叶尖速比分布比率	T_{opt}	最优转矩
$P_E(U_\lambda)$	运行叶尖速比区间对应的来流风能分布比率	T_r	起始转速更新周期
$P_N(U_\alpha)$	运行攻角分布比率	T_{ls}	低速轴转矩
$P_E(U_\alpha)$	运行攻角区间对应的来流风能分布比率	T_{hs}	高速轴转矩
P_t^{be}	叶素切向功率	T_{rated}	额定转矩
P_{favg}^{be}	叶素风能捕获效率	U_v	风速区间
P_{inflow}^{be}	流经叶素的风功率	U_v^m	最大风能蕴含量风速区间
P_{loss}	动态风能捕获损失量	U_ω^m	风力机有效跟踪区间
$P_{opt}(\omega_r)$	最优功率曲线	U_α	运行攻角区间
P_D	气体对制动盘输出的功率	U_λ	运行叶尖速比区间
P_e	电磁功率	u_{eq}	滑模控制器等效控制部分
P_e^*	电磁功率指令	u_{sw}	滑模控制器切换控制部分
p_D^+，p_D^-	致动盘上下游剖面气压	V_h	轮毂处风速
p_s	静压能	v_D	气体在致动盘上游剖面速度
Q	总切向转矩	v_{rated}	额定风速
R	风力机半径	$\bar{v}$	平均风速
R_{hub}	轮毂半径	v_t	湍流分量
r_t	实际捕获风能占比	$\hat{v}$	估计风速
r_p	可捕获风能占比	v_l^m	风速区间下边界
$S(f)$	谱函数	v_u^m	风速区间上边界
$S_{12}(f)$	两网格点的相干谱线	v^{be}	叶素处风速
$S_{11}(f)$，$S_{22}(f)$	每个网格点的变化谱线	v_{ws}	盘面风速
s_{sw}	切换函数	v_{ts}	塔影风速
T_a	气动转矩	v	湍流风速
$\hat{T}_a$	估计气动转矩	W	以叶素为参照系的相对合速度
T_g	电磁转矩	$w(t)$	系统的外部干扰
T_g^*	电磁转矩指令	$\Sigma(t)$	干扰灵敏度 Grammian 矩阵
T_w	风速采样周期	σ	湍流风速标准差

续表

变量符号	名称	变量符号	名称
σ_{e}	最小能量	λ	叶尖速比
σ_{r}	弦长实度	λ_{opt}	最佳叶尖速比
σ_{1}	系统镇定所需要的能量	μ	能控度
σ_{2}	系统抗干扰所需要的能量	μ_{d}	参数摄动裕度能控度
α	攻角	μ_{e}	能量能控度
α_{ope}	运行攻角	μ_{j}	权重系数
α_{dgn}	设计攻角	Δr	两格点间距
α_{opt}	最佳攻角	ΔT_{MPPT}	MPPT 控制下的不平衡转矩
α_{g}	地面粗糙度系数	ω_{r}	风力机转速
ζ_{1}，ζ_{2}，…，ζ_{l}	可调结构参数	ω_{g}	发电机转速
ζ_{imin}	结构参数的上界	ω_{ref}	参考转速
ζ_{imax}	结构参数的下界	ω_{rated}	额定转速
β	桨距角	ω_{l}^{m}	有效跟踪区间下边界
ζ	翼型升阻比	ω_{u}^{m}	有效跟踪区间上边界
ζ_{max}	最大升阻比	ω_{error}	转速误差
θ	扭角	ω_{bgn}	起始发电转速
θ_{L}	叶片的方位角	ω_{bgn}^{opt}	最佳起始转速
δ_{s}	灵敏度系数	ω_{eff}	等效湍流频率
$\delta(\tau)$	狄拉克函数	ρ	空气密度
γ	转矩增益调整系数		

目 录

第1章

风力发电机组的概述

风力发电经过长期的发展已成为当今人类社会应对能源危机、生态危机、气候变化等问题的有效手段，风力发电技术也成为衡量一个国家能源利用水平的重要标准。随着绿色低碳、高效清洁的可持续发展理念不断深入，风力发电将成为未来能源转型的主要方向之一。

第1节　风力发电的发展与现状

从19世纪末风力发电机组诞生以来，经过漫长而曲折的探索和发展，风力发电技术不断突破，日趋成熟，风电产业逐步实现了商业化、规模化运营。风电在可再生能源发电中的优势地位正逐步彰显。

一、风能资源分布与风电产业的发展

风能作为一种清洁的可再生资源，在地球上分布十分广泛。据世界气象组织（World Meteorological Organization，WMO）统计，全球风能资源约为2.74×10^6GW，其中可开发利用的风能约为2×10^4GW，这相当于2018年全球火电机组装机容量的10倍左右[1]。全球风能资源的分布受地形影响较大，风能资源多集中在沿海和开阔大陆的收缩地带。欧洲是世界上风能资源分布最为丰富的地区之一，主要包括英国、荷兰、丹麦、西班牙、法国、德国和挪威等大西洋沿海地区，年平均风速可达9m/s。北美洲地区的地形开阔，其风能资源主要分布于北美大陆的中东部及沿海地区，年平均风速均在7m/s以上。亚洲地形复杂环境多变，可利用风能资源主要分布在中部、东部以及沿海地区，年平均风速一般在6～7m/s之间。

早在三千年前，古人就已经开始利用风能进行生产生活，但是也仅限于将风能转化为机械能。例如，日常生活中利用风能碾米与提水。直到19世纪六七十年代，发电机的发明使人类进入到电气时代，人们意识到风能不仅可以转化为机械能，还可以进一步转化为电能。但是在随后的一百年间，由于化石能源价格低廉，并被视为人类的主力能源，风力发电始终没有得到产业化推进。

到了20世纪70年代，世界范围内爆发能源危机，传统化石能源的价格一路飙升，这

极大地刺激并坚定了欧美国家发展新能源的决心。在此契机下，风力发电技术的发展得到大力推进。21 世纪以后，绿色、低碳、高效的可持续发展理念逐步在全球范围内得到共识。为应对全球化石能源的日渐枯竭和大气环境的日益恶化，规模化、集中化、产业化发展风电已经成为世界各国的共同选择。在 21 世纪初的近 20 年间，全球风电产业迅猛发展。据全球风能理事会（Global Wind Energy Council，GWEC）统计，截至 2018 年底，全球风电装机容量累积达到 591GW[2]，相较于 2001 年增长了近 24 倍，规模化风电产业遍布全球 100 多个国家和地区。图 1-1 为 2001～2018 年全球累积风电装机容量示意图。

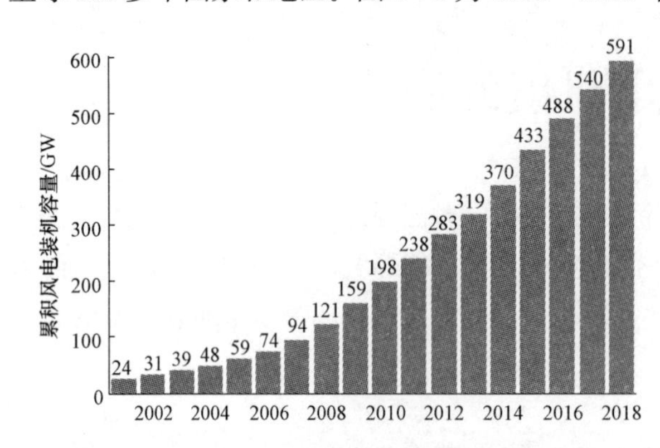

图 1-1　2001～2018 年全球累积风电装机容量[2]

德国，作为欧洲最大的风力发电强国，其风电装机总量和每年新增装机容量都位于世界领先水平。截至 2018 年底，德国风电累积装机总量达到 58GW，预计到 21 世纪 30 年代，风力发电将占据其全国发电总量的 1/3。丹麦，作为欧洲传统的风电强国，也是全球风电产业的发源地，2017 年风电在其全国用电量中的占比高达 42%。美国，作为世界第二大风电市场，2018 年累积风电装机容量已经达到了 97GW，相比于上一年度增长近 16%。随着全球风电产业的持续发展，风电的开发成本逐年下降。美国风电长期协议价格已下降到与化石能源电价同等水平，巴西、南非、埃及等国的风电招标电价已低于当地传统化石能源上网电价，风电的价值优势开始逐步显现，并将在未来能源结构中扮演更为重要的角色。

中国的风电产业尽管起步较晚，但发展迅猛，总体来看可分为四个发展阶段[3]。早期示范阶段（1986～1993 年）：在此期间凭借政府的资金扶持，建设了一些小型示范风电场，主要是对风力发电技术进行科学论证。产业化探索阶段（1994～2003 年）：此阶段开始从政策上引导风电产业的发展，为保障投资者利益以促进风电场的建设，首次探索建立了强制性收购、还本付息电价和成本分摊制度。但是，由于行业政策依旧不够明确，风电产业发展仍较为缓慢。产业化发展阶段（2004～2007 年）：在此阶段首次从立法层面为风电产业发展指明了方向，通过实行《可再生能源法》为风电行业建立了稳定的费用分摊制度，迅速提高了风电开发规模和本土设备制造能力。大规模发展阶段（2008 年～至今）：中国风电产业在此阶段一路高歌猛进，2009 年的新增装机容量首次超越美国，领跑全球。截止到 2018 年底，中国风电累积装机容量为 209.5GW，成为世界上首个规模突破 200GW 大关的风电市场。2008～2018 年中国新增风电装机容量与累积风电装机容量如图 1-2 所示。

中国在全球风电产业的高速发展中扮演了重要的角色，近年来无论是新增装机容量还是累积装机容量都稳居全球首位。但是，中国风电产业的发展也并非顺风顺水。受风能资源分布影响，中国的“三北”地区（东北、华北和西北）和沿海地区风能资源最为

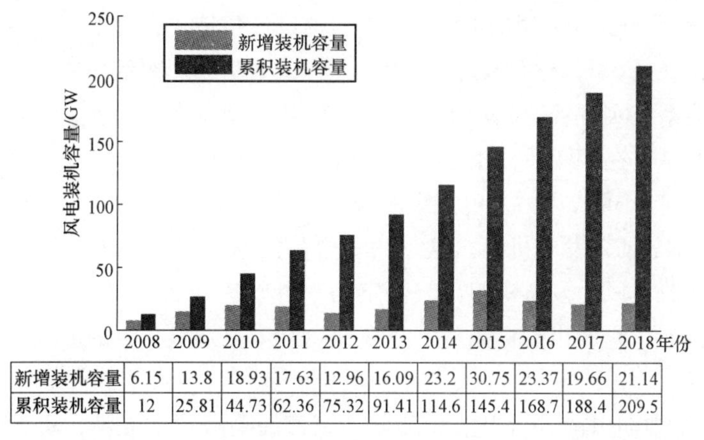

	2008	2009	2010	2011	2012	2013	2014	2015	2016	2017	2018
新增装机容量	6.15	13.8	18.93	17.63	12.96	16.09	23.2	30.75	23.37	19.66	21.14
累积装机容量	12	25.81	44.73	62.36	75.32	91.41	114.6	145.4	168.7	188.4	209.5

图 1-2　2008～2018 年中国新增风电装机容量与累积风电装机容量[4]

丰富，是中国风电大规模开发利用的主战场。然而，“三北”地区虽然风能资源丰富，但是工业基础薄弱加之远离负荷中心，随着三北地区风电产业爆发式增长，由此造成的电能消纳问题[5-8]也使得这些地区弃风限电现象[9-10]日益严重。在此背景下，2016 年中国能源局印发的《风电发展“十三五”规划》将风电消纳问题作为重点任务，并布局中东部及南部等陆上低风速地区和海上风电产业发展[11]。此外，2017 年国家能源局发布《关于 2017 年度风电投资监测预警结果的通知》，将内蒙古、黑龙江、吉林、宁夏、甘肃、新疆六省区划定为红色预警区域，即当年不得核准建设新的风电项目，并要采取有效措施着力解决弃风限电问题[12]。

由此可见，要想稳固风电在能源结构中的优势地位，风电产业就必须从高速发展阶段向高质量发展阶段过渡。随着产业布局的不断优化，配套政策的有效执行，以及风力发电技术水平的显著提升，未来的风电产业依旧具有广阔前景。

二、风力发电技术的发展历史

风力发电技术是一种综合机械工程、电气工程和控制工程的复杂工程技术。尽管人类早已意识到风能的利用价值，但是由于其自身的复杂性以及市场环境的制约，直到 19 世纪末才诞生了世界上第一台风力发电机组。并在此后的一百多年间经历了从多叶片到三叶片，从离网运行到并网运行，从恒速运行模式到变速运行模式的曲折发展历程。

1887～1888 年冬，美国电气工业奠基人 Charles F. Brush 在美国俄亥俄州安装了世界上第一台自动运行且用于发电的风力发电机组。由于当时的空气动力学还没有完备的理论体系，所以 Brush 风力发电机组借鉴了当时的风力水泵概念，其风轮直径 17m，有 144 个由雪松木制作的叶片。但是它的功率仅为 12kW，通过一个专门设计的直流发电机将风能转化为电能，并且需要通过蓄电池实现发电与用电的电能平衡。

1891 年，随着空气动力学的发展及应用，丹麦人 Poul la Cour 发明了转速快且叶片数少的风力发电机组。其风轮直径在 20m 以内，功率可以达到 35kW。到 1918 年，丹麦已经建造了 120 台 la Cour 风力发电机组，总装机容量超过 3MW，发电量占到了丹麦当年电力消耗的 3%。但是“la Cour 风力发电机组”依然输出的是直流电，并且需要配备电解水制氢储能。

1941年，美国Smith公司的Putnam工程师设计建造了世界上第一台兆瓦级风力发电机组。其风轮直径53m，两个巨大的叶片由不锈钢制成，额定功率达到1.25MW，可以通过液压变桨系统实现转速和功率的控制。这款巨型风力机代表了当时风力发电技术的最高水平，但是仅在四年后便由于金属疲劳导致叶片折断。

1956～1957年，现代风力发电机组的设计先驱Johannes Juul为SEAS电力公司建造了著名的Gedser风力发电机组。这是一种全新的水平轴、三叶片、上风向、带有电动偏航的失速调节型风力发电机组。其额定功率可以达到200kW，并且直接并网发电，无需依赖储能电池。它的出现标志着“丹麦概念”风力发电机组的形成，对现代风力发电技术影响深远。

整个20世纪中期以前，世界上大部分国家都深陷战争的泥潭，更无暇顾及风力发电技术的推进。此外当时化石能源的使用正值火热，风力发电也无法得到大范围推广。直到20世纪70年代陆续发生的全球能源危机，风力发电技术才重新得到人们的关注。同时，随着电力电子技术的出现与发展，应用电力电子技术实现变速运行的风力发电机组克服了恒速运行时的诸多问题，成为一种全新的风力发电技术。

如今的风力发电技术已经相对成熟，更加完善的叶片气动设计使得风力发电机组的效率不断提高，桨距角可调和自动偏航等技术也已成为基本功能。兆瓦级的大型风力发电机组转速可调、功率可控、并网灵活，多样化的机型配置可以适应不同的应用场景。随着风力发电产业的不断深入，未来风力发电技术将向着更加智能、高效、可靠、友好的新理念不断迈进。

风力发电机组的演变如图1-3所示。

(a)　(b)　(c)　(d)　(e)

图1-3　风力发电机组的演变[13-14]

(a) Brush风力发电机组；(b) la Cour风力发电机组；(c) Smith-Putnam风力发电机组；(d) Gedser风力发电机组；(e) 现代风力发电机组

三、风力发电技术的发展趋势

未来随着风能资源的深度利用，风力发电技术将面临更多挑战。同时风电产业的不断成熟也对风力发电技术提出新的要求，这些新的挑战和要求也为风力发电技术的发展指明了方向。

1. 大型化

风力发电技术发展的初期，单机容量大多是几百千瓦。现今，数兆瓦级风力发电机组已经成为风电市场的主流机型。一方面，风力发电机组的大型化不仅可以减少占地面积、提升单机效率，更可以降低风力发电的度电成本。另一方面是由于低风速风电市场的兴起，更低的风能密度和与之适配的更大的扫风面积需要进一步增大单机容量以减小度电成本[9]。随着新能源扶持政策的逐步退出，风电市场的竞争将更为激烈，更加凸显了降低度电成本的重要性。风力发电机组大型化将是各制造商的重要竞争力，同时也是风力发电技术发展的必然趋势[15]。

2. 海上风电

与陆上风电场相比，海上风电的开发建设成本更高，技术难度更大，对机组运行可靠性要求更为严苛。但是随着陆上风电开发已趋于饱和，尤其是高风速风能业已充分开发，海上风电凭借风速稳定、空间广阔、对环境影响小等优势得到人们的青睐。特别在中国，海上风电更加接近负荷中心。近年来，中国海上风电市场发展极为迅猛，2018 年海上风电新增装机容量同比增长 65%，已连续三年增长率超过 50%。未来，随着海上风力发电技术的发展，海上风电的开发成本将持续下降，装备供应链也将更加完备，海上风电将成为风电产业新的增长点[15]。

3. 低风速

随着风电装机容量的不断增大，风能密度大且容易开发的高风速地区已基本充分开发，而低风速地区仍具有很高的开发价值。特别是在我国，低风速地区面积约占全国风能资源的 68%，开发潜力巨大。与此同时，低风速风能广泛分布在电力需求较大的东南沿海地区，更便于就地消纳。2016 年国家能源局发布的《风电发展“十三五”规划》[11]指出：需要重视中东部和南方地区风电发展，将中东部和南方地区作为我国“十三五”期间风电持续规模化开发的重要增量市场。但是，低风速地区的地形通常较为复杂，受地形因素影响，当气流流经该地区时，会因受到复杂地形的阻碍而改变运行方向和速度。相对于高幅值且平稳的高风速风况，低幅值、高湍流的低风速风况非常不利于风力发电机组的高效率捕获风能。因此，《风电发展“十三五”规划》[11]相应提出：推动低风速风电技术进步，因地制宜推进常规风电、低风速风电开发建设。

4. 友好并网

风电并网是新能源消纳的最主要手段，但是由于风电功率难以准确预测，其波动性与随机性将对电网的安全稳定运行造成严重影响，这就需要发展“电网友好型”的风力发电技术。风电的友好并网主要通过对风力发电机组实施技术规范、并网检测和型式认证等措施，使风力发电机组具备更加良好的电网适应能力。风电的友好并网主要体现在有功功率的平滑、无功功率的调节、低电压穿越能力、参与电网频率调节和抗干扰能力等方面，使风力发电机组的功率控制能力和自适应能力更强，实现风电与电网及其他发电单元的协调发展[3]。

第2节 风力发电机组的基本组成

风力发电是一种将风能转换为机械能，再将机械能转换为电能，进而按照电网或者用户的需求输出电能的清洁能源技术。按照功能和作用的不同，风力发电机组包含以下几个部分：风力机、传动链、发电机、制动系统、变流器、控制系统、偏航系统和安全保护系统等，图1-4为常见风力发电机组的结构示意图。其中，由于风力机、传动链、发电机、变流器以及控制系统是实现能量转换的关键组成部分，所以对这几个部分做进一步的介绍。

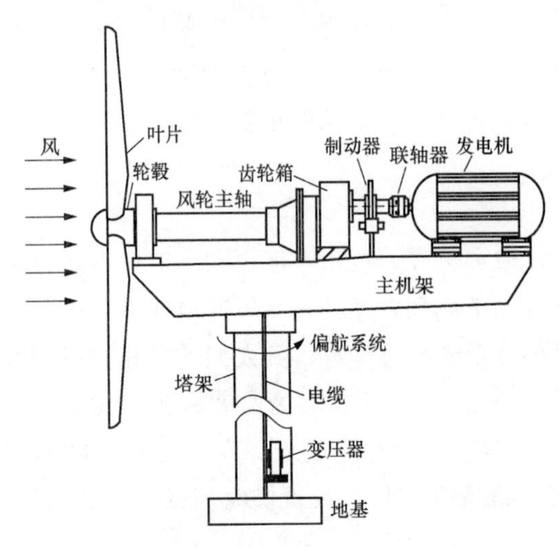

图1-4 常见风力发电机组的结构示意图[16]

一、风力机

风力机是捕获风能并将其转换为机械能的装置。基于空气动力学，风力机研究对于合理设计风力发电机组、提高机组发电效率具有重要意义。风力机主要是由叶片、轮毂、导流罩和变桨执行机构组成。按照风力机转轴与地面的相对位置，可以分为水平轴风力机和垂直轴风力机。由于气动效率低和安装、维护不方便等原因，垂直轴风力机已经逐步退出商用领域，如今广泛使用的是水平轴双叶型风力机和水平轴三叶型风力机，如图1-5所示。随着市场的应用和竞争，水平轴三叶型风力机的优势逐渐凸显，成为了商业应用的主流机型。

1. 叶片

叶片是用来捕获风能的旋转部件。为了使风力机最大限度捕获风能，需要从气动特性的角度出发选择合适的叶片翼型。由于传统的低速航空翼型如NACA翼型不能很好地满足风力发电的场景需求，各类风力机专用翼型被广泛开发和使用，典型的风力机专用翼型有荷兰的DU系列以及美国的SERI和NREL系列。考虑到叶片的机械强度以及疲劳特性等因素，叶片的材料也从铝合金、玻璃钢强化塑料发展为玻璃纤维复合材料、碳纤维复合材料。复合材料的应用可以使得叶片向轻量化、高性能、柔性化的方向改良，在减轻叶片质量、延长叶片使用寿命的同时，有助于整个风力机系统更加稳定、高效地运行。

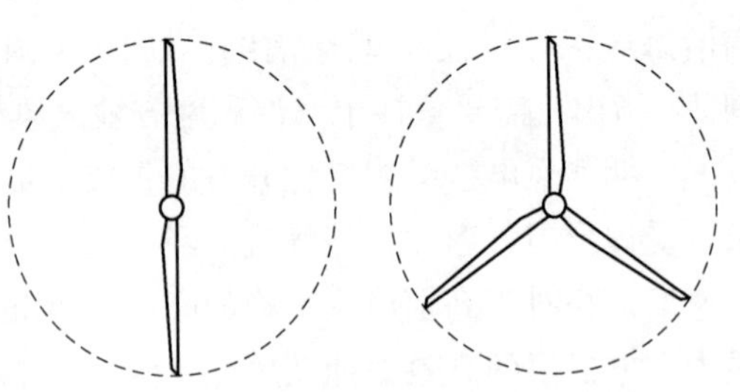

图1-5 水平轴双叶型风力机和水平轴三叶型风力机示意图[17]

2. 轮毂

轮毂是风力机系统的重要组成部件。轮毂的基本功能是将叶片固定到转轴上，从而使得风力机的扭矩可以传递到传动链上。轮毂可以分为固定式轮毂和铰链式轮毂。固定式轮毂是指叶片和轮毂之间的连接是刚性的，又被称为刚性轮毂。这种类型的安装、使用和维护较简单，再结合其较好的承载能力，刚性轮毂特别是其中的球形轮毂和三圆柱形轮毂得到了广泛的使用。铰链式轮毂是指叶片和轮毂之间柔性连接，也被称为柔性轮毂。铰链式轮毂的活动部件使其运行可靠性变差，制造与维护的成本增加，应用范围较为有限。

3. 变桨执行机构

变桨执行机构是调整风力机叶片迎风角度的机械系统，其安装在轮毂内部。变桨执行机构根据指令改变气流对叶片的攻角来改变叶片捕获的气动转矩和气动功率，变桨执行机构可完成如下功能：启动阶段，将桨距角调整至预定角度以使风力机转速逐步上升；制动阶段，风速过高或故障时，将叶片桨距角增大至90°，风力机转速降低，减小对风力机的负载冲击；正常运行过程中，根据风速变化改变桨距角，稳定发电机的输出功率。按照驱动形式的不同，变桨执行机构可分为电机执行机构和液压执行机构。电机执行机构利用电动机对叶片进行单独控制，其机构紧凑可靠，但是连续频繁的桨距角调节将会产生过多的热量而损坏电机。液压执行机构通过液压系统驱动叶片转动，具有响应速度快、扭矩大等优点，因而在大型风力机中应用较为广泛。

4. 导流罩

风力机系统中，导流罩是对轮毂起到保护作用的薄壳结构。当风力机迎风时，吹向轮毂部位的风所引起的载荷将由导流罩承担，同时，导流罩的流线型外形也会将这部分气流均匀分流后引向叶片，从而提高风能的利用效率。除了风载荷外，导流罩还要承担自重。由于裸露在外，导流罩也要经受风霜雨雪的侵蚀，因此导流罩通常用玻璃钢等强度较好的轻型复合材料制造。导流罩通常可分为整体型导流罩和分体型导流罩，分体型导流罩由罩体和罩头组成。相对于需要在组合模具中一次成型的整体型导流罩，分体型导流罩凭借其模具简单、组装方便等优点而受到广泛应用。

二、传动链

传动链是将风力机产生的机械能传递给发电机的机械装置，主要由主轴及其轴承、齿轮箱和联轴器等部分组成。根据发电机的驱动是否经由齿轮箱增速，风力发电机组的传动链有增速式和直驱式两种形式，前者主要应用在双馈异步风力发电机组中，后者主要应用在直驱永磁同步风力发电机组中。以图1-6所示的“三点式”支撑的轴系布置传动链为例，来说明传动链的构成和各部分的作用。

1. 主轴

主轴作为风力机的转轴，是连接风力机和齿轮箱的装置，将风力机（低速轴）的旋转机械能通过齿轮箱增速或直接传递给发电机。对于增速式风力发电机组，主轴安装在风力机与齿轮箱之间；对于直驱式风力发电机组，主轴安装在风力机和发电机之间。主轴对风力机起到支撑作用，其承受来自于风力机的气动载荷、重力载荷、制动转矩等多

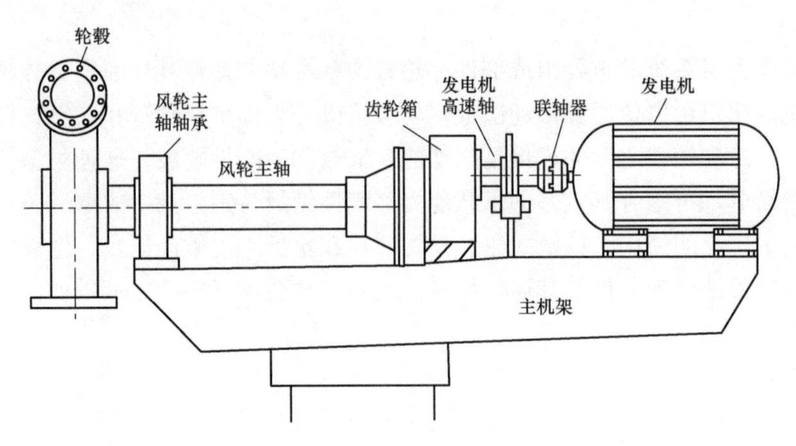

图 1-6 “三点式”支撑的轴系布置传动链结构图[18]

种形式和多个方向的受力，这就要求主轴具有较高的机械强度和良好的机械性能。

2. 齿轮箱

除了直驱式风力发电机组外，其余类型的风电系统一般都要使用到齿轮箱。齿轮箱可以分为增速齿轮箱和减速齿轮箱两大类。由于风力机的转速往往要低于发电机所需要的驱动转速，因此齿轮箱在风力发电系统的传动链中通常要起到增速的作用，也被称为增速箱。

3. 联轴器

联轴器的作用是连接传动轴，进行动力传递。类似于轮毂的分类方式，联轴器也分为刚性联轴器和柔性联轴器。刚性联轴器用于连接主轴和齿轮箱的低速轴，柔性联轴器用来连接发电机和齿轮箱的高速轴。柔性联轴器可以通过其弹性环节增加传动链的系统阻尼，吸收轴系因外部负载波动而产生的振动。

三、发电机

发电机是将传动链所传递的机械能转换成电能的电磁转换装置，其以法拉第电磁感应定律为基础，在传动链的驱动作用下带动发电机转子旋转，实现绕组线圈对磁力线的切割，进而产生相应的感应电动势。按照输出电流的形式分类，发电机可以分为直流发电机和交流发电机，具体分类如图 1-7 所示。

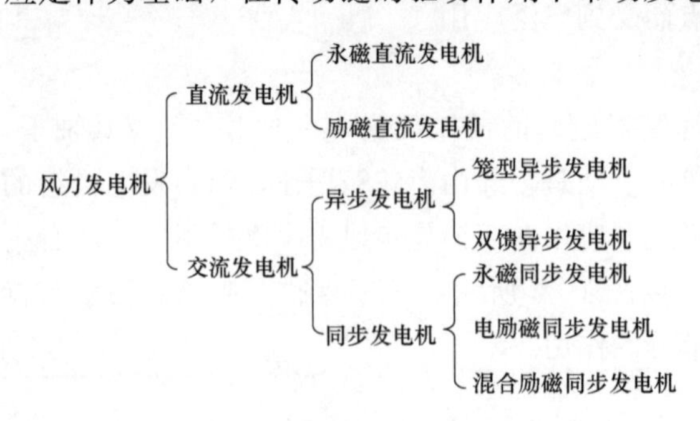

图 1-7 发电机的详细分类示意图[18]

早期的风力发电机组中，使用的发电机多为直流发电机。由于使用直流发电机的机组可靠性差，维护不便，当前已极少使用。目前使用最为广泛的风力发电机为笼型异步发电机（Squirrel Cage Induction Generator，SCIG）、双馈异步发电机（Doubly Fed Induction Generator，DFIG）以及永磁同步发电机（Permanent Magnet Synchronous Generator，PMSG）等交流发电机。笼型异步发电机由于构造简单，运行可靠，在风电发展初期受到广泛的使用，但由于其转速偏差不能超过额定转速的1%～5%，笼型异步发电机多用于恒速风力发电机组中，应用范围受到限制。

随着变速风力发电机组的发展，双馈异步发电机广泛应用于大型风力发电机组。双馈异步发电机的使用，使得风力机转速不受电网频率的限制，而且还能通过变流器对电网进行无功补偿，有利于提高整个风力发电机组的动态性能和风能捕获效率。

目前常见的同步发电机为永磁同步发电机。这种类型的发电机由于永磁材料价格高和极对数多等特点而有着较高的制造成本，但由于省去了齿轮箱、电刷等部件而降低了运行维护成本。除此之外，它具有运行效率高和控制鲁棒性好等优点，永磁同步发电机在风电领域表现出较好的应用前景。除上述常用的发电机外，一些新型发电机，如开关磁阻发电机以及无刷双馈异步发电机等正在被研发和试用。

四、变流器

变流器是指连接发电机与电网的电力电子部件，将发电机输出功率变换为满足电网要求的功率，解耦了发电机转速和电网频率，从而可以使风力发电机组在较宽的转速范围内运行。应用于风力发电机组的变流器具有多种拓扑结构与连接方式，主要取决于发电机的类型。

应用于DFIG的部分功率变流器位于发电机转子回路与电网之间，其典型的连接方式如图1-8所示。流过变流器的功率是DFIG转速运行范围所决定的转差功率，该转差功率仅为DFIG额定功率的1/3左右，并且可以双向流动。因此变流器的容量也仅为风力发电机组额定功率的1/3左右，所以称为部分功率变流器，这大幅降低了变流器的体积、重量和成本。

应用于PMSG的全功率变流器位于发电机定子绕组和电网之间，其典型的连接方式如图1-9所示。PMSG的功率全部经由变流器流向电网，且为单向流动。正是由于全功率变流器的存在，使得发电机转速与电网完全解耦，风力发电机组的转速调节范围更宽，运行更为灵活。然而，全功率变流器也使得机组的体积、重量和成本显著增加。

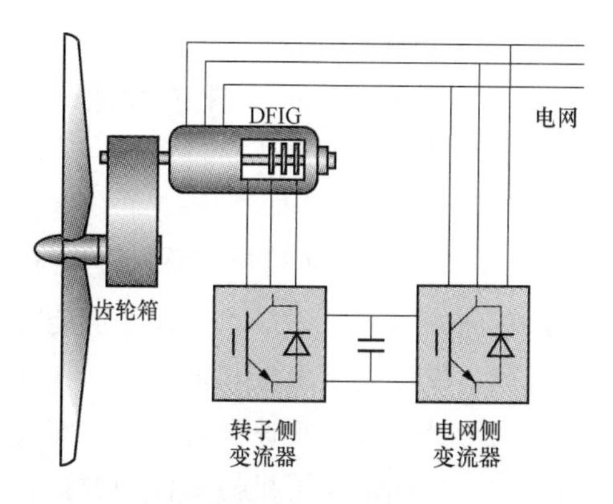

图1-8 典型部分功率变流器的连接方式[17]

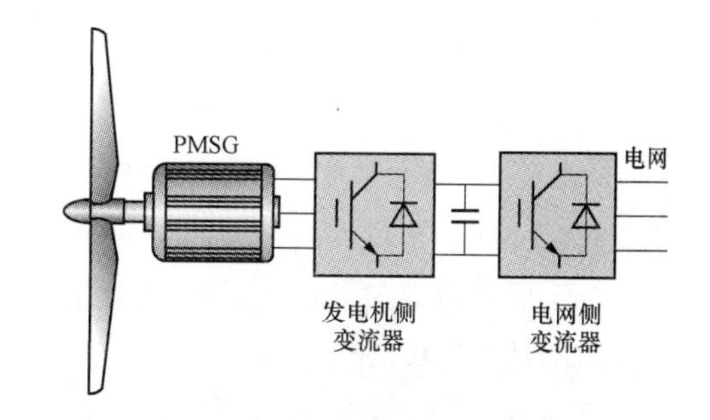

图1-9 典型全功率变流器的连接方式[17]

五、控制系统

如前文所述，风力发电机组组成部分众多，为使各部分协调一致工作，控制系统贯穿于它们之中，综合控制风电机组的启动、停机和运行。

从组成部分来讲，风力发电机组的控制系统一般可以由传感器、处理器和执行结构等组成。传感器用来在一定精度要求下测量机组控制所需要的信号，常用的传感器有转速传感器、偏航方向传感器、风速风向传感器和温度传感器等。处理器通常由微处理器与性能可靠的硬件安全链组成，用来形成正常或者故障运行状态下的控制指令。执行机构主要包括液压驱动机构、变桨执行机构、变流器和偏航电动机等，用来按照处理器所发出的指令采取动作。

从控制目标来讲，控制系统需要对风力发电机组和电网的运行情况进行监测，根据运行数据生成控制指令，使得机组工作于安全稳定的运行状态。在此基础上，还应当从发电效率和电能质量的角度出发，对机组已经建立的稳定工作状态进行优化，尽可能提高机组的风能利用效率，并改善并网的电能质量。

第 3 节 风力发电机组的主要类型

风力发电机组有多种分类方法，依据风力机和发电机的转速运行特征与控制方法可以分为恒速恒频风力发电机组和变速恒频风力发电机组。

一、恒速恒频风力发电机组

恒速恒频风力发电机组是指在机组运行时，风力机维持固定不变的转速，机组输出与电网频率相同的恒频交流电。在恒速恒频机组中，通常使用的发电机为笼型异步发电机。以图 1 - 10 所示的笼型异步风力发电机组为例，说明恒速恒频机组的结构。

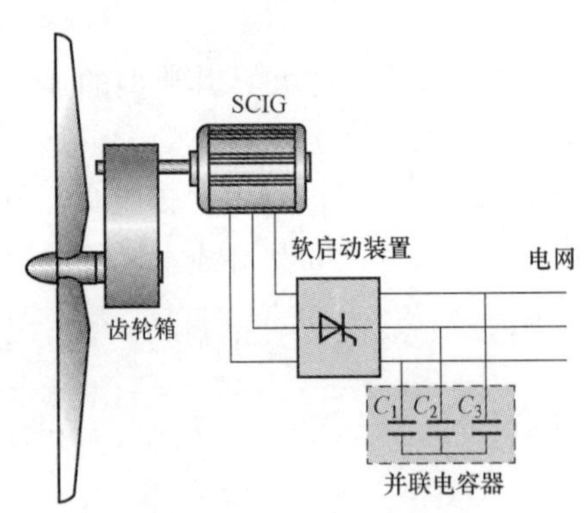

图 1 - 10　恒速恒频风力发电机组的结构[17]

图 1 - 10 所示恒速恒频风力发电机组主要由风力机、增速齿轮箱、笼型异步发电机、软启动装置以及电网侧的并联电容器组成。之所以安装三相并联电容器，是因为异步发电机在向电网输送有功功率的同时，还需要从电网中吸收滞后的无功功率，因此可以对电网进行无功功率就地补偿，能有效地改善电网的功率因数和电压水平。

恒速恒频机组的优点是结构简单、运行可靠，最大的弊端则是其转速需保持恒定而不能随风速变化。这样会产生以下两个方面的影响：首先，风力机为最大化捕获风能需要跟踪不同风速对应的最优转速，这意味着恒速恒频风力发电机组由于其恒定的转速而导致风能捕获效率较低；此外，当风速快速升高时，为维持风力机转速恒定不变，将在风力机主轴和齿轮箱等机械部件上产生很大的机械应力，从而加快了机械部件的磨损并增加了风力机的设计难度。因此，恒速恒频风力发电机组的应用受到很大的限制。

二、变速恒频风力发电机组

变速恒频风力发电机组是指在运行过程中，风力机转速可以在一定的范围内变化，并通过变流器等设备向电网输送工频交流电。该类机组可以通过适当的控制使得风力机在风速变化时工作于最优转速附近。这就克服了恒速恒频机组的主要不足，不仅提高了风能捕获效率，而且降低了结构载荷。双馈异步发电机组和直驱永磁同步发电机组为两种常用类型。

1. 双馈异步风力发电机组

双馈异步风力发电机组的基本结构如图1-8所示。该类型机组的定子绕组和电网相连接；转子绕组和转子侧变流器（Rotor Side Converter，RSC）相连接，经过直流母线上电容器的稳压作用，连接于电网侧变流器（Grid Side Converter，GSC），并通过电网侧变流器将转差功率输送到电网中。转子侧变流器和电网侧变流器合称为双向背靠背变流器，由于两组变流器通常使用脉冲宽度调制（Pulse Width Modulation，PWM）技术进行控制，因此也称为双PWM变流器。

双馈异步风力发电机组的优点是通过双PWM变流器进行交流励磁，使得双馈异步机组比笼型异步机组具有更宽的变速范围。此外，还能实现有功功率和无功功率的解耦控制，在一定范围内可以实现对电网的无功补偿，有利于电网的安全稳定运行。其缺点主要是能量的双向流动使得机组控制策略更为复杂，多级变速齿轮箱的使用也会降低机组的可靠性。

2. 直驱永磁同步风力发电机组

（1）直驱永磁同步风力发电机组的基本结构如图1-9所示。该类型机组的传动链没有安装齿轮箱，风力机通过传动链直接驱动发电机转子低速旋转。发电机发出的电能先要通过发电机侧变流器进行整流，经直流侧电容进行稳压之后，再通过电网侧变流器转化为工频交流电并入电网。在机组运行过程中，能量单向传递，仅由发电机传递到电网中，机组不从电网吸收电能，这是永磁同步机组区别于双馈异步机组的一个显著运行特点。

（2）直驱永磁同步风力发电机组通过多极永磁体提供励磁，不需从电网中吸收励磁功率。风力机主轴直接驱动发电机转子省去了增速齿轮箱，并且省去了电刷和滑环等部件，提高了运行可靠性，降低了维护成本和故障率。全功率变流器实现了发电机和电网的完全解耦，发电机转速运行范围相比双馈异步风力发电机组更宽，具有更好的变速性能。但是永磁发电机的极对数较多，永磁材料制备工艺复杂，而且需要配备和发电机容量相当的全功率变流器，这些都会增加直驱永磁同步风力发电机组的设计与制造成本。

第4节 变速风力发电机组的控制系统

虽然恒速风力发电机组的结构简单、造价低廉，但由于其发电效率较低和结构载荷较大等缺点，仅在早期的风电场得到应用。随着风力发电的快速发展，通过电力电子变流器并网的变速风力发电机组凭借多元的控制对象，可以实现更为复杂而且精确的控制目标。由于具有转速调节范围宽和结构载荷小等优势，变速风力发电机组在风力发电领域得到广泛的应用。本节针对目前在风力发电领域应用最为广泛的DFIG和PMSG两类风力发电机组，从机电动态和电磁动态两个时间尺度介绍其基本的控制结构。

一、动态响应的分类

变速风力发电机组的动态过程从时间尺度上可以分为机电动态和电磁动态[19]。机电动态表现为由风力机传动链和发电机转子等旋转部件构成的机电系统的状态变量的变化过程，对于风电系统此类大型机电装备，其状态变量（即转速）在秒级时间尺度下才会发生明显变化[20]；电磁动态体现为由发电机绕组和电力电子变流器等构成的电磁系统的状态变量变化过程，其状态变量（包括电流和电压）的变化通常发生在毫秒级的时间尺度[21]。

图 1-11 给出了风力发电机组的两类动态过程及其控制之间的关系。实际风力发电机组的控制系统是与机电动态相关的功率控制和与电磁动态相关的电机控制的综合统一，但两种控制的目标存在明显区别，前者更加关注整个机电系统的运行状态（风力机转速、机组出力等），如最大功率点跟踪（Maximum Power Point Tracking，MPPT）控制和自动发电控制（Automatic Generation Control，AGC）等，后者则关注对电磁转矩或电磁功率参考值的响应速度与精度，如矢量控制和直接转矩控制等。同时，由于机电动态的响应速度远慢于电磁动态，一般基于快慢系统解耦的思想，针对风力发电机组的机电动态和电磁动态分别进行控制研究。由于关注风能捕获跟踪控制技术，本书将主要从机电动态时间尺度出发，以风力发电机组转速和输出功率作为研究对象和控制目标。

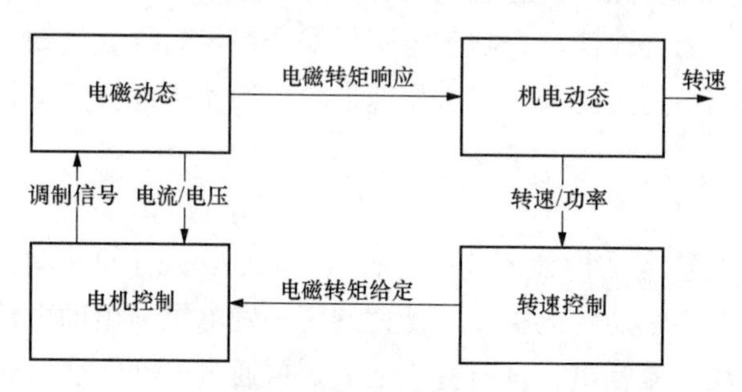

图 1-11　风力发电机组两种动态过程及其控制之间的关系

二、机电动态方面的控制

风力发电机组机电动态的调节手段主要包括电磁转矩/功率调节和桨距角调节，它们分别通过改变输出（电磁）转矩/功率和输入（气动）转矩/功率来影响机组的机电动态。相比而言，电磁转矩/功率调节响应速度快、精度高，但其经由变速的气动功率调节效果较弱；桨距角调节响应速度慢、精度低，但其气动功率调节效果更强。

对于追求单机运行效益的风力发电机组，若以控制目标分类，机电动态的控制主要分为基于电磁转矩/功率调节的转速控制和基于桨距角调节的限转速/限功率控制[22]，其控制结构框图如图 1-12 所示。需要指出的是，由于电磁动态已被忽略，DFIG 和 PMSG 这两

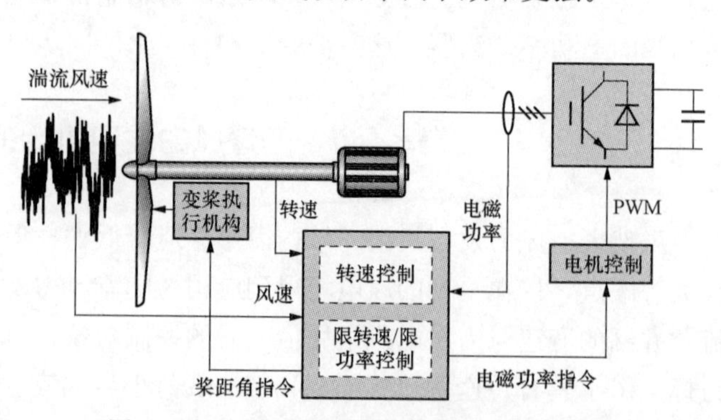

图 1-12　风力发电机组机电动态方面的控制

类机组在机电动态方面的控制结构基本相同。

1. 基于电磁转矩/功率调节的转速控制

电力电子变流器解耦了风力发电机组的转速与电网频率，发电机的转速可在较宽范围内变化。这不仅使得风力机可以变速运行，更可以通过风力机转速控制来改变捕获的气动功率。额定风速以下，风力机转速控制通常由电磁转矩/功率调节来实现。例如，最大功率点跟踪控制会根据实测转速确定电磁转矩或功率指令，使风力机跟踪最优转速，从而增大气动功率、提高风能捕获效率。

2. 基于桨距角调节的限转速/限功率控制

调节桨距角可改变叶片的迎风角度，使风力发电机组的运行满足限转速或限功率的控制目标。随着风速的升高，风力机转速和输出功率不断增大，当转速和输出功率上升至额定值时，为避免风力机超速、超载运行，需启动桨距角调节，以减少捕获的气动功率。一般而言，桨距角越大，叶片捕获气动功率越少。此外，调节桨距角还有其他用途，如启动阶段调节桨距角以获得较大的启动扭矩，刹车阶段提供很大的气动阻力以快速降低风力机转速，避免机械刹车造成的惯性力过大而导致的机械部件损坏。

三、电磁动态方面的控制

1. 双馈异步风力发电机组

DFIG 经由全控型器件构成的双向变流器并入电网，其变流器包括转子侧变流器和电网侧变流器，控制系统如图 1 - 13 所示。通过转子侧与电网侧变流器实现了转子回路与电网的电气连接，并且根据发电机的转速运行状态，提供转子侧与电网侧之间双向流动的转差功率。变流器广泛采用矢量控制技术来实现发电机的变速恒频运行。1971 年西门子公司的 F. Blaschke 等人首先提出应用于交流电动机调速的矢量控制技术[23]，这一技术基于解耦控制的思想，借助电机理论和坐标变换理论，将交流电动机的电流分解成励磁电流分量和与之垂直的转矩电流分量。

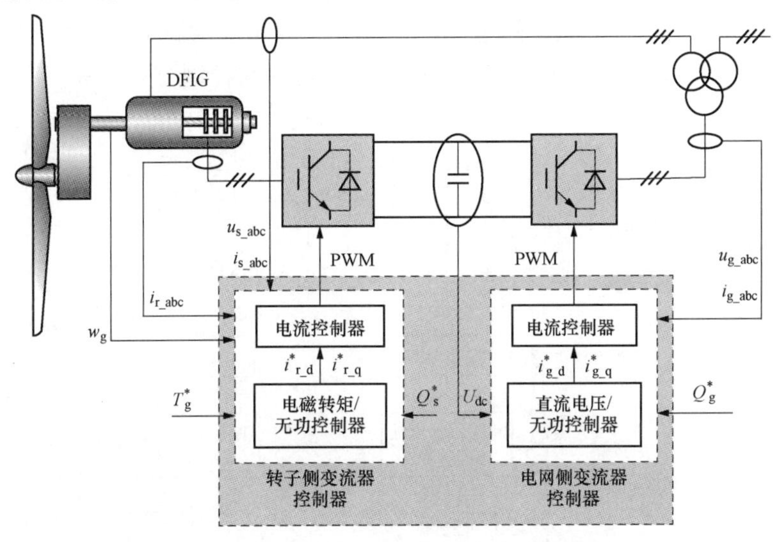

图 1 - 13　双馈异步风力发电机组电磁动态方面的控制[20]

转子侧变流器接收由机电动态控制器输出的转矩指令，转矩外环利用矢量控制技术将目标转矩指令转换为转子侧 d 轴电流指令分量和 q 轴电流指令分量，电流内环对 d 轴电流分量和 q 轴电流分量的独立控制，既响应了目标转矩指令，也实现了发电机定子侧有功功率和无功功率的解耦控制。

电网侧变流器通常采用电网电压定向的矢量控制技术，将电网输入电压和电流转换至同步旋转坐标系下，应用内外环反馈控制器实现对电网侧变流器的控制。电压外环控制直流母线电压和电网侧无功功率，将直流电压指令转换为电网侧 d 轴电流指令分量和 q 轴电流指令分量；电流内环改变 d 轴电流分量和 q 轴电流分量，维持直流母线电压稳定和控制电网侧无功功率的输出。电网侧变流器稳定控制直流母线电压，是转子侧和电网侧双 PWM 变流器实现独立控制的关键所在。

2. 直驱永磁同步风力发电机组

PMSG 采用全功率变流器并入电网，其变流器结构与 DFIG 相似，同样由背靠背的两个 PWM 变流器构成。PMSG 的变流器连接于发电机的定子和电网之间，完全隔离了发电机与电网，捕获的风电功率全部经由变流器单向传输到电网，所以其容量与机组设计容量相当。

PMSG 的变流器整体控制目标是在保证直流母线电压稳定的基础上响应机电动态控制器输出的电磁转矩或功率指令。与 DFIG 的部分功率变流器控制类似，PMSG 的全功率变流器大多使用矢量控制技术[24]。由于机侧变流器和网侧变流器各有一套独立的矢量控制系统，所以通常使用两种策略来实现两个变流器的协同运行。

PMSG 变流器控制方式Ⅰ如图 1-14 所示，发电机侧变流器通过内外环反馈控制实现目标转矩响应，转矩外环将目标转矩指令转换为 d 轴电流指令分量和 q 轴电流指令分量，电流内环改变发电机线圈电流，从而实现目标转矩；电网侧变流器控制直流母线电压和电网侧无功功率，电压外环将直流电压指令转换为电网侧 d 轴电流指令分量和 q 轴电流指令分量，电流内环改变并网电流，维持直流母线电压稳定。控制方式Ⅱ如图 1-15 所示，发电机侧变流器与电网侧变流器的控制目标与控制方式Ⅰ相反。发电机侧变

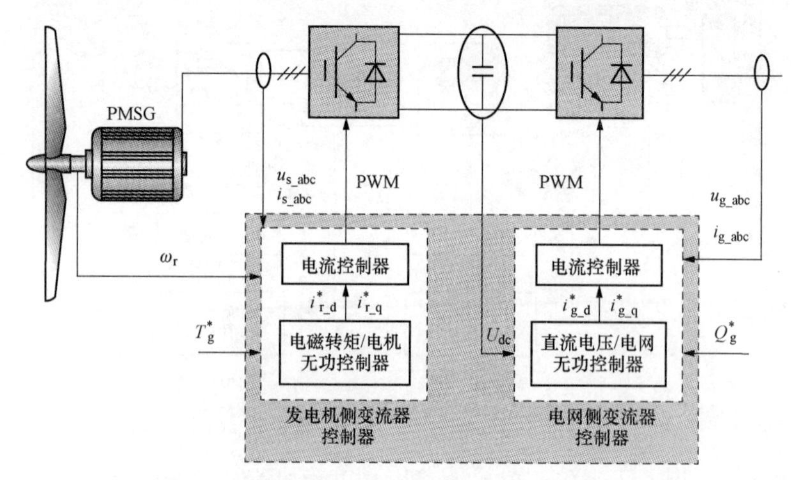

图 1-14　直驱永磁同步风力发电机组电磁动态方面的控制方式Ⅰ[20]

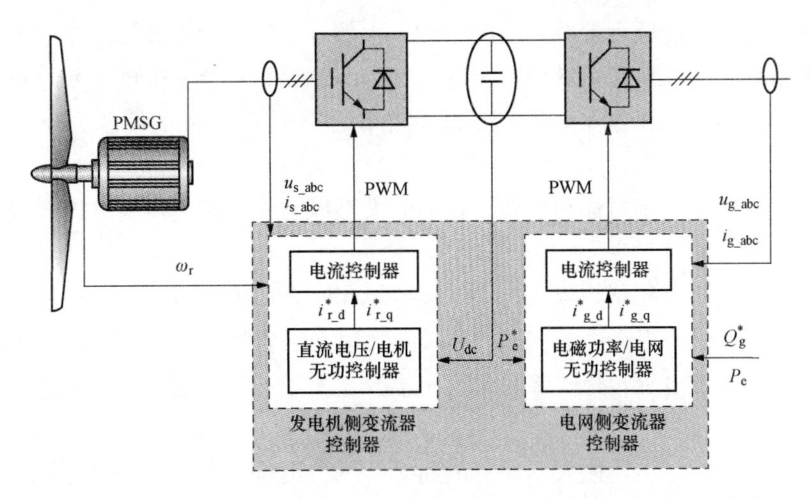

图1-15 直驱永磁同步风力发电机组电磁动态方面的控制方式Ⅱ[20]

流器采用内外环反馈控制维持直流母线电压稳定，外环为直流电压环，内环为电流环；电网侧变流器接收机电动态控制器的电磁功率指令，功率外环将电磁功率指令转换为电流指令，电流内环改变并网电流，从而实现对并网功率的控制。这种控制方式更有利于风力发电机组在电网受到扰动时的故障穿越。

注释与参考文献

自“丹麦概念”风力发电机组出现以来，以水平轴、三叶片、上风向、电动偏航为特征的现代风力机气动和结构布局已基本成型，并在几十年的发展历程中取得了长足的进步。主要表现在单机容量日益增大、度电成本逐步降低、环境适应性不断增强、电网友好性显著提升。未来，随着风能开发继续向陆上低风速地区和海上深远海区域推进，超大单机容量、高运行可靠性、低度电成本和友好并网能力是对未来风力发电机组的必然要求，相应需要风电技术研究借力先进的传感、信息、仿真和控制技术，向多学科交叉融合的方向发展。

对于气动布局和电气拓扑业已成熟的现代大型风力发电机组，除进一步提升配套零部件的容量和质量外，令众多部件协调工作的控制系统在优化运行性能、提升系统可靠、保障机组安全和支撑电网消纳等方面将发挥愈来愈重要的作用。利用智能控制技术，通过先进传感技术和大数据分析技术的深度融合，综合分析风力发电机组运行状态及工况条件，对机组运行参数进行实时调整，是未来风电装备的研究发展趋势[15]。特别是在我国，以控制系统、变流器为代表的高附加值关键部件的直接进口或采购外资企业产品的比例仍在50%以上[3]。因此，亟须形成具有自主知识产权的、充分考虑到我国风能资源、自然环境和并网接纳特殊性的控制系统。

本书虽以风力发电机组控制系统为主要阐述和研究对象，但限于笔者经历和本书定位，仅重点讨论了风能捕获跟踪控制及与其相关的风力发电机组模型和风力机空气动力学部分。这些只是目前风力发电机组控制的一小部分。为了让读者从整体上了解风力发电机组控制系统，把握风能捕获跟踪控制在其中的位置，本节尝试更全面地对风电机组控制进行分类概述。限于水平，我们这里只给出了一些轮廓性的简要介绍，仅供读者参考。

一般而言，根据控制目标和功能，目前的大型风力发电机组控制可以大致地分为如下几大类：

（1）风能捕获跟踪控制。当风速小于额定风速时，风力机转速需要跟踪由风速决定的最优转速，从而始终以最大的气动效率捕获风能。通常情况下，风能捕获跟踪控制的调节变量只是发电机电磁转矩，桨距角固定不变。关于该类控制的详细阐述，请参见本书的后续章节。

（2）限功率控制。当风速大于额定风速时，风力机需要主动降低气动效率，将功率限定在额定值附近，避免在高风速下的超速/超载运行。为维持额定功率输出，限功率控制下发电机电磁转矩无法任意调节，因此对于具有变桨功能的风力发电机组，该类控制的主要实现手段是桨距角调节[22]。

（3）减小风力机载荷控制。随着风轮尺寸和叶片弹性的增大，降低载荷和阻尼振动对于风力发电机组安全可靠运行变得愈发重要。这类控制主要包括减小叶片载荷[25−26]、降低塔筒扰度[27−29]、缓解传动链载荷[30−31]和阻尼传动链扭振[32−33]等。一般通过调节桨距角来抑制叶片和塔筒载荷，并由此发展出独立变桨技术[34−35]；主要通过调节电磁转矩解决传动链载荷问题。

（4）参与电网调节控制。为保证风电大规模接入电网的安全稳定运行，需要风力发电机组为电网提供频率调节和电压调节等辅助服务[36]。风力发电机组参与电网调频的实现主要有虚拟惯性响应控制、一次调频控制和二次调频控制等[37−38]；风力发电机组参与电网调压主要是利用网侧变流器对并网点无功功率的补偿[39−40]。

（5）电网故障穿越控制。当并网点电压因电网故障而大幅跌落时，要求风力发电机组不脱网，而且要向电网提供一定的无功功率，支撑电网恢复[41]。对于 PMSG 机型，可以借助风轮动能缓冲、桨距角调节[42−43]和增加直流卸荷装置及其控制[42−44]等手段实现故障穿越。DFIG 机型在电网故障期间面临的威胁最大，常见的故障穿越控制有基于定子电压动态补偿的控制[45−47]、基于转子撬棒的控制[48−49]和短暂中断控制[50]等。

上述前两类控制实现了风力发电机组安全、高效风能捕获的基本功能；第三类控制服务于机组的可靠运行；后两类控制涉及机组的友好并网。上述控制大都（特别是前四类）涉及风力发电机组机电动态，以电磁转矩调节或变桨调节或它们的联合为控制手段，在实际风力发电机组中具体表现为机电动态外环和电磁动态内环的级联双闭环反馈控制。

需要指出的是，由于风力发电机组机电动态只有两个调节变量（即电磁转矩和桨距角），在综述时用调节变量命名控制方法容易产生歧义（如变桨控制既可用于限转速，也可用于降低载荷）。为了便于总结区分，本注释中只以控制目标和功能命名控制名称。

未来，面对风力发电机组运行场景的日益复杂、功能需求的不断升级，风力发电机组控制系统需要综合协调现有的电磁转矩和变桨两种调节手段[51−53]，引入先进的观测技术（如激光雷达[54]），运用先进的控制策略（如模型预测控制[55]、人工智能[56−57]等），增加新的调节手段（如尾缘襟翼控制[58−59]），以胜任未来多任务（风能捕获与电网辅助服务）、多目标（发电效率、结构载荷和电网支撑能力等）的复杂控制需求。

需要说明的是，由于辗转引用和标注不详，本章的很多图片，见图 1 - 3～图 1 - 10 和图 1 - 13～图 1 - 15，已难以查实原始出处。限于时间和精力，它们引用的文献并非原始文献。在此深表遗憾和歉意。

[1] 吴丰林，方创琳．中国风能资源价值评估与开发阶段划分研究［J］．自然资源学报，2009，24（8）：1412 - 1421.

[2] Global Wind Energy Council. Global wind report 2018［R/OL］．（2019 - 04 - 26）［2019 - 07 - 15］．https：//gwec. net/global - wind - report - 2018/.

[3] 国家可再生能源中心．中国风电发展路线图 2050（2014 版）［R/OL］．（2014 - 12 - 19）［2017 - 07 - 15］．http：//www. cnrec. org. cn/cbw/fn/2014 - 12 - 29 - 459. html.

[4] 中国可再生能源学会风能专业委员会，中国农业机械工业协会风力机械分会，国家可再生能源中心．2018 年中国风电吊装容量统计简报［DB/OL］．（2019 - 04 - 04）［2019 - 07 - 15］．http：//cpfd. cnki. com. cn/Article/CPFDTOTAL - FLJX201804001008. htm.

[5] 朱凌志，陈宁，韩华玲．风电消纳关键问题及应对措施分析［J］．电力系统自动化，2011，35（22）：29 - 34.

[6] 王彬，孙勇，吴文传，等．应用于高风电渗透率电网的风电调度实时控制方法与实现［J］．电力系统自动化，2015，39（21）：23 - 29.

[7] 刘文颖，文晶，谢昶，等．考虑风电消纳的电力系统源荷协调多目标优化方法［J］．中国电机工程学报，2015，35（5）：1079 - 1088.

[8] 王秀丽，李骏，黄镔，等．促进风电消纳的区省两级电力系统调度模型［J］．电网技术，2015，39（7）：1833 - 1838.

[9] 李俊峰，蔡丰波，乔黎明，等．2015 中国风电发展报告［R］．北京：中国循环经济协会可再生能源专业委员会，2015.

[10] 张玥．2011 年 - 2015 年中国弃风数据统计［J］．风能，2016（2）：34 - 35.

[11] 国家能源局．风电发展“十三五”规划［R/OL］．（2016 - 11 - 06）［2017 - 07 - 15］．http：//www. gov. cn/xinwen/2016 - 11/30/content _ 5140637. htm.

[12] 国家能源局．关于发布 2017 年度风电投资监测预警结果的通知［R/OL］．（2017 - 02 - 17）［2019 - 07 - 15］．http：//zfxxgk. nea. gov. cn/auto87/201702/t20170222 _ 2604. htm.

[13] 北极星风力发电网．回顾风电发展的历史痕迹［R/OL］．［2019 - 07 - 15］http：//fd. bjx. com. cn/zhuanti/2015fdfzjy/.

[14] Wind Works by Paul Gipe. Smith - Putnam industrial photos［R/OL］．［2019 - 07 - 15］．http：//www. wind - works. org/cms/index. php？ id＝223.

[15] 许国东，叶杭冶，解鸿斌．风电机组技术现状及发展方向［J］．中国工程科学，2018，20（3）：52 - 58.

[16] 凌禹．双馈风力发电系统的建模、仿真与控制［M］．北京：机械工业出版社，2017.

[17] 刁统山．风力发电技术及其仿真分析［M］．北京：电子工业出版社，2018.

[18] 王亚荣．风力发电与机组系统 [M]．北京：化学工业出版社，2014.

[19] 许寅，陈颖，梅生伟．风力发电机组暂态仿真模型 [J]．电力系统自动化，2011，35 (9)：100 - 107.

[20] 王毅，朱晓荣，赵书强．风力发电系统的建模与仿真（风力发电工程技术丛书）[M]．北京：中国水利水电出版社，2015.

[21] Cate E G，Hemmaplardh K，Manke J W，et al. Time frame notion and time response of the models in transient，mid - term and long - term stability progams [J]．IEEE Transactions on Power Apparatus and Systems，1984，PAS - 103 (1)：143 - 151.

[22] Burton T，Jenkins N，Sharpe D，et al. Wind energy handbook [M]．2nd ed. New York：John Wiley and Sons，2011.

[23] 马小亮．大功率交 - 交变频交流调速及矢量控制 [M]．北京：机械工业出版社，1992.

[24] 黄守道，邓超，郑涛，等．基于改进型滑模观测器的直驱 PMSG 矢量控制 [J]．控制工程，2013，20 (6)：1018 - 1022.

[25] Stol K A，Zhao W，Wright A D. Individual blade pitch control for the controls advanced research turbine (CART) [J]．Journal of Solar Energy Engineering，2006，128 (4)：497 - 505.

[26] Zhao W，Stol K A. Individual blade pitch for active yaw control of a horizontal - axis wind turbine [C] //AIAA Aerospace Sciences Meeting and Exhibit. Nevada，USA：AIAA，2007：1022.

[27] Nam Y，Kien P T，La Y. Alleviating the tower mechanical load of multi - mw wind turbines with LQR control [J]．Journal of Power Electronics，2013，13：1024 - 1031.

[28] Kristalny M，Madjidian D，Knudsen T. On using wind speed preview to reduce wind turbine tower oscillations [J]．IEEE Transactions on Control Systems Technology，2013，21 (4)：1191 - 1198.

[29] He W，Ge S S. Vibration control of a nonuniform wind turbine tower via disturbance observer [J]．IEEE/ASME Transactions on Mechatronics，2015，20 (1)：237 - 244.

[30] Fleming P A，Wingerden J W V，Wright A D. Comparing state - space multivariable controls to multi - SISO controls for load reduction of drivetrain - coupled modes on wind turbines through field - testing [C] //50th AIAA Aerospace Sciences Meeting including the New Horizons Forum and Aerospace Exposition. Tennessee，USA：AIAA，2012：1152.

[31] Battista D H，Mantz R J，Christiansen C F. Dynamical sliding mode power control of wind driven induction generators [J]．IEEE Transactions on Energy Conversion，2000，15 (4)：451 - 457.

[32] Licari J，Ugalde - Loo C E，Ekanayake J B，et al. Damping of torsional vibrations in a variable - speed wind turbine [J]．IEEE Transactions on Energy Conversion，2013，28 (1)：172 - 180.

[33] Bossanyi E A. Wind turbine control for load reduction [J]．Wind Energy，2003，6 (3)：229 - 244.

[34] Mate J，Viaho P，Nedgelgko P. Estimation based individual pitch control of wind turbine [J]．Automatika，2010，51 (2)：181 - 192.

[35] Bossanyi E A. Individual blade pitch control for load reduction [J]．Wind Energy，2003，6 (2)：119 - 128.

[36] Debouza M，Al - Durra A. Grid ancillary services from doubly fed induction generator - based wind energy conversion system：A review [J]．IEEE Access，2019，7：7067 - 7081.

[37] 唐西胜，苗福丰，齐智平，等．风力发电的调频技术研究综述 [J]．中国电机工程学报，2014，34 (25)：4304 - 4314.

[38] 严干贵，张菁，高扬，等．参与系统调频的风电机组控制策略研究综述 [J]．广东电力，2015 (4)：19 - 25.

[39] 杨硕，王伟胜，刘纯，等．双馈风电场无功电压协调控制策略［J］．电力系统自动化，2013，37（12）：1-6.

[40] Li Q，Zhang Y，Ji T，et al. Volt/var control for power grids with connections of large-scale wind farms：A review［J］. IEEE Access，2018，6：26675-26692.

[41] 张兴，张龙云，杨淑英，等．风力发电低电压穿越技术综述［J］．电力系统及其自动化学报，2008，20（2）：1-8.

[42] Ottersten R，Petersson A，Pietilainen K. Voltage sag response of PWM inverters for variable-speed wind turbines［J］. EPE Journal，2006，16（1）：6-14.

[43] Morren J，Pierik J T G，De Haan S W H. Voltage dip ride—through control of direct-drive wind turbines［C］//39th International UniversitiesPower Engineering Conference. Bristol，UK：IEEE，2004：934-938.

[44] Abbey C，Joos G. Effect of low voltage ride through（LVRT）characteristic on voltage stability［C］//Power Engineering Society General Meeting. San Francisco，USA：IEEE，2005：1901-1907.

[45] Xiang D，Ran L，Tavner P J，et al. Control of a doubly fed induction generator in a wind turbine during grid fault ride-through［J］. IEEE Transactions on Energy Conversion，2006，21（3）：652-662.

[46] 向大为，杨顺昌，冉立．电网对称故障时双馈感应发电机不脱网运行的励磁控制策略［J］．中国电机工程学报，2006，26（3）：164-170.

[47] Mullane A，Lightbody G，Yacamini R. Wind-turbine fault ride-through enhancement［J］. IEEE Transactions on Power Systems，2005，20（4）：1927-1937.

[48] Niiranen J. Voltage dip ride through of a doubly—fed generator equipped with an active crowbar［C］//2004 Nordic Wind Power Conference. Helsinki，Finland：NWPC，2004：1-5.

[49] Morern J，De Haan S W H. Ride through of wind turbines with doubly—fed induction generator during a voltage dip［J］. IEEE Transactions on Energy Conversion，2005，20（2）：435—441.

[50] Erlich I，Winter W，Dittrich A. Advanced grid requirements for the integration of wind turbines into the German transmission system［C］//Power Engineering Society General Meeting. Montreal，Canada：IEEE，2006：1-7.

[51] 贾锋，蔡旭，李征，等．提高风电机组发电量的转矩-变桨协调控制策略［J］．中国电机工程学报，2017，37（19）：5622-5632.

[52] 徐浩，夏安俊，胡书举，等. 大型风电机组变速变桨距协调控制技术研究［J]. 电气传动，2012，42（6）：32-36.

[53] 周志超，王成山，郭力，等．变速变桨距风电机组的全风速限功率优化控制［J］．中国电机工程学报，2015，35（8）：1837-1844.

[54] Harris M，Hand M，Wright A D. LIDAR for turbine control［R］. Colorado：National Renewable Energy Laboratory，2006.

[55] Mirzaei M，Soltani M，Poulsen N K，et al. Model predictive control of wind turbines using uncertain LIDAR measurements［C］// 2013 American Control Conference. Washington，USA：IEEE，2013：2235-2240.

[56] Kheshti M，Ding L，Bao W，et al. Toward intelligent inertial frequency participation of wind garms for the grid frequency control［J］. IEEE Transactions on Industrial Informatics，2019：2924662.

[57] Wei C，Zhang Z，Qiao W，et al. An adaptive network-based reinforcement learning method for

MPPT control of PMSG wind energy conversion systems [J] . IEEE Transactions on Power Electronics，2016，11：7837 - 7848.

[58] Dam C P V，Chow R，Zayas J R，et al. Computational investigations of small deploying tabs and flaps for aerodynamic load control [J] . Journal of Physics：Conference Series，2007，75：012027.

[59] Yu W，Zhang M M ，Xu J Z. Effect of smart rotor control using a deformable trailing edge flap on load reduction under normal and extreme turbulence [J] . Energies，2012，5：3608 - 3626.

第2章

风力发电机组的模型

风力发电机组是一个气动-机械-电气耦合的复杂系统。风能到电能的转换需要经历气动过程、机电转化和电磁变换，模型构建需要关注的主要环节有湍流风速、风力机、传动链、发电机、变流器及控制。针对风力发电机组风能捕获跟踪控制技术的关注重点，本章概述风速模型、气动模型、传动链模型及综合多个环节的系统模型，并对发电机电磁部分和变流器模型等进行了简化。

第1节 湍流风速模型

当前湍流风速的构造一般采用平均风速分量 $\bar{v}$ 和湍流分量 v_t 相叠加的数学模型[1-3]，如下式所示

$$v = \bar{v} + v_t \tag{2-1}$$

其中，平均风速分量在数分钟至数十分钟的时间尺度内保持不变[4,5]。湍流分量则反映了风速在平均风速附近的变化，并可看作是零均值平稳随机过程[1,6]。对湍流风速特征的统计描述主要包括平均风速、湍流强度（或湍流标准差）、积分尺度、功率谱密度以及湍流频率[1,5,7]。

湍流风速的生成是一个复杂的过程，可以通过自回归滑动平均模型[1-2]和滤波法[8]等方法，建立分钟级的湍流风速时间序列。目前，一些专业的风力机仿真软件如Bladed[9]、TurbSim[10]等，已经可以按照指定的平均风速、湍流强度、积分尺度和功率谱密度，生成自定义的湍流风速时间序列。这既保证了风速模拟符合标准规范又极大简化了湍流风速的生成过程。附录A给出了利用Bladed仿真软件生成湍流风速的范例。

一、平均风速

平均风速反映一段湍流风速的强弱，平均风速越大则表示风力越强劲。若一段时间 T 内的湍流风速为 $v(t)$，则相应的平均风速 $\bar{v}$ 可定义为

$$\bar{v} = \frac{1}{T}\int_0^T v(t)\mathrm{d}t \tag{2-2}$$

如前文所述，在数分钟到数十分钟的时间范围内，平均风速的变化很小，因此通常把平均风速近似处理为一个恒定值。

二、湍流强度

湍流强度所反映的是风速中湍流分量相对于平均风速的波动程度，可以描述风速在平均值附近的分布情况。湍流强度越大，则表示风速的波动范围越大。湍流强度 TI 定义为一段时间内风速序列的标准差 σ 与平均风速 $\bar{v}$ 的比值[11]，即

$$TI=\frac{\sigma}{\bar{v}} \tag{2-3}$$

其中

$$\sigma=\sqrt{\frac{1}{T}\int_{0}^{T}\left[v(t)-\bar{v}\right]^{2}\mathrm{d}t} \tag{2-4}$$

湍流强度与大气稳定度、离地高度、地面粗糙度均有关系[5,12]。若大气稳定度越高、离地越高、地面粗糙度越小，则湍流强度越小[12]。IEC - 61400 - 1 标准（第三版）将湍流强度划分为 A、B、C 三个等级，湍流等级对应的湍流强度计算式为[11]

$$TI=\frac{I_{\mathrm{ref}}(0.75\bar{v}+5.6)}{\bar{v}} \tag{2-5}$$

式中：A、B、C 三个等级分别对应的 I_{ref} 为 0.16、0.14、0.12。

三、积分尺度

积分尺度是湍流风速中湍流涡旋平均尺寸的量度，是与湍流空间相关性关联的参数。在大气边界层中，整个大气的运动非常复杂，但在离地面一定高度的区域中，风速在具体的时间、空间上能够表现出一定的规律性，处于同一涡旋内的两点风速通常具有相似的特性。湍流积分尺度同样与离地高度、地面粗糙度密切相关，其是地面粗糙度的衰减函数，并且随离地高度的增加而增加[12]。取值范围一般为 50～500m[4,13−14]。

四、功率谱密度

湍流的功率谱密度描述了湍流的平均功率随频率的分布情况，它将风速的变化看作是由各种不同频率分量叠加的结果[4,12]。一般情况下，风速的低频分量对应的幅值较大，高频分量对应的幅值则相对较小。功率谱密度是前述平均风速、湍流标准差与积分尺度的函数，用于描述风能分布的功率谱密度主要分为两大类，即 Von Karman 谱和 Kaimal 谱[15]。

Von Karman 谱表示为[16]

$$S(f)=\frac{4\sigma^{2}L/\bar{v}}{\left[1+70.8(fL/\bar{v})^{2}\right]^{5/6}} \tag{2-6}$$

Kaimal 谱有单侧谱与双侧谱两种形式，单侧谱较为常用，其表示为[17]

$$S(f)=\frac{4\sigma^{2}L/\bar{v}}{(1+6fL/\bar{v})^{5/3}} \tag{2-7}$$

式中：σ 为湍流标准差；L 为积分尺度；$\bar{v}$ 为平均风速；f 为湍流风速的频率。

Von Karman 谱是在物理学和流体力学的基础上经过理论推导和风洞试验得出的结果，具有简单而明确的解析表达式，因而较适合于风洞中的湍流描述，但对大气中的湍流描述则真实性欠佳[18]。Kaimal 谱是 J. C. Kaimal 等学者在对大气进行了充分观测的基础上得到的经验描述，更加符合自然界实际大气湍流的情况[19,20]。因此，在风电研究中通常用 Kaimal 谱来近似描述湍流的功率谱密度[21]。

五、湍流频率

由于湍流风速是由各种不同频率分量叠加而成，导致不同湍流风速之间的频率高低难以分辨[22]。虽然从湍流风速的功率谱密度曲线上可以得出风能量大致集中于低频段的趋势性结论，但是与平均风速、湍流强度和积分尺度这类单值统计指标相比，曲线形式的功率谱难以作为刻画比较湍流风速频率特性的定量指标。这不利于湍流风速模型特征的描述，也成为研究湍流风速特征对风力发电机组动态性能影响的障碍。

为了解决上述问题，文献［7］提出了湍流风速的等效湍流频率，用于刻画湍流风速的频率特征。等效湍流频率 ω_{eff} 的具体定义如下

$$\omega_{\mathrm{eff}}=\frac{1}{\sigma}\left|\frac{\Delta v}{\Delta t}\right|_{\mathrm{rms}}=\frac{1}{\sigma}\sqrt{\frac{1}{N}\sum\left(\left|\frac{\Delta v}{\Delta t}\right|\right)^{2}} \tag{2-8}$$

式中：σ 为湍流标准差；Δt 为采样步长；Δv 为一个采样步长前后风速的差值；N 为一个统计时段内 Δt 的个数。

为描述方便起见，本书将等效湍流频率简称为湍流频率。

第2节　盘面风速模型

当风力机处于运行状态时，风力机叶片在旋转过程中扫过的空间会形成一个圆盘，称为风轮圆盘。前述湍流风速通常认为任意时刻作用在整个风轮盘面的风速都是相等的，即用轮毂高度处的风速代替整个风轮盘面的风速，因此也称为单点风速模型。但对于实际流经风轮盘面的风速，由于风剪切、塔影效应等空间分布效应[23]，在风轮盘面上是不均匀分布的。为克服单点风速模型在描述风速空间分布特性上的不足，盘面风速模型[24]认为作用在风轮圆盘上各点的风速是不相同的，且满足一定的空间相关性。

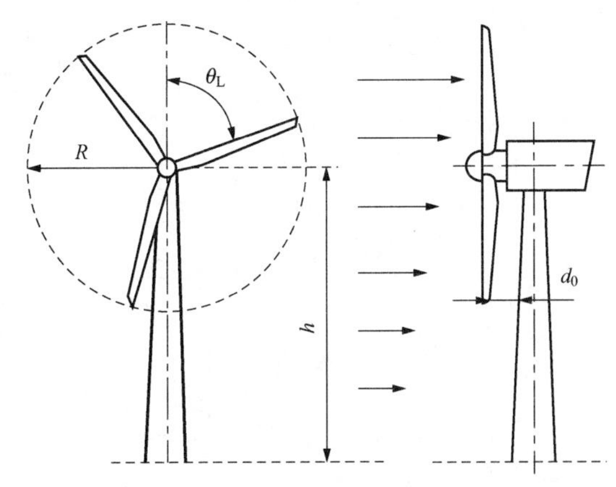

图2-1　水平轴三叶型风力机示意图[25]

一、风剪切效应

风剪切效应是指随着离地高度的增加，盘面上的点所受到的风速也相应增大的现象。风剪切效应主要与地面粗糙程度以及垂直方向的空气密度相关。以图2-1所示水平轴三叶型风力机为例，来说明考虑风剪切时风速模型的构建方法。

盘面上各点的风速可以表示为

$$v_{\mathrm{ws}}(R,\theta_{\mathrm{L}})=V_{\mathrm{h}}\left(\frac{h+R\cos\theta_{\mathrm{L}}}{h}\right)^{\alpha_{\mathrm{g}}} \tag{2-9}$$

式中：h 为轮毂的离地高度；V_{h} 表示轮毂处的风速；R 表示风轮半径；θ_{L} 为叶片的方

位角；v_{ws}（R，θ_L）为盘面上不同离地高度所作用的风速；α_g 为地面的粗糙度指数。

一般，α_g 的取值为0.1～0.4，且地面越粗糙，α_g 取值越大。可以看出，考虑风剪切时盘面风速模型的构建是以轮毂处的风速 V_h 为参考风速，用 R 和 θ_L 这两个物理量来刻画盘面上各点的位置信息，粗糙度 α_g 则是根据地形情况来描述各点的风速与参考风速之间的差异大小。

二、塔影效应

塔影效应，是指气流流经风力机时，风力机的塔架会有堵塞作用，致使塔架的上游和下游风速都会减小的现象。仍以图2-1的风力机为例，塔影效应作用下的风速表示为

$$v_{ts}(R,\theta_L,d_0) = V_h + \bar{v}c_0^2 \frac{R^2\sin^2\theta_L - d_0^2}{(R^2\sin^2\theta_L + d_0^2)^2} \tag{2-10}$$

式中：c_0 是塔筒支架的半径长度，d_0 为计算点到塔架中心轴的悬垂距离，R 和 θ_L 的含义和式（2-9）中相同。$\bar{v}$ 表示平均风速，也即塔影效应下的风速模型是以平均风速为参考风速的，平均风速 $\bar{v}$ 与轮毂处风速的关系是

$$\bar{v} = qV_h \tag{2-11}$$

其中，系数 $q=1+\alpha_g(\alpha_g-1)R^2/(8h^2)$，对于特定地形的特定风力机，$q$ 为恒定值。为方便表示，令 $m_{ts}=qc_0^2\dfrac{R^2\sin^2\theta_L-d_0^2}{(R^2\sin^2\theta_L+d_0^2)^2}$，则有 $v_{ts}(R,\theta_L,d_0)=(1+m_{ts})V_h$。

不同于风剪切效应对整个盘面的风速都产生影响，塔影效应只对下半风轮扫掠面 $\left(\frac{1}{2}\pi\leqslant\theta_L\leqslant\frac{3}{2}\pi\right)$ 起作用，对塔架正前方的叶片作用最强。而且，当构建塔影效应影响下的风速模型时，如果也考虑到风剪切效应的影响，参考风速应该由 V_h 变为式（2-9）中所得的 $V_h\left(\dfrac{h+R\cos\theta_L}{h}\right)^{\alpha_g}$。所以，综合考虑风剪切效应和塔影效应之后，盘面风速模型可具体表示为

$$v(R,\theta_L,d_0) = \begin{cases} V_h\left(\dfrac{h+R\cos\theta_L}{h}\right)^{\alpha_g}(1+m_{ts}), & \dfrac{1}{2}\pi\leqslant\theta_L\leqslant\dfrac{3}{2}\pi \\ V_h\left(\dfrac{h+R\cos\theta_L}{h}\right)^{\alpha_g}, & \text{其他} \end{cases} \tag{2-12}$$

三、空间交叉相关性

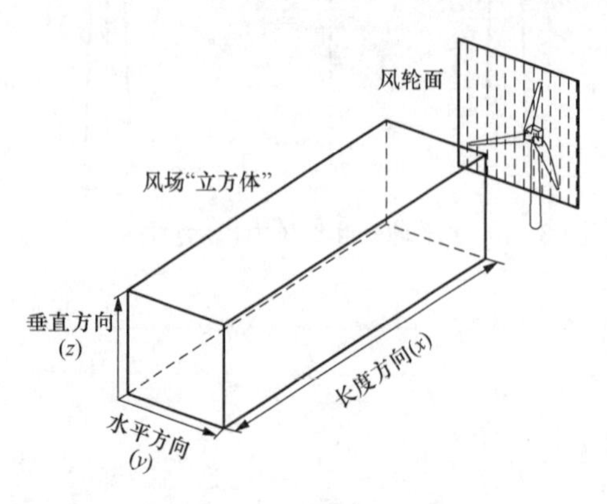

图2-2　三维盘面风速模型[26]

一维湍流风速模型反映了轴向来流风速随时间的变化特性，但对于风力机叶片的扫略运动，描述风速在水平和垂直方向上的空间变化特性也非常重要。三维盘面风速模型将风轮盘面划分为若干相等大小的矩形网格，如图2-2所示。对于每一个网格点风速的谱线，除了在时间性上满足单点风湍流频谱特性，不同网格点风速的谱线还应满足空间上的相互关系，可以用相干方程[5]来描

述。相干数是关于频率和网格点间距的函数

$$C(\Delta r, f)=\frac{|S_{12}(f)|}{\sqrt{S_{11}(f)S_{22}(f)}} \tag{2-13}$$

式中：f 为频率；Δr 为两网格点间距；$S_{12}(f)$ 为两网格点的相干谱线；$S_{11}(f)$、$S_{22}(f)$ 为每个网格点的变化谱线。

根据 IEC - 61400 - 1 标准[11]，本书选择 Kaimal 谱[19]来描述网格点风速的自频谱密度和空间相干相关性，该方法也被应用到风力机商业仿真软件 Bladed 中。使用 Kaimal 谱描述的相干方程的表达式较复杂，本书在此不作介绍，国际电工委员会（International Electrotechnical Commission，IEC）标准中给出了简化的经验指数模型，有兴趣的读者可以自行查阅。

第3节 气动模型

风力机是风力发电机组捕获转化风能的关键部件，在风电机组建模的过程中，必须要对风力机进行合理建模，以准确反映风力机在捕获风能过程中的气动特性。值得注意的是应当根据研究问题的侧重，合理选择相对复杂或者简化的气动模型。

一、基于叶素动量理论的气动模型

对于风力机气动性能的研究，需要对叶片的空气动力学特性进行准确建模。目前，应用最为广泛的气动模型建模理论是叶素动量（Blade Element Momentum，BEM）理论[27-29]。该理论是在综合动量理论与叶素理论的基础上发展而来的[5]。

1. 动量理论

动量理论是由 William Rankime 于 1865 年提出的[5]。动量理论描述了作用于风力机上的力与来流风速之间的关系，反映了风力机从气流的动能中能够转换多少成为机械能。

通常认为气体流经面积为 A_D 的致动盘，速度发生变化，其变化量设为 $-av$，其中，a 为轴向诱导因子，记气体在制动盘上游剖面速度为 $v_D=(1-a)v$。如图 2 - 3 所示，气流穿过致动盘，其速度变化量为 $v-v_W$，动量变化量为速度变化量与质量流量的乘积。由于包围流管的空气压力等于大气压，合力为零，所以引起动量变化的力源于流过制动盘的压力差，有

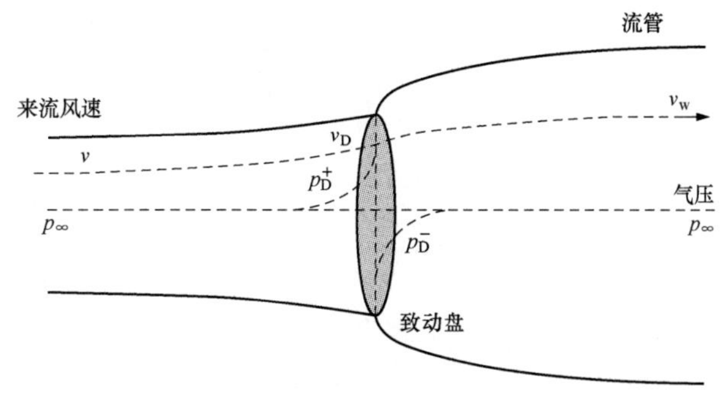

图 2 - 3 空气流经致动盘示意图[5]

$$(p_D^+ - p_D^-)A_D=(v-v_W)\rho A_D v(1-a) \tag{2-14}$$

其中：p_D^+ 和 p_D^- 分别为致动盘上下游剖面的气压；ρ 为空气密度。

根据 Bernoulli 方程规定：定常状态下，若不对流体做功或流体不对外做功，流体总能量，即动能、静压能和重力势能之和守恒。对单位体积气体，有

$$\frac{1}{2}\rho v^2 + p_s + \rho g h = \text{const} \tag{2-15}$$

假设气体是不可压缩和水平的，分别对流管的上游和下游剖面分别应用 Bernoulli 方程（2-15），解得压力差为

$$p_D^+ - p_D^- = \frac{1}{2}\rho(v^2 - v_W^2) \tag{2-16}$$

联立式（2-14）和（2-16），得到

$$v_W = (1-2a)v \tag{2-17}$$

由此可知，轴向流速的损失一半发生在致动盘的上游剖面，另一半损失发生在下游剖面。根据式（2-16），作用于致动盘的压力为

$$F_D = (p_D^+ - p_D^-)A_D = 2\rho A_D v^2 a(1-a) \tag{2-18}$$

气体对致动盘输出的功率为

$$P_D = F_D v_D = 2\rho A_D v^3 a\,(1-a)^2 \tag{2-19}$$

2. 叶素理论

叶素理论是由 Richard Froude 于 1889 年提出的[5]。与动量理论相比，叶素理论将叶片沿径向分为若干微元段，每个微元段称为一个叶素，从叶素附近的气流来分析叶片受力与能量转化关系。叶素理论假设作用于每一叶素的气流相互不干扰，作用于叶素的力可以分解为升力与阻力，利用二维翼型模型计算。

如图 2-4 所示，对于一个叶片数为 N_B，叶片半径为 R，弦长为 c，桨距角为 β 的风力机，叶片旋转角速度为 ω_r，来流风速 v。记切向诱导因子为 b，在叶片径向 r 处，叶素切向速度为 $\omega_r r$，尾流切向速度为 $b\omega_r r$，净切向速度 $(1+b)\ \omega_r r$。以叶素为参照系的相对合速度为

$$W = \sqrt{v^2\ (1-a)^2 + r^2\omega_r^2\ (1+b)^2} \tag{2-20}$$

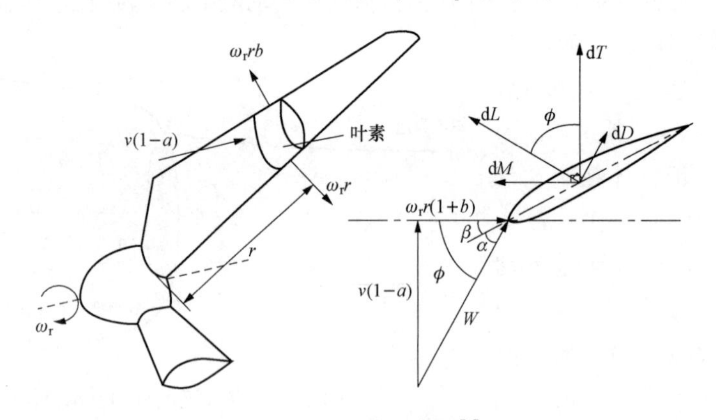

图 2-4 叶素示意图[5]

相对合速度与旋转平面之间的夹角 ϕ 称为入流角，满足如下关系

$$\sin\phi = \frac{v(1-a)}{W}, \cos\phi = \frac{r\omega_r(1+\mathrm{b})}{W} \tag{2-21}$$

攻角 α 表示为入流角与桨距角之差

$$\alpha = \phi - \beta \tag{2-22}$$

叶素旋转一周扫过宽 $\mathrm{d}r$ 的单位圆环。作用于单位圆环的升力分量垂直于合流速 W，大小为

$$\mathrm{d}L = \frac{1}{2}\rho W^2 c C_\mathrm{l} \mathrm{d}r \tag{2-23}$$

其中，C_l 为升力系数。作用于单位圆环的阻力分量平行于合流速 W，大小为

$$\mathrm{d}D = \frac{1}{2}\rho W^2 c C_\mathrm{d} \mathrm{d}r \tag{2-24}$$

其中，C_d 为阻力系数。作用于单位圆环的推力计算为

$$\mathrm{d}T = \mathrm{d}L\cos\phi + \mathrm{d}D\sin\phi = \frac{1}{2}\rho W^2 N_\mathrm{B} c(C_\mathrm{l}\cos\phi + C_\mathrm{d}\sin\phi)\mathrm{d}r \tag{2-25}$$

推力对应的扭矩计算为

$$\mathrm{d}M = (\mathrm{d}L\sin\phi - \mathrm{d}D\cos\phi)r = \frac{1}{2}\rho W^2 N_\mathrm{B} cr(C_\mathrm{l}\sin\phi - C_\mathrm{d}\cos\phi)\mathrm{d}r \tag{2-26}$$

3. 叶素动量理论

综合叶素理论与动量理论得到的叶素动量理论，可以用于求解轴向诱导因子 a 与切向诱导因子 b[27-29]。叶素动量理论的基本假设为相邻圆环之间的气流无相互作用，即轴向诱导因子 a 沿径向不变。比较式（2-18）和式（2-25），将 $A_\mathrm{D}=2\pi r\mathrm{d}r$ 代入得到叶素上的推力为

$$\mathrm{d}T = \frac{1}{2}\rho W^2 N_\mathrm{B} c(C_\mathrm{l}\cos\phi + C_\mathrm{d}\sin\phi)\mathrm{d}r = 2\pi r\mathrm{d}r\rho v(1-a)2av \tag{2-27}$$

类似地，得到叶素上的转矩

$$\mathrm{d}M = \frac{1}{2}\rho W^2 N_\mathrm{B} cr(\mathrm{d}L\sin\phi - \mathrm{d}D\cos\phi)\mathrm{d}r = 2\pi r\mathrm{d}r\rho v(1-a)2br^2\omega_\mathrm{r} \tag{2-28}$$

令 $\mu_\mathrm{r}=\dfrac{r}{R}$，则两式化简为

$$\frac{W^2}{v^2}N_\mathrm{B}\frac{c}{R}(C_\mathrm{l}\cos\phi + C_\mathrm{d}\sin\phi) = 8\pi a(1-a)\mu_\mathrm{r} \tag{2-29}$$

$$\frac{W^2}{v^2}N_\mathrm{B}\frac{c}{R}(C_\mathrm{l}\sin\phi - C_\mathrm{d}\cos\phi) = 8\pi\lambda\mu_\mathrm{r}^2(1-a)b \tag{2-30}$$

记法向力系数 C_x 和切向力系数 C_y 分别为

$$C_\mathrm{x} = C_\mathrm{l}\cos\phi + C_\mathrm{d}\sin\phi \tag{2-31}$$

$$C_\mathrm{y} = C_\mathrm{l}\sin\phi - C_\mathrm{d}\cos\phi \tag{2-32}$$

结合式（2-29）～式（2-32），推导可得方程组式（2-33）和式（2-34）。通过迭代计算该方程组得到诱导因子 a 和 b。

$$\frac{a}{1-a} = \frac{\sigma_\mathrm{r}}{4\sin^2\phi}C_\mathrm{x} \tag{2-33}$$

$$\frac{b}{1+b} = \frac{\sigma_\mathrm{r}}{4\sin\phi\cos\phi}C_\mathrm{y} \tag{2-34}$$

式中，$\sigma_\mathrm{r}=\dfrac{N_\mathrm{B}c}{2\pi r}$称为弦长实度，定义为半径 r 处的叶片总弦长占该半径圆盘周长的比例。

根据叶素动量理论得到诱导因子 a 和 b 后，长度为 $\mathrm{d}r$ 的叶素产生的切向转矩为

$$\mathrm{d}M = 4\pi\rho v\omega_{\mathrm{r}} rb(1-a)r^2\mathrm{d}r \tag{2-35}$$

在考虑阻力或者部分阻力的影响下，结合式（2-29）可以得到

$$\mathrm{d}M = 4\pi\rho v\omega_{\mathrm{r}} rb(1-a)r^2\mathrm{d}r - \frac{1}{2}\rho W^2 N_{\mathrm{B}} c C_{\mathrm{d}}\cos\phi r\,\mathrm{d}r \tag{2-36}$$

因此整个风力机的总切向转矩 M 为

$$M = \frac{1}{2}\rho v^2\pi R^3\lambda\int_0^R \mu_{\mathrm{r}}^2\left[8b(1-a)\mu_{\mathrm{r}} - \frac{W}{v}\frac{N_{\mathrm{B}}c}{\pi R}C_{\mathrm{d}}(1+b)\right]\mathrm{d}\mu_{\mathrm{r}} \tag{2-37}$$

其中，$\lambda=\omega_{\mathrm{r}}R/v$ 为叶尖速比。风力机产生的气动功率 P_{a} 为

$$P_{\mathrm{a}} = M\omega_{\mathrm{r}} \tag{2-38}$$

二、风能利用系数曲面的气动模型

根据叶素动量理论，计算风力机产生的气动转矩和气动功率时，必须先通过迭代计算方程组式（2-33）和（2-34）确定各个叶素的诱导因子 a 和 b，需要耗费大量的存储空间和计算时间。因此，当研究问题侧重于风力机的功率性能时，为节省时间成本，多采用无量纲的风能利用系数 C_{P}（λ，β）曲面来描述风力机的功率性能。

风力机产生的气动功率 P_{a} 可以表示为来流风能与风能利用系数的乘积

$$P_{\mathrm{a}} = 0.5\rho\pi R^2 v^3 C_{\mathrm{P}}(\lambda,\beta) \tag{2-39}$$

风能利用系数 C_{P} 是风力机叶片的最重要的集总参数之一，它描述了叶片在不同工况下的风能捕获能力。对比式（2-37）和式（2-38），可以看出 C_{P} 是对运行工况下各叶素产生的切向转矩进行积分后的集总表述。结合叶素动量理论，可知 C_{P} 是关于叶尖速比 λ 和桨距角 β 的函数。现代风力机的典型的 $C_{\mathrm{P}}(\lambda,\beta)$ 曲线如图 2-5 所示。在简化的风力机模型中，可以用 $C_{\mathrm{P}}(\lambda,\beta)$ 曲面代替基于叶素动量理论的气动模型，根据风力机运行工况（即叶尖速比和桨距角）确定 C_{P} 值，进而确定风力机产生的气动功率。

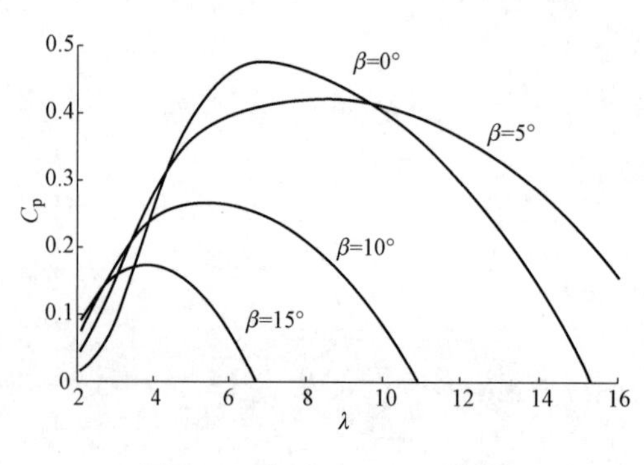

图 2-5　典型 $C_{\mathrm{P}}(\lambda,\beta)$ 曲线

$C_{\mathrm{P}}(\lambda,\beta)$ 模型描述主要通过两种方式实现，即查表和公式拟合[30-31]。目前，运用较广的 $C_{\mathrm{P}}(\lambda,\beta)$ 表达式为

$$\begin{aligned} C_{\mathrm{p}} &= 0.5\times\left(\frac{116}{\lambda_i}-0.4\beta-5\right)\mathrm{e}^{-21/\lambda_i} \\ \frac{1}{\lambda_i} &= \frac{1}{(\lambda+0.08\beta)}-\frac{0.035}{(\beta^3+1)} \end{aligned} \tag{2-40}$$

第4节　传动链模型

在第 1 章第 2 节中已经介绍过风力发电机组中传动链的基本组成，本节按照对传动链中传动轴不同的处理方法，将传动链模型分为柔性轴模型和刚性轴模型[32]。

柔性轴模型认为高速轴和低速轴是柔性的，这意味着风力机和发电机转子的旋转有各自的自由度[33]。其中，低速轴转矩与气动转矩的不平衡产生了风力机的角加速度；高速轴转矩与发电机电磁转矩的不平衡产生了发电机转子的角加速度。柔性轴模型至少包含高速轴与低速轴两个质量块，因此也称为多质量块传动链模型。

刚性轴模型忽略了弹性系数和阻尼系数，认为低速轴、齿轮箱、高速轴和发电机转子组成一个刚体，又被称为单质量块传动链模型[34-35]，此时风力机转速和发电机转速之比即为齿轮箱的传动比。

一、多质量块传动链模型

在多质量块传动链模型中，最基本的是二质量块传动链模型[34]，更为精细的模型是通过多个刚体之间柔性连接来表示传动链，例如三质量块模型[34]和六质量块模型[33]，以下分别对其组成做简要介绍。

1. 六质量块传动链模型

如图 2-6 所示的六质量块模型将所有刚体都单独表示，三个叶片等效质量块分别为 J_{B1}、J_{B2} 和 J_{B3}，轮毂等效质量块为 J_H，齿轮箱等效质量块为 J_{GB}，发电机转子等效质量块为 J_G。六质量块模型对叶片、传动轴和齿轮箱的建模较为精细，因此多用于空气动力学、传动轴和齿轮箱的机械设计与传动性能方面的研究。

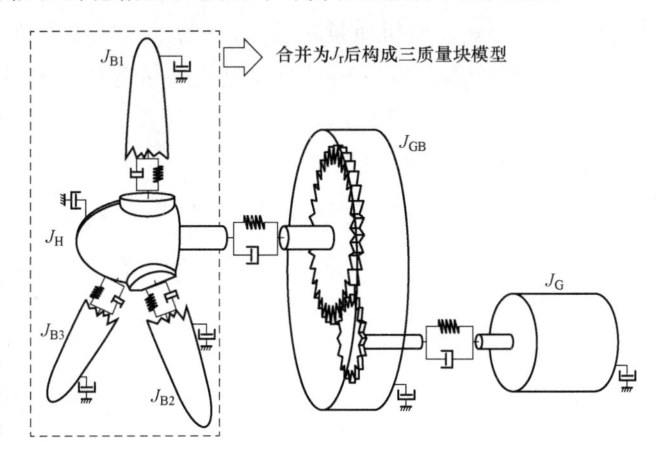

图 2-6　六质量块传动链模型[33]

2. 三质量块传动链模型

如图 2-6 中的虚线框所示，将三个叶片的等效质量块 J_{Bi}（$i=1$、2、3）和轮毂等效质量块 J_H 合并为一个等效质量块 J_r，其与齿轮箱等效质量块 J_{GB} 和发电机等效质量块 J_G 形成了传动链的三质量块模型。

3. 二质量块传动链模型

在三质量块模型的基础上，把齿轮箱等效质量块 J_{GB} 和发电机转子质量块 J_G 合并得到等效质量块 J_g，这样就由三质量块模型简化为如图 2-7 所示的二质量块模型。

在二质量块模型中，风力机等效质量块 J_r 一侧称为低速轴，齿轮箱与发电机转子合并后的等效质量块 J_g 一侧称为高速轴，二质量块传动链的数学模型为[34]

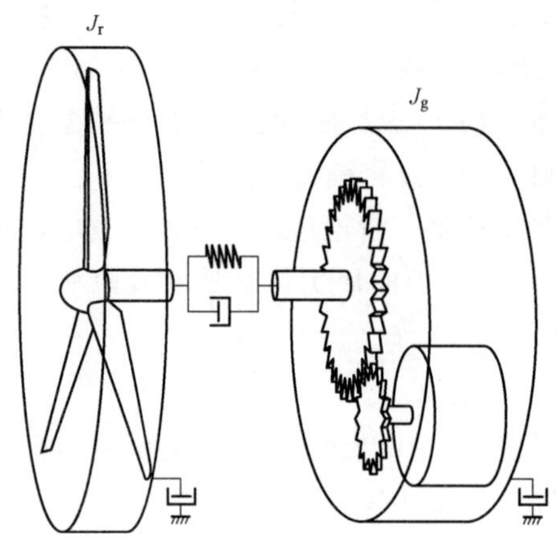

图 2-7　二质量块传动链模型[34]

$$\begin{cases} J_r\dot{\omega}_r = T_a - D_r\omega_r - T_{ls} \\ J_g\dot{\omega}_g = T_{hs} - D_g\omega_g - T_g \\ T_{ls} = K_{ls}(\theta_r - \theta_{ls}) + D_{ls}(\omega_r - \omega_{ls}) \\ n_g = \dfrac{T_{ls}}{T_{hs}} = \dfrac{\omega_g}{\omega_{ls}} = \dfrac{\theta_g}{\theta_{ls}} \end{cases} \tag{2-41}$$

式中，T_a 表示作用在风力机上的气动转矩，其与风力机捕获的风功率 P_a 的关系为 $P_a = T_a\omega_r$；T_{ls}和 T_{hs}分别表示低速轴和高速轴转矩；T_g 为发电机电磁转矩；ω_r、ω_{ls}和 ω_g 分别表示风力机、低速轴和发电机的转速；$\theta_r - \theta_{ls}$表示风力机和低速轴之间的扭转角度；D_r 和 D_g 分别表示风力机和发电机的阻尼系数；K_{ls}和 D_{ls}分别表示低速轴扭转的刚度和阻尼系数；n_g 为齿轮箱变比。

二、单质量块传动链模型

单质量块传动链模型完全忽略了风力发电机组传动链的弹性变形，将二质量块模型中的等效风力机质量块 J_r 和等效发电机质量块 J_g 合并为单一集中质量块，即该集中质量块中包含有风力机的叶片和轮毂、齿轮箱以及发电机转子等传动链的所有组成部分。图 2-8 所示为单质量块传动链模型的结构示意图。

描述单质量块传动链模型的数学模型为[34-35]

$$J\dot{\omega}_r = T_a - D_t\omega_r - n_g T_g \tag{2-42}$$

其中，

$$\begin{cases} J = J_r + n_g^2 J_g \\ D_t = D_r + n_g^2 D_g \\ \omega_r = \omega_g / n_g \end{cases} \tag{2-43}$$

式中：J 为单质量块的转动惯量；D_t 为单质量块的阻尼系数。

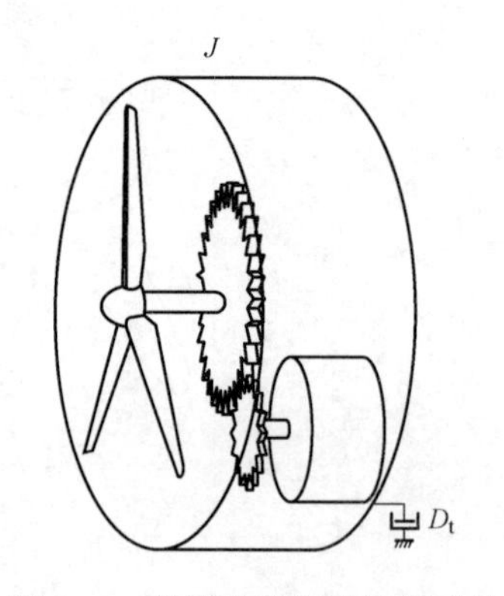

图 2-8　单质量块传动链模型的结构图[34]

容易看出，各质量块模型是对传动链各构成部分通过不同组合方式的等效处理与简化所得，质量块较多的传动链模型可以通过质量块合并得到相对简化的传动链模型。根据研究对象及其对传动链模型精细程度的具体要求，可选用相应的传动链模型。在风力发电机组的机电动态分析和相关控制器设计的研究中，一般不需要对所有部件都进行精细化建模，建立起能够反映风力发电机组时空特性的模型即可。上述的单质量块和二质量块传动链模型基本可以满足研究所需的精度要求，极大简化了研究复杂度。

第 5 节　关注机电动态的风电系统模型

风力发电机组具有强非线性、多变量、多时间尺度动态和多学科交叉融合的复杂特性。一般而言，风电机组研究采用的系统级模型并不需要对所有部件进行精确描述，而是从部件描述颗粒度和时间尺度两方面做适当简化，从而建立符合风电研究关注点时空特征的系统级模型。

一、快慢动态的解耦

变速风力发电机组通常由机械子系统和电气子系统两部分构成。其中，机械子系统主要包含风力机、传动链和发电机转子；电气子系统主要包含发电机绕组线圈和变流器。如图 2 - 9 所示，从时间尺度上看，对于机械子系统，大型风力机的惯性时间常数约为 2.4～6.8s[36]，桨距角的变化速率约为 6～10°/s[37]，偏航系统则为分钟级的响应速度；对于电气子系统，不论线圈的电流变化和电容的电压变化，还是功率开关器件的通断一般都在毫秒级甚至微秒级完成。

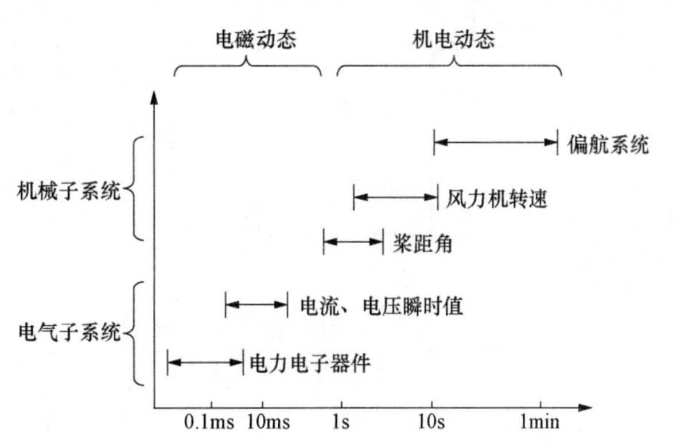

图 2 - 9　风力发电机组的典型时间常数

由于动态过程的时间差异很大，在风力发电机组的建模与研究中，通常对机械子系统和电气子系统进行解耦处理，并分别开展机电动态分析和电磁动态分析。事实上，系统级模型的仿真分析很难同时兼顾时间尺度差别很大的快动态变量和慢动态变量。此外，由于这种聚焦某一时间尺度动态过程的建模方法对于仿真分析结果准确性的影响通常是非常有限的，涵盖实际系统所有时间尺度动态过程的模型构建不仅异常复杂，而且也没有必要。所以，为了折中平衡建模的精确度与仿真分析的难度及效率，根据奇异摄动理论[38]，当分析研究风力发电机组的“慢”机电动态问题时，可以忽略“快”电磁动态过程，认为其响应瞬时完成，状态量始终处于“准稳态”[39]；类似地，当分析研究“快”电磁动态问题时，可以忽略“慢”机电动态过程，认为其状态量保持恒定[40]。这样，便实现了快慢动态的解耦。

由于本书主要关注风力发电机组的机电动态，所以基于快慢动态解耦的思想，可以简化包含发电机绕组线圈和变流器的电气子系统的数学模型。即认为风力机控制器下达的发电机电磁转矩 T_g^* /功率 P_e^* 参考值指令与通过变流器控制实现的发电机实际电磁转矩 T_g/功率 P_e 是实时相等的，忽略了从输入参考指令到输出电气量跟踪至参考指令之间的电磁动态变化过程，如图 2 - 10 和 2 - 11 的虚线框所示。

二、复杂风电系统模型

对于关注机电动态的风电系统模型，可根据风力机气动建模的颗粒度和复杂度，进一步划分为复杂风电系统模型和简化风电系统模型。

如图 2-10 所示，对于复杂风电系统模型，一般采用基于叶素动量理论的风力机气动模型。针对大型风电机组，可进一步考虑风力机的气动—弹性—伺服耦合特性。由于风力机气动—弹性—伺服耦合仿真的复杂性和专业性，美国国家可再生能源实验室（National Renewable Energy Laboratory，NREL）开发了一款开源的风电机组仿真代码（Fatigue Aerodynamics Structures Turbulence，FAST）。该软件集成了基于叶素动量理论和多刚体动力学的风力机气弹耦合模型与传动链模型。基于 FAST 的复杂风电系统模型能够更加逼近实际风力机的气动和机械特性，更有助于验证风力发电机组的运行与控制效果。

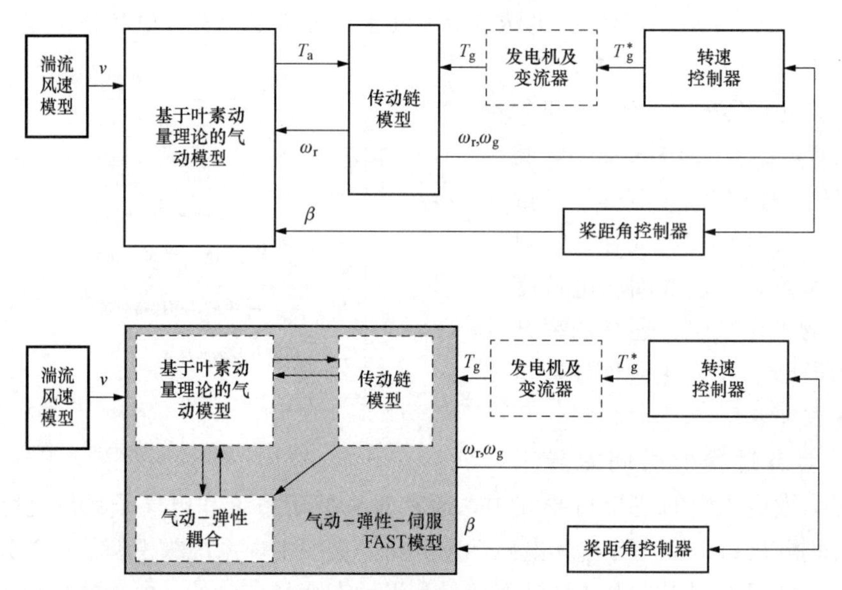

图 2-10　复杂风电系统模型

对于基于叶素动量理论的风力机气动模型，其输入风速既可以采用盘面风速模型，也可以采用单点风速模型。前者同时考虑了实际风速在时间和空间上的变化特性，可以用于风力机载荷和叶片颤振等问题的研究。后者的模拟生成较为简单，仅刻画了实际风速随时间的波动特性，可以满足风电机组控制的研究需要。

三、简化风电系统模型

尽管复杂风电系统模型更为精确，但其一般更适用于风力机气动优化设计与风电研究成果的仿真验证，基于叶素动量理论的复杂气动模型对于风电机组控制研究反而过于复杂，不利于机理分析与控制策略设计。因此，除复杂风电系统模型外，还可以构建如图 2-11 所示的简化风电系统模型。

相对于复杂风电系统模型，简化模型实际上是对风力机气动模型和传动链模型做了简化。本书的简化风电系统模型采用了基于 $C_P(\lambda, \beta)$ 曲面的气动模型，在不同桨距角下，可以用一簇风能利用系数曲线代替复杂的超越方程（基于叶素动量理论的气动模型）。而且，通过对风能利用系数曲线的修正，即可对风力机集总气动性能进行调整，

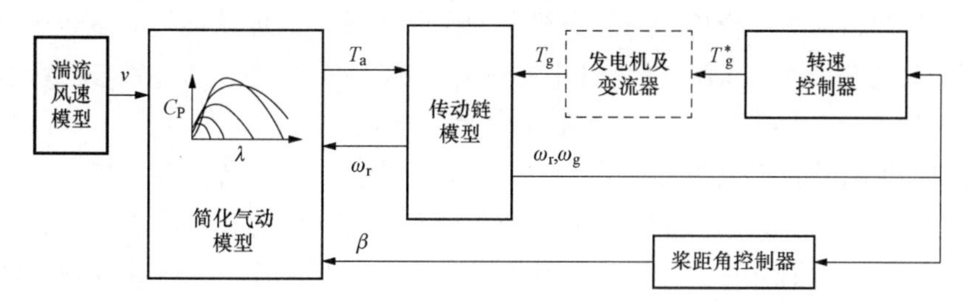

图 2-11　简化风电系统模型[7]

以构建理想的仿真分析场景，这极大简化了风力机气动特性与跟踪控制关联协调的分析工作。而对于传动链模型，由于在实际中多质量块的模型参数难以获得，且对风能捕获跟踪控制的影响较为有限，因此本书的控制器设计均是基于单质量块的传动链模型。

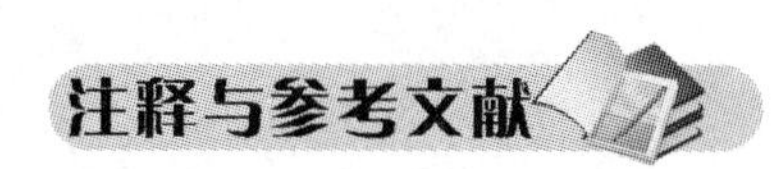

注释与参考文献

完整翔实的风力发电机组模型包含从风能到电能这一能量转化、变换过程中所涉及到的一系列动态过程。但是，对于具体的研究对象，将模型建立限定在与该对象密切相关的时间尺度和空间尺度是十分必要的。因为，过于复杂的模型会给分析计算带来无谓的挑战和繁重的负担，而不恰当简化的模型则无法准确反映研究对象的动态特性。基于此，本章内容仅阐述了与风能捕获跟踪控制相关的秒级时间尺度的动态过程。为了让读者从整体上了解风电机组的数学模型，加深对本书模型构建视角的理解，本节尝试更全面地对风电机组相关模型进行分类概述。限于水平，我们这里只给出了一些轮廓性的简要介绍，供有兴趣的读者进一步扩展阅读。

（1）风速模型。风受到时间因素和地理因素影响，在时间、空间上都会呈现出持续变化特性。风速的精确建模对于风电机组设计、风电场项目经济性评估乃至电网调度都起到至关重要的作用。

从时间尺度看，本书重点关注的湍流系指秒级时间尺度的风速波动，用于风电机组机电动态分析和仿真的湍流风速序列时长一般为十分钟至数十分钟。而对于风电机组、风电场年发电量的评估和预测，更长时间尺度（如一年）的风速变化规律则更为重要。例如，一年中小时平均风速的分布规律可以用威布尔（Weibull）分布或瑞利（Rayleigh）分布[5]来描述。

从空间分布看，风力机从来流风中捕获能量，导致了风速的衰减和湍流等级的增加，即产生了尾流效应。在对风速建模时考虑尾流效应，有利于更准确地分析风电场内不同位置风电机组的效率和载荷。常用的尾流模型包括简单而高效的半经验模型[41]（如 Jensen 模型、AV 尾流模型）和复杂而精确的计算流体力学（Computational Fluid Dynamics，CFD）模型[42-43]。

（2）气动模型。虽然风力机的气动转矩和气动功率可以借助简化气动模型简单计算得到，但若想得到更为准确的计算结果，仍需借助更复杂的理论模型。本章中介绍的

BEM 理论[44-46]目前被广泛应用于风力机气动设计领域。该理论将气流流经风力机叶片的三维流动简化为二维流动，在考虑叶尖损失、轮毂损失等[44]一系列修正后能够较精确地计算叶片的气动性能，计算效率高。

除 BEM 理论外，常见的风力机气动建模方法还包括涡流理论[29,47]和 CFD 技术[48-50]等。前者考虑气流流经有限长叶片的三维效应，通过对诱导速度和翼型升力进行修正，有助于获得比 BEM 理论更精确的计算结果，但其难点在于建立精确的尾涡模型；后者则考虑失速问题和三维旋转效应，理论上能够准确计算风力机的气动性能，但离散化处理时依赖经验和技巧，且计算量很大。由于这两种方法仍处于发展阶段，BEM 理论仍是目前风力机气动设计和分析中的常用模型。

(3) 结构模型。实际风电机组运行在复杂多变的环境中，研究各种载荷作用下叶片和塔筒的结构动力学响应对于风电机组的结构设计、载荷[51]抑制和可靠运行是十分重要的。

风电机组的结构动力学建模是一个从局部到整体的过程。对于塔基、机舱、轮毂等不易发生形变的部件，通常视为刚体；对于叶片、塔筒这类细长结构，则通常视为柔性体。叶片主要包含挥舞、摆振方向的振动，塔筒主要包含前后、左右方向的振动[52]。一般将叶片和塔筒视为多个自由度的柔性体，结合有限元方法，将柔性体离散处理为多个刚体单元，从而建立动力学方程。在完成局部各部件建模后，最终建立风电机组的结构动力学模型[53-54]。

(4) 气动-弹性耦合模型。本章介绍的气动模型将风力机叶片简化为一个不会发生形变的刚体。而由结构动力学模型可知，风力机的叶片实际上是一个弹性体。在气动等载荷的作用下，风力机叶片将在各方向发生不同程度的形变，而形变又将改变叶片产生的气动力，进而构成了气动-弹性耦合问题。将气动模型与叶片结构模型相结合，建立气动-弹性耦合模型，可以更准确地分析风力机在复杂风况和工况条件下的气动效率与载荷。具体地，气动模型将气动载荷作用到结构模型，结构模型又将各部位发生的形变反馈到气动模型，对气动力的计算进行修正，完成了气动-弹性响应分析。在风力机专业分析软件 Bladed 和 FAST[9,55]中，均采用了气动-弹性耦合模型。

(5) 传动链模型。本章中所述单质量块模型[56]（刚性轴模型）和多质量块模型[56-57]（柔性轴模型）是目前描述风力机传动链动态的主要手段。不同的传动链模型适用的研究问题也不尽相同：单质量块模型双质量块模型适合研究风力发电机组的机电动态[56,58-60]；三质量块模型更适合于风力发电机组的谐振分析[61]，更多质量块的模型则可用于研究更短时间尺度的频率响应特性。

前述单质量块和多质量块传动链模型仅考虑扭转自由度，而用于齿轮箱动力学研究的模型已从纯扭转动力学模型[62-63]逐渐发展到多自由度模型[64-66]和复杂有限元模型[67-68]，能够考虑轴承、传动轴、齿侧间隙和支撑结构等更多的因素。这样，可以研究齿轮箱的均载特性[64,68]、振动响应[63,66]特性和疲劳特性[65,67]等，从而设计出能够安全、可靠、稳定运行的风电用齿轮箱。

(6) 发电机模型。本书论述的风能捕获跟踪控制主要关注风电机组的机电动态，因此基于快慢动态解耦的思想，对发电机模型做了大幅简化，忽略了从输入参考指令到输出电气量跟踪至参考指令之间的电磁动态过程，认为发电机能够快速且精确地响应电磁转矩指令[56,69]。而针对风电机组电磁动态的研究则需要对发电机部分进行精确建模[60,70-71]。

发电机建模是基于基本的电压方程和磁链方程，描述发电机各绕组线圈中电流和磁链的动态变化过程[72-73]。为了克服因转子旋转而导致的绕组参数的时变特性，通常利用坐标变换（如克拉克变换和派克变换等）获得具有定常参数的发电机动态模型[74-75]。此外，根据研究问题的精度要求，可以通过忽略部分绕组的电磁动态，对发电机动态模型进行降阶简化处理[76]。

应该说，选择或建立恰当的数学模型是顺利开展研究的重要基础。这种恰当同时体现在对象描述的颗粒度和时间尺度上。除非用于研究成果的仿真验证，否则过于全面、过于精细的数学模型通常都会给分析研究带来额外的复杂性，导致主导因素或关键因素淹没在模型细节中。此外，恰当的数学模型也并非研究初期便能选定和确立，而是随着对实际对象的认识理解逐渐全面、深刻而不断迭代修正得到的。

由于辗转引用和标注不详，本章的很多图片（见图2-1、图2-3、图2-4、图2-6～图2-8）已难以查实原始出处。限于时间和精力，它们引用的文献并非原始文献，深以为憾。特此说明。

[1] 李东东，陈陈. 风力发电系统动态仿真的风速模型 [J]. 中国电机工程学报，2005，25 (21)：41-44.

[2] 李勇刚，何炎平，杨煜. 引入模型定阶的ARMA模型在风力发电系统风速仿真中的应用 [J]. 华东电力，2010，38 (3)：395-398.

[3] Calif R. PDF models and synthetic model for the wind speed fluctuations based on the resolution of langevin equation [J]. Applied Energy，2012，99：173-182.

[4] Nichita C，Luca D，Dakyo B，et al. Large band simulation of the wind speed for real—time wind turbine simulators [J]. IEEE Power Engineering Review，2002，22 (8)：522-529.

[5] Burton T，Jenkins N，Sharpe D，et al. Wind energy handbook [M]. 2nd ed. New York：John Wiley and Sons，2011.

[6] Leithead W E，De l S S，Reardon D. Role and objectives of control for wind turbines [J]. IEE Proceedings C Generation，Transmission and Distribution，1991，138 (2)：135-148.

[7] Tang C，Soong W L，Freere P，et al. Dynamic wind turbine output power reduction under varying wind speed conditions due to inertia [J]. Wind Energy，2013，16 (4)：561-573.

[8] Welfonder E，Neifer R，Spanner M. Development and experimental identification of dynamic models for wind turbines [J]. Control Engineering Practice，1997，5 (1)：63-73.

[9] Bossanyi E A. GH Bladed user manual [R]. London：Garrad Hassan and Partners，2005.

[10] Jonkman B J，Kilcher L. TurbSim user's guide [R]. Colorado：National Renewable Energy Laboratory，2009.

[11] International Electrotechnical Commission. IEC 61400—1：wind turbines—part 1：design requirements [S]. GENEVA：International Electrotechnical Commission，2005.

[12] 武岳，孙瑛．风工程与结构抗风设计 [M]．哈尔滨：哈尔滨工业大学出版社，2014.
[13] Simiu E，Scanlan R H. Wind effects on structures：fundamentals and applications to design [M]. New York：John Wiley and Sons，1996.
[14] Petersen E L，Mortensen N G，Landberg L，et al. Windpower meteorology. Part I：Climate and turbulence [J]．Wind Energy，1998，1 (S1)：25-45.
[15] 王耀南，孙春顺，李欣然．用实测风速校正的短期风速仿真研究 [J]．中国电机工程学报，2008，28 (11)：94-100.
[16] Karman T V. Progress in the statistical theory of turbulence [J]．Proceedings of the National Academy of Sciences of the United States of America，1948，34 (11)：530-539.
[17] Kaimal J C，Wyngaard J C，Izumi Y，et al. Spectral characteristics of surface－layer turbulence [J]. Quarterly Journal of the Royal Meteorological Society，1972，98 (417)：563-589.
[18] Morfiadakis E E，Glinou G L，Koulouvari M J. The suitability of the von Karman spectrum for the structure of turbulence in a complex terrain wind farm [J]．Journal of Wind Engineering and Industrial Aerodynamics，1996，62 (2)：237-257.
[19] Kaimal J C，Businger J A. Preliminary results obtained with a sonic anemometer－thermometer [J]. Journal of Applied Meterology，1963，2 (1)：180-185.
[20] Clifford S F，Kaimal J C，Lataitis R J，et al. Ground-based remote profiling in atmospheric studies：an overview [J]．Proceedings of the IEEE，1994，82 (3)：313-355.
[21] Sørensen P，Hansen A D，Rosas P A C. Wind models for simulation of power fluctuations from wind farms [J]．Journal of Wind Engineering and Industrial Aerodynamics，2002，90 (12—15)：1381-1402.
[22] Sim C，Basu S，Manuel L. On space－time resolution of inflow representations for wind turbine loads analysis [J]．Energies，2012，5 (7)：2071-2092.
[23] 贺德馨．风工程与工业空气动力学 [M]．北京：国防工业出版社，2006.
[24] 陈刚，李克非，杨洪斌，等．基于CFD模型风能资源模拟应用进展 [J]．气象，2016，32 (5)：160-164.
[25] 常林，刘廷瑞．考虑风速分布的叶片MPC气弹控制 [J]．噪声与振动控制，2018，38 (4)：45-50.
[26] 杨志强．面向低风速风力机的风轮气动参数与最大功率点跟踪控制的一体化设计 [D]．南京：南京理工大学，2017.
[27] 赵知辛，王方成，刘二乐．风力机叶轮设计与有限元特性分析 [J]．机械设计与制造，2014 (5)：226-229.
[28] 单丽君，王萌．风力机叶片优化设计及模态分析研究 [J]．机械设计，2014 (2)：64-68.
[29] 周文平，唐胜利，吕红．基于自由尾迹方法的风力机气动特性计算 [J]．太阳能学报，2012 (4)：552-557.
[30] Anderson P M，Bose A. Stability simulation of wind turbine systems [J]．IEEE Transactions on Power Apparatus and Systems，1983，PAS-102 (12)：3791-3795.
[31] 高平，王辉，佘岳，等．基于Matlab/Simulink的风力机性能仿真研究 [J]．能源研究与信息，2006，22 (2)：79-84.
[32] 秦世耀，李少林，王瑞明，等．风电机组传动链柔性建模及电网故障响应特性研究 [J]．太阳能学报，2015，36 (3)：727-733.

[33] Papathanassiou S A, Papadopoulous M P. Mechanical stresses in fixed - speed wind turbines due to network disturbances [J] . IEEE Power Engineering Review, 2001, 21 (12): 67 - 67.

[34] Xu Z, Pan Z. Influence of different flexible drive train models on the transient responses of DFIG wind turbine [C] //2011 International Conference on Electrical Machines and Systems. Beijing: IEEE, 2011: 1 - 6.

[35] Beltran B, Ahmed - Ali T, Benbouzid M E H. Sliding mode power control of variable - speed wind energy conversion systems [J] . IEEE Transactions on Energy Conversion, 2008, 23 (2): 551 - 558.

[36] 王毅，朱晓荣，赵书强. 风力发电系统的建模与仿真（风力发电工程技术丛书）[M] . 北京：中国水利水电出版社，2015.

[37] Van T L, Nguyen T H, Lee D C. Advanced pitch angle control based on fuzzy logic for variable - speed wind turbine systems [J] . IEEE Transactions on Energy Conversion, 2015, 30 (2): 578 -587.

[38] Kokotovic P V, O'Malley R E, Sannuti P. Singular perturbations and order reduction in control theory - An overview [J] . Automatica, 1976, 12 (2): 123 - 132.

[39] Hassan K K. Nonlinear systems [M] . 3rd ed. New Jersey, USA: Prentice Hall, 2002.

[40] Slootweg J G, Polinder H, Kling W L. Dynamic modelling of a wind turbine with doubly fed inductiongenerator [C] //2001 Power Engineering Society Summer Meeting. Vancouver, Canada: IEEE, 2001: 644 - 649.

[41] Katic I, Højstrop J, Jensen N. A simple model for cluster efficiency [C] //Proc. EWEC' 86. Rome, Italy: EWEC, 1986: 406 - 410.

[42] 陈坤，贺德馨. 风力机尾流数学模型及尾流对风力机性能的影响研究 [J] . 实验流体力学，2003，17 (1)：84 - 87.

[43] 曹娜，于群，王伟胜，等. 风电场尾流效应模型研究 [J] . 太阳能学报，2016，37 (1)：222 -229.

[44] 刘雄，陈严，叶枝全. 水平轴风力机气动性能计算模型 [J] . 太阳能学报，2006，26 (6)：792 -800.

[45] Wilson R E, Lissaman P B S, Walker S N. Aerodynamic performance of wind turbines [M]. Corvallis, Oregon: Oregon State University, 1976.

[46] Kim B, Kim W, Bae S, et al. Aerodynamic design and performance analysis of multi - MW class wind turbine blade [J] . Journal of Mechanical Science and Technology, 2011, 25 (8): 1995 -2002.

[47] 钟伟，王同光. SST 湍流模型参数校正对风力机 CFD 模拟的改进 [J] . 太阳能学报，2014，35 (9)：1743 - 1748.

[48] 沈昕，竺晓程，杜朝辉. 两种自由尾迹模型在风力机气动性能预测中的应用 [J] . 太阳能学报，2010，31 (7)：923 - 927.

[49] Duque E, Burkland M, Johnson W. Navier - stokes and comprehensive analysis performance predictions of the NREL phase VI experiment [J] . Journal of Solar Energy Engineering, 2003, 125 (4): 43 - 61.

[50] Sezer - Uzol N, Long L N. 3 - D time - accurate CFD simulations of wind turbine rotor flow fields [J] . Parallel Computational Fluid Dynamics, 2006, 394: 457 - 464.

[51] 廖明夫，宋文萍，王四季，等. 风力机设计理论与结构动力学 [M] . 西安：西北工业大学出版

社，2014.

[52] 蔡新，潘盼，朱杰，等．风力发电机叶片 [M]．北京：中国水利水电出版社，2014.

[53] 李本立．风力机结构动力学 [M]．北京：北京航空航天大学出版社，1999.

[54] 赵丹平，徐宝清．风力机设计理论及方法 [M]．北京：北京大学出版社，2012.

[55] Jonkman J M，Buhl Jr M L. FAST user's guide [R]．Colorado：National Renewable Energy Laboratory，2005.

[56] Boukhezzar B，Siguerdidjane H，Hand M M. Nonlinear control of variable - speed wind turbines for generator torque limiting and power optimization [J]．Journal of Solar Energy Engineering，2006，128 (4)：516 - 530.

[57] Muyeen S M，Ali M H，Takahashi R，et al. Comparative study on transient stability analysis of wind turbine generator system using different drive train models [J]．IET Renewable Power Generation，2007，1 (2)：131 - 141.

[58] Cui Z，Song L，Li S. Maximum power point tracking strategy for a new wind power system and its design details [J]．IEEE Transactions on Energy Conversion，2017，32 (3)：1063 - 1071.

[59] Mérida J，Aguilar L T，Dávila J. Analysis and synthesis of sliding mode control for large scale variable speed wind turbine for power optimization [J]．Renewable Energy，2014，71：715 - 728.

[60] Yang Y，Mok K，Tan S，et al. Nonlinear dynamic power tracking of low - power wind energy conversion system [J]．IEEE Transactions on Power Electronics，2015，30 (9)：5223 - 5236.

[61] Melicio R，Mendes V M F，Catalao J P S. Harmonic assessment of variable - speed wind turbines considering a converter control malfunction [J]．IET Renewable Power Generation，2010，4 (2)：139 - 152.

[62] Wei S，Zhao J，Han Q，et al. Dynamic response analysis on torsional vibrations of wind turbine geared transmission system with uncertainty [J]．Renewable Energy，2015，78：60 - 67.

[63] Zhao M，Ji J. Nonlinear torsional vibrations of a wind turbine gearbox [J]．Applied Mathematical Modelling，2015，39 (16)：4928 - 4950.

[64] 徐向阳，朱才朝，刘怀举，等．柔性销轴式风电齿轮箱行星传动均载研究 [J]．机械工程学报，2014，11：43 - 49.

[65] 陈会涛，秦大同，吴晓铃，等．考虑载荷和参数随机性的风电齿轮传动系统动力可靠性研究 [J]. 太阳能学报，2014，35 (10)：1936 - 1943.

[66] Zhu C，Xu X，Liu H，et al. Research on dynamical characteristics of wind turbine gearbox with flexible pins [J]．Renewably Energy，2014，68 (7)：724 - 732.

[67] Amir R N，Zhen G，Torgeir. On long - term fatigue damage and reliability analysis of gears under wind loads in offshore wind turbine drivetrains [J]，International Journal of Fatigue，2014，61 (2)：116 - 128.

[68] 邱育潮．柔性销轴式风电齿轮箱行星传动均载特性研究 [D]．重庆：重庆大学，2015.

[69] Boukhezzar B，Siguerdidjane H. Nonlinear control of a variable - speed wind turbine using a two - mass model [J]．IEEE Transactions on Energy Conversion，2011，26 (1)：149 - 162.

[70] Abdeddaim S，Betka A. Optimal tracking and robust power control of the DFIG wind turbine [J]. International Journal of Electrical Power and Energy Systems，2013，49：234 - 242.

[71] Daili Y，Gaubert J，Rahmani L. Implementation of a new maximum power point tracking control strategy for small wind energy conversion systems without mechanical sensors [J]．Energy Con-

version and Management，2015，97：298 - 306.
[72] Lei Y，Mullane A，Lightbody G，et al. Modeling of the wind turbine with a doubly fed induction generator for grid integration studies [J] . IEEE Transactions on Energy Conversion，2006，21 (1)：257 - 264.
[73] 尹明，李庚银，张建成，等 . 直驱式永磁同步风力发电机组建模及其控制策略 [J] . 电网技术，2007，31 (15)：61 - 65.
[74] 张兴 . 整流器及其控制策略的研究 [D] . 合肥：合肥工业大学，2003.
[75] 杨淑英 . 双馈型风力发电变流器及其控制 [D] . 合肥：合肥工业大学，2007.
[76] Thiringer T，Luomi J. Comparison of reduced - order dynamic models of induction machines [J]. IEEE Transactions on Power Systems，2002，16 (1)：119 - 126.

第 3 章

基于最大功率点跟踪的风能捕获技术

如第 1 章第 3 节所述，与恒速风力发电机组相比，变速风力发电机组能够根据实时风速变化调整自身运行转速，有助于提高风能捕获效率并降低结构载荷。变速风力发电机组的一个重要设计目标是最大限度地吸收和转化风能，因此通常将 MPPT 作为实现最大化风能捕获的主要手段。传统的风力机设计，往往采用先结构、后控制的分离设计方法，包含气动设计在内的结构设计往往先于控制设计完成。因此，风力机的气动设计往往是以控制器能够较好地实现控制目标为前提，这也使得风力机的风能捕获控制和气动设计均是以 MPPT 原理为基础。

为此，本章首先概述了 MPPT 这一关键技术的实现原理、控制方法以及以此为基础的关注最大风能利用系数的气动设计；进一步地，针对风力发电机组不断大型化所面临的新挑战，分析了大转动惯量风力机面对复杂湍流风况时出现的跟踪损失和跟踪失效现象；在此基础上，提出了大型风力机提升风能捕获的三条技术路线，为本书的主要内容奠定了框架基础。

第 1 节　最大功率点跟踪原理与控制

MPPT 控制的目标是在变化风速下使风力机保持运行在最优转速，从而始终最大效率地捕获风能。围绕这一目标，本节将对 MPPT 的原理和 MPPT 控制的实现方法进行阐述。

一、最大功率点跟踪的原理

由第 2 章第 3 节可知，对于通过风轮扫风面的自然风，风力机所能捕获转化的风功率是有限的。从式（2 - 39）中可以看出，对于一给定的风力机，其风能捕获由空气密度 ρ、风速 v 和风能利用系数 C_P 共同决定。前两者的大小难以人为改变，因此风能利用系数 C_P 的高低直接决定了风力机捕获风能的多少。

特别地，在最大功率点跟踪过程中风力机的桨距角 β 往往保持固定（一般为零度），以便使风能利用系数能够达到其最大值 C_P^{max}。基于这一原因，下文将不再专门讨论桨距角 β 及其控制。而当桨距角 β 不发生改变时，如图 3 - 1 所示，存在唯一的最佳叶尖速比

λ_{opt}使风能利用系数达到其最大值C_P^{max}，此时风力机捕获的风功率同样达到最大值，该运行点也被称为最大功率点。

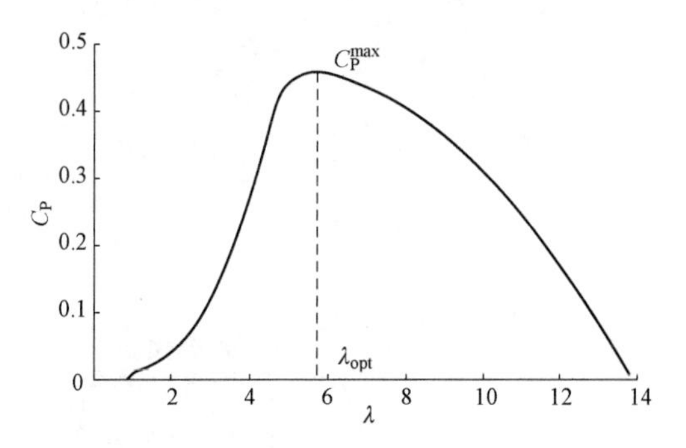

图 3-1 风能利用系数—叶尖速比关系曲线[1]

由于最大风能利用系数C_P^{max}与最佳叶尖速比λ_{opt}相对应，因此若λ始终维持在其最优值λ_{opt}，便能够使风能利用系数始终保持最大，进而使风力机持续运行于最大功率点。正因如此，风力机的最大化风能捕获问题一般会被转化为一个转速跟踪问题，即通过电磁转矩调节使风力机转速跟踪由实时风速决定的最优转速

$$\omega_{opt}=\frac{v\lambda_{opt}}{R} \tag{3-1}$$

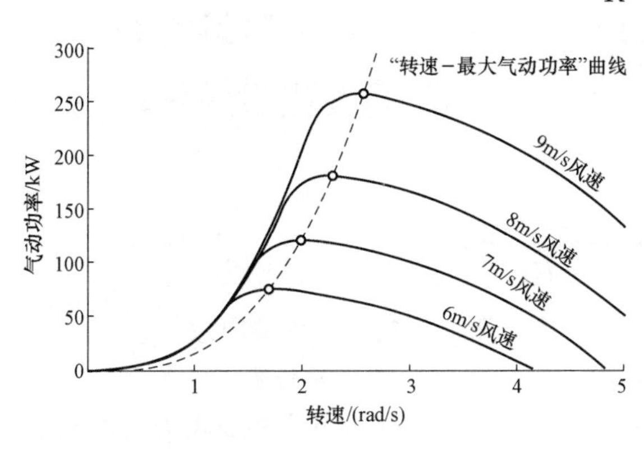

图 3-2 转速—最大气动功率曲线[1]

由式（3-1）可知，风力机在不同的风速v下均对应着不同的最大功率点及相应的最优转速ω_{opt}。而如图3-2所示，将不同风速下的最大功率点相连则可得到“转速—最大气动功率”曲线（简称最优功率曲线）。面对变化的湍流风速，MPPT控制的目标便是通过转速调节使风力机运行于该功率曲线上，从而最大限度地捕获风能。

二、最大功率点跟踪控制的实现

MPPT控制具有多种实现方法[2-6]，其中比较有代表性的方法包括叶尖速比法（Tip Speed Ratio，TSR）、最优转矩法（Optimal Torque，OT）和爬山法（Hill-Climbing Search，HCS）。图3-3总结了几种方法的特点。具有大转动惯量的风力机在面对快速波动的湍流风速时，爬山法极易失效[6-7]，因此该方法仅适用于小型风力机。基于这一原因，本节将主要介绍叶尖速比法和最优转矩法。

1. 叶尖速比法

叶尖速比法依据闭环反馈控制的原理实现MPPT。如图3-4所示，该方法首先通过测量或估计获得实时风速，之后计算出转速控制的参考值——最优转速，最后则是根据实时风力机转速和最优转速之间的误差进行反馈调节，令风力机转速跟踪最优转速，从而使风力机运行在最大功率点上。

由于叶尖速比法的转速跟踪基于误差反馈控制器，因此其具体控制律有很多种形式，从经典的比例积分（Proportional Integral，PI）控制到滑模控制、自适应控制以及模型预测控制等各种方法都可以应用于叶尖速比法，并且易于通过控制算法的改进提高MPPT性能。然而，虽然叶尖速比法原理简单且易于实现，但依赖实时风速信息的特点

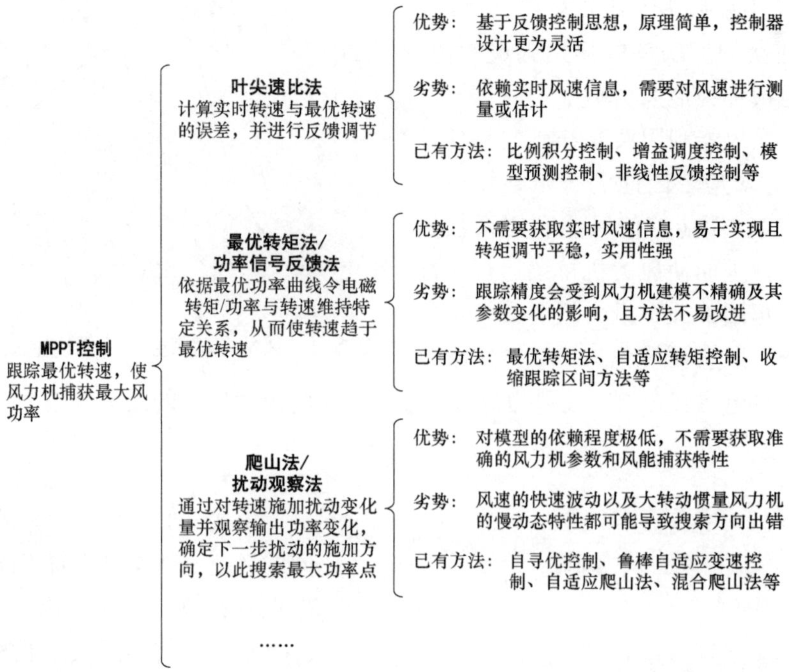

MPPT控制
跟踪最优转速，使风力机捕获最大风功率
叶尖速比法
计算实时转速与最优转速的误差，并进行反馈调节
优势：基于反馈控制思想，原理简单，控制器设计更为灵活
劣势：依赖实时风速信息，需要对风速进行测量或估计
已有方法：比例积分控制、增益调度控制、模型预测控制、非线性反馈控制等
最优转矩法/功率信号反馈法
依据最优功率曲线令电磁转矩/功率与转速维持特定关系，从而使转速趋于最优转速
优势：不需要获取实时风速信息，易于实现且转矩调节平稳，实用性强
劣势：跟踪精度会受到风力机建模不精确及其参数变化的影响，且方法不易改进
已有方法：最优转矩法、自适应转矩控制、收缩跟踪区间方法等
爬山法/扰动观察法
通过对转速施加扰动变化量并观察输出功率变化，确定下一步扰动的施加方向，以此搜索最大功率点
优势：对模型的依赖程度极低，不需要获取准确的风力机参数和风能捕获特性
劣势：风速的快速波动以及大转动惯量风力机的慢动态特性都可能导致搜索方向出错
已有方法：自寻优控制、鲁棒自适应变速控制、自适应爬山法、混合爬山法等
……

图 3-3　MPPT 控制的实现方法[8]

v
ωopt
−
+
误差反馈控制器
T*g
风力机
ωr

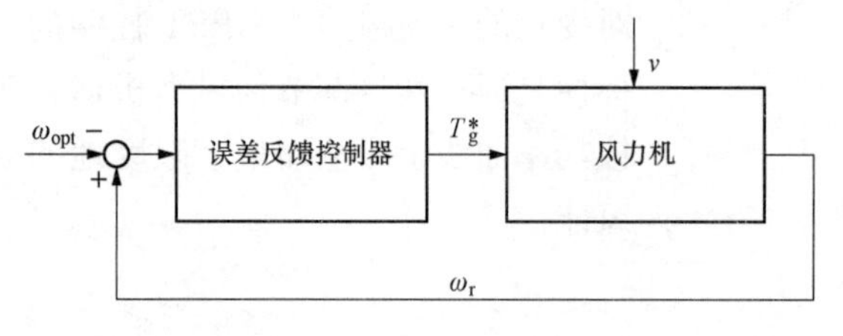

图 3-4　实现 MPPT 控制的叶尖速比法[8]

限制了它的工程实用性。

2. 最优转矩法

最优转矩法是令风力机的制动功率（相对于风力机捕获功率这一驱动功率而言，具体指风力机输出到电网的电磁功率与各个环节损失功率之和）始终维持在图 3-2 中所示的最优功率曲线上。图 3-5 中，实线为某一风速下风力机捕获的气动功率 P_a，点划线为设定的电磁功率曲线 P_{opt}（ω_r）$=k_{opt}\omega_r^3$（此处暂忽略功率损耗，实际应用中只需对损失功率进行补偿即可）。假设风力机转速位于 ω_1 处，e 为实际功率 P_{a1} 与最大功率 P_{max} 的差值，ΔP 为作用于风力机的不平衡功率，此时 $\omega_1 < \omega_{opt}$。但由于 $\Delta P>0$，风力机将加速，e 随之减小。当 e 减小至 0 时，ΔP 也相应减小为 0，风力机转速稳定于最优转速 ω_{opt}。而当转速高于最优转速时，负值 ΔP 也会使得风力机减速至最优

Popt(ωr)
Pmax
Pa1
Pa
e
ΔP
功率(kW)
O
ω1
ωopt
转速(rad/s)

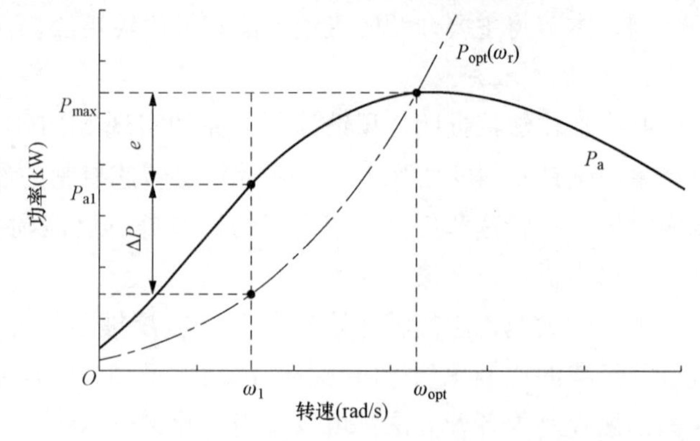

图 3-5　功率曲线法实现最大功率点跟踪的过程[9]

转速。

上述方法根据最优功率曲线调整电磁功率，实际上是将风力机的稳态平衡点设计于各风速下的最优转速处。进一步地，根据功率和转矩的关系，使风力机转速和电磁转矩维持式（3-2）所描述的关系，即可实现最大功率点跟踪，因此该方法被称作最优转矩法（见图 3-6）。

$$T_g^* = \frac{k_{opt}\omega_g^2 - n_g D_t \omega_g}{n_g^3} \tag{3-2}$$

其中，k_{opt} 为转矩增益系数，其计算方法如下式所示

$$k_{opt} = 0.5\rho\pi R^5 \frac{C_P^{max}}{\lambda_{opt}^3} \tag{3-3}$$

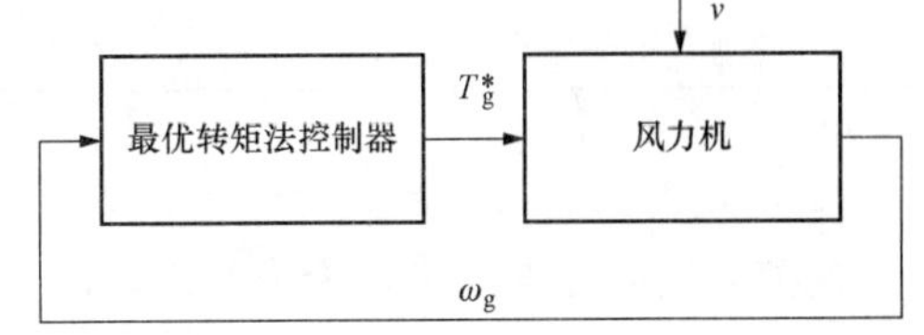

图 3-6 基于最优转矩法的 MPPT 控制[8]

该方法仅需测量风力机的实时转速，MPPT 控制器会根据测量到的转速计算电磁转矩指令，并由发电机侧变流器控制器响应该转矩指令。由于不需要为求取最优转速获取实时风速信息，同时应用时发电机电磁转矩的变化也较为平稳[10]，因此该方法被广泛应用于大中型商用变速风力发电机组。基于此，本书将基于最优转矩法的 MPPT 控制作为风能捕获跟踪控制的研究和改进对象。

第 2 节 关注最大风能利用系数的变速风力机气动设计

从 1920 年德国空气动力学家 Albert Betz 提出风能利用系数 C_P 的极值（即著名的 Betz 极限 0.593）至今，对风力机气动性能的研究和优化已经历了近一百年。对于现代的大型风力机，其最大风能利用系数一般介于 0.48～0.50，距离 Betz 极限仍存在较大的距离。研究证明：只有在理想情况下，风力机的气动效率才会趋近于 Betz 极限；而对于实际的风力机，风能利用系数存在更低的上限值[11]。因此，风力机气动设计的目标是使风力机的气动效率接近上限值。

对于变速风力发电机组，MPPT 控制使风力机尽可能维持在最大功率点（即最佳叶尖速比）处运行。这使得传统的变速风力机的气动设计主要关注该单一运行工况点的气动性能，重点优化提升最大风能利用系数 C_P^{max}。此外，对于现代大型风力机，结构稳定性也至关重要。根据 IEC-61400 标准，风力机需要满足 20 年的使用寿命。风力机叶片运行在复杂的工况条件下，气动载荷是主要的载荷来源。良好的气动设计应同时保证叶片受到的气动载荷较小，不至于在使用寿命内因载荷过大而发生疲劳损坏。

风力机气动设计的主要工作是确定叶片的气动外形，包括翼型、相对厚度、弦长及扭角沿径向的分布情况。本节仅归纳总结了叶片弦长和扭角沿径向分布的气动优化研究。一般而言，风力机气动设计实质上是以叶片几何参数为优化变量的优化问题。如表 3-1 所示，依据优化目标和约束条件的不同，现有的风力机气动设计方法可以分为三大类：

表 3-1 现有的风力机气动设计方法分类

优化目标	约束条件	求解方法
最大风能利用系数 C_P^{max}	无	基于叶素动量理论的解析法
年发电量 AEP	加工制造、载荷	最优化方法、智能算法
单位能量成本 COE	加工制造、载荷	最优化方法、智能算法

1. 以最大风能利用系数为优化目标[12-14]

这类方法以叶素动量理论为基础，以每个叶素的气动效率最高为优化目标，推导出弦长、扭角与径向位置间的函数关系，最终获得对应于最大 C_P^{max} 的弦长、扭角的理想分布曲线。它们又被称为传统逆设计方法，主要包括 Glauert 方法[12] 和 Wilson 方法[13]。其中，Wilson 方法在 Glauert 方法的基础上，考虑了叶尖损失和翼型升阻比的影响，是对 Glauert 方法的改进。

需要指出的是，Glauert 方法和 Wilson 方法推导得到的弦长、扭角分布曲线常常形态复杂，难以加工制造，且很难满足叶片结构设计的要求，通常需要加以线性化修正。

2. 以年发电量为优化目标[15-17]

为了更直观地评价风力机气动性能，这类方法以风力机一年内（8760h）的总发电量（Annual Energy Production，AEP）作为优化目标，并可以在设计阶段就将风电场的风速分布特性纳入目标函数。此外，第 1 类方法计算的弦长、扭角分布未考虑实际加工、制造的要求，以及是否导致叶片载荷过大。为解决这一问题，第 2 类方法通常规定弦长、扭角按照样条曲线或者 Bezier 曲线分布，同时以载荷为约束条件限制弦长、扭角的取值范围。

年发电量的计算方式为

$$\mathrm{AEP} = \sum_{i=1}^{N-1} \frac{P_a(v_i) + P_a(v_{i+1})}{2}[F(v_{i+1}) - F(v_i)] \times 8760$$

$$P_a(v_i) = 0.5\rho\pi R^2 v_i^3 C_P^{max} \tag{3-4}$$

式中：P_a 为风力机捕获的风功率，计算 P_a 时默认 MPPT 控制下风力机始终运行在 λ_{opt}，以 C_P^{max} 捕获来流风能；F 为 Weibull 分布的概率分布函数。

为防止叶片的几何外形发生畸变，需要将各叶素的弦长、扭角限制在具体的上、下界内

$$c_i^L \leqslant c_i \leqslant c_i^U \tag{3-5}$$

$$\theta_i^L \leqslant \theta_i \leqslant \theta_i^U \tag{3-6}$$

式中：c_i 和 θ_i 分别为第 i 个叶素的弦长和扭角；c_i^U 和 c_i^L 分别为第 i 个叶素弦长的上、下界；θ_i^U 和 θ_i^L 分别为第 i 个叶素扭角的上、下界。

除了几何外形参数的约束外，在优化的过程中，还要对设计叶片的载荷进行约束，将不满足载荷约束的叶片自动淘汰。根据叶素一动量理论，叶片产生的气动载荷可以分

为轴向载荷和切向载荷。轴向载荷主要表现为风力机对杆塔的总推力 T，影响风轮及杆塔的疲劳寿命；切向载荷主要表现为风力机的转矩 M，影响传动轴的疲劳寿命。因此，对总推力 T 和转矩 M 加以约束，有

$$T \leqslant T_{max} \tag{3-7}$$

$$M \leqslant M_{max} \tag{3-8}$$

式中：T_{max} 和 M_{max} 分别为设计阶段设置的最大总推力和最大转矩，其数值的确定通常依据设计经验或者试验数据。

对于该类设计方法，由于叶片上各叶素的弦长、扭角都是相互独立的，导致优化变量数量较多，所以多采用智能算法进行寻优。其中，遗传算法（Genetic Algorithm，GA）和粒子群算法（Particle Swarm Optimization，PSO）较为常用。

3. *以单位能量成本为优化目标*[18-21]

第 1 类和第 2 类设计方法的优化目标相同，都是风力机气动性能。叶片的其他性能（诸如结构性能和制造成本）仅作为约束条件，并未直接作为优化目标。而在第 3 类设计方法中，优化目标进一步采用单位能量成本（Cost of Energy，COE），如式（3-9）所示。该目标函数能够同时涵盖气动性能、结构性能和叶片成本等多学科因素。COE 为

$$\text{COE} = \frac{C_t}{\text{AEP}} \tag{3-9}$$

式中：C_t 为风力机设计、制造、运输、安装、维护等的总成本。

风力机 COE 的降低主要有 3 种实现方式：

（1）降低风轮制造成本。风轮的制造成本在风力机的总制造成本中占据了较大比重，叶片的弦长分布将显著影响风轮的成本。因此，在设计时应考虑控制弦长在合理的范围内。

（2）降低气动载荷。气动载荷是风力机载荷的主要来源，通过在设计阶段减小气动载荷，可以减小使用寿命内风力机各部位产生的累积疲劳损伤，降低风力机维修、更换部件的费用。

（3）提高能量产出。通过优化叶片的气动性能，提高风轮对风能的捕获量，可以提高电能的产出。

对于第 3 类设计方法，其约束条件、求解方法都与第 2 类设计方法相似。以 COE 为优化目标进行设计兼顾了气动、结构、成本多方面的需求，将该设计应用于风力机将产生更大的经济效益。

值得注意的是，对于上述设计方法，在建立 AEP 和 COE 的计算模型时，都以风力机在 MPPT 控制下始终运行于设计工况（即 λ_{opt}），以 C_p^{max} 捕获来流风能的前提假设。因此，AEP 和 COE 本质上都是静态气动性能 C_p^{max} 的不同表达形式，而上述三类方法可以统一归纳为关注 C_p^{max} 的气动设计方法。在认为 MPPT 能够完全实现的前提下，气动设计阶段自然只要关注 C_p^{max}。在本书的后续章节，笔者将针对长时间运行在非设计工况的慢动态风力机，讨论这种前提假设条件的合理性与关注 C_p^{max} 的气动设计方法的适

用性。

第3节 大型风力机的最大功率点跟踪效果

正如第3章第1节所述，基于最优转矩法的MPPT控制具有控制系统结构简单可靠、电磁转矩调节平稳等优点，被广泛应用于大中型商用变速风力发电机组。高风速、低湍流的理想风场是风电技术开发及规模化应用的发源地，并且至今仍然占有较高的比重。理想风场的风速特征决定了其能够为风力机的变速运行提供优良的应用场景，加之风电开发初期的风力机容量较小，强劲风速驱动下有着相对较小转动惯量的风力机具备良好的跟踪动态性能[22]，而相对稳定的风速也使得MPPT易于实现[23]。

然而，低风速风能的开发利用以及风力发电机组的不断大型化给风力机的MPPT带来了新的挑战：一方面，湍流风速的快速波动提高了风力机转速跟踪的要求；另一方面，风力机转动惯量的增大也使其慢动态特性更为显著。相对于高幅值且平稳的高风速风况，低幅值、高湍流的低风速风况非常不利于大型风力机的风能捕获。为此，本节将围绕跟踪损失和跟踪失效问题，阐述运行风况的变化对大型风力机最大功率点跟踪效果的影响。

一、湍流风速下大型风力机的跟踪损失问题

由第3章第1节所述的MPPT控制实现方法可知，最优转矩法的设计基于系统稳态[24]，实质上仅定义了一簇对应于不同风速的风力机稳态工作点，完全忽略了风力机在不同稳态工作点之间跟踪的动态过程及其性能。

20世纪90年代末，风力机容量开始向兆瓦级过渡，转动惯量显著增大，基于稳态的设计开始暴露出问题。美国国家可再生能源实验室（National Renewable Energy Laboratory，NREL）的研究人员在应用最优转矩法的实验风力机上观测到实际风能利用系数曲线与理想曲线存在显著差距[25]。

风力机MPPT的目标转速由风速确定，而快速、随机波动特性是湍流风速的固有特性，导致跟踪目标也在时刻变化。尤其是在湍流强度大、湍流频率高的复杂湍流风况场景下，跟踪目标的剧烈波动会给MPPT控制带来非常大的挑战。与此同时，风力机的大型化发展与低风速应用，均带来了风力机转动惯量急剧增长，使其动态响应性能愈发减弱。风速快速变化与风力机慢动态响应性能之间难以调和的矛盾，导致了MPPT阶段的风力机绝大部分时间处于跟踪风速的过程中，而不是运行在最大功率点，从而造成跟踪损失问题。

所谓跟踪损失，是指风力机因偏离最大功率点而损失的一部分可捕获风能。针对跟踪损失问题，相关的机理研究工作于21世纪初陆续开展并逐渐深入。NREL研究人员[26-27]及清华大学耿华[24]等均指出大转动惯量导致风力机动态响应缓慢，无法足够快速地响应风速变化是导致MPPT跟踪损失的根源。Chun Tang等[28]针对湍流风速环境下转动惯量带来的动态风能捕获量损失进行了分析并给出了解析表达式，明确动态风能

捕获损失量与湍流强度、湍流频率正相关。张小莲等[23]则采用基于风力机非线性模型和大量湍流风速样本的仿真统计分析和机理解释的手段进行上述研究，得出了相同的结论。

图3-7展示了一组湍流风速下大转动惯量风力机的MPPT控制仿真结果，从风力机转速轨迹中可以明显地看出其在绝大部分时间内并未达到最优转速，叶尖速比也相应地与最佳叶尖速比存在一定的偏差，使风力机难以实现最大化风能捕获。

虽然基于最优转矩法的MPPT控制忽视了风力机从一个最大功率点跟踪至另一个的动态过程，但由于风力机最初主要应用于高风速、低湍流的优质风场，风力机慢动态响应特性与风速快速变化之间的矛盾并未凸显，该方法仍然能获得令人满意的风能捕获效率。然而，随着风力机大型化以及应用场景转向低风速、高湍流的复杂风场，上述矛盾愈发显著，忽视跟踪动态过程的传统最优转矩法所造成的跟踪损失问题亟需得到有效的解决。

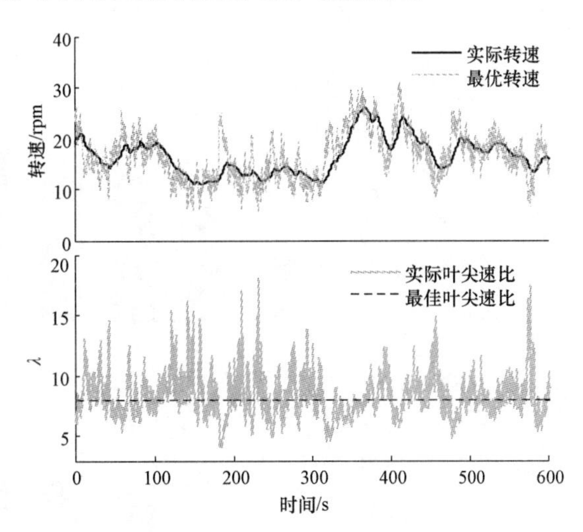

图3-7 风力机的跟踪损失现象

二、湍流风速对跟踪损失的影响

本节采用单一变量法分析湍流风速对跟踪损失的影响。具体地，以平均风速7m/s、B级湍流、湍流频率为0.35Hz的风速条件为基准，保持其中两个指标不变，计算另一指标变化时跟踪损失的变化情况。特别地，应用Bladed软件可以直接生成特定平均风速和湍流强度的风速序列，而特定湍流频率的风速序列难以直接构造，因此下文所述湍流频率相同的风速，特指在风速生成后计算得到的湍流频率相近的风速序列（±0.025Hz）。

这里采用风能捕获效率 P_{favg} [29—30]作为评价跟踪损失的指标，其表示一段时间内风力机捕获的风能量与经过风轮盘面的来流风能量的比值，表达式如下

$$\begin{cases} P_{favg} = \sum_{i=1}^{n} P_{cap}(i)\Delta t / \sum_{i=1}^{n} P_{wy}(i)\Delta t \\ P_{cap} = n_g T_g \omega_r + J\omega_r \dot{\omega}_r \\ P_{wy} = 0.5\rho\pi R^2 v^3 \cos^3\psi \end{cases} \tag{3-10}$$

式中：n 为一个统计时段内的采样次数；Δt 为采样步长；P_{cap} 为风力机捕获风功率的估算值；P_{wy} 为空气中蕴含的风功率；ψ 为偏航误差角（本文中暂不考虑，视其为最佳值0°）。

此外，风力机运行在最大功率点处的时间长短能够在一定程度上衡量其转速跟踪效果的好坏，为此在仿真中通过计算风力机运行过程中风能利用系数大于 $90\% C_P^{max}$ 的时间占比（以下简称高幅值 C_P 占比）评价风力机的转速跟踪效果。同时，考虑到风速序

列存在差异性，每种风速条件构造 20 条风速，并计算风能捕获效率和高幅值 C_P 占比的统计平均值，结果如图 3-8～图 3-10 所示。从仿真结果中可以看出：

（1）风能捕获效率和高幅值 C_P 占比往往正相关，表明随着风力机转速跟踪效果的提升，其运行在最大功率点附近的时间也越来越长，风能捕获效率也会相应地提高；

（2）平均风速的升高使其作用在风力机上的驱动转矩增大，增强了风力机的加速性能，有利于实时跟踪风速变化，从而使风能捕获效率和高幅值 C_P 占比也呈现上升的趋势；

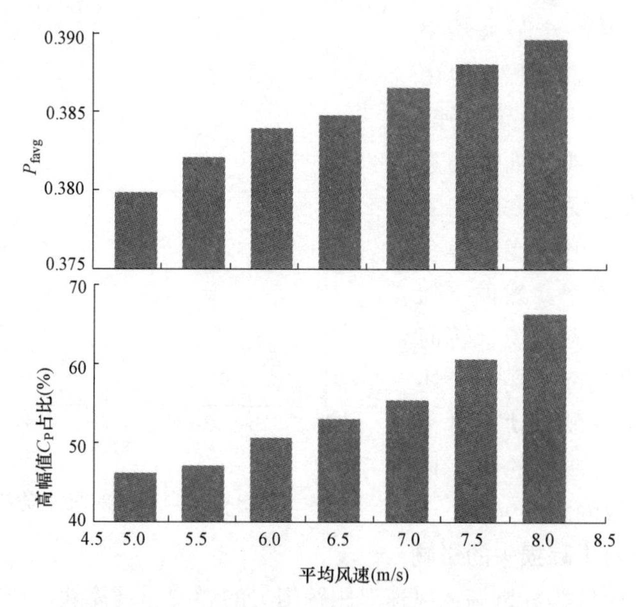

图 3-8　不同平均风速下的风能捕获效率和高幅值 C_P 占比

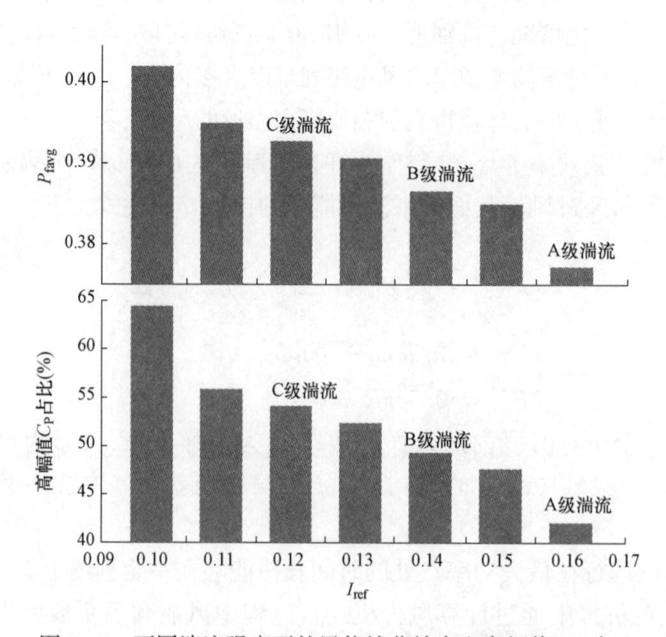

图 3-9　不同湍流强度下的风能捕获效率和高幅值 C_P 占比

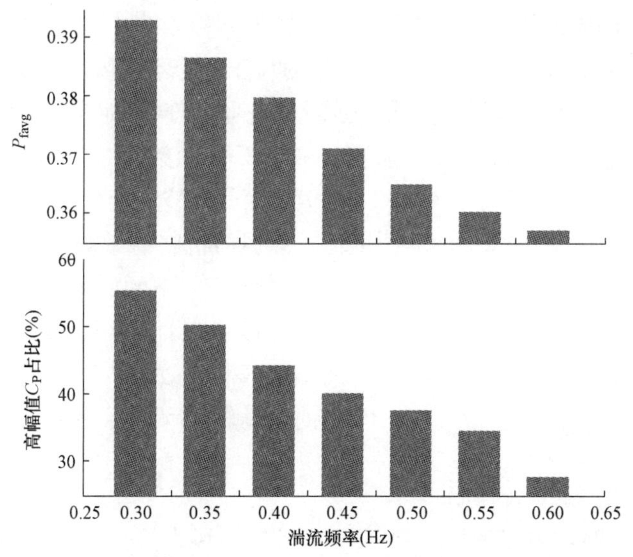

图 3-10　不同湍流频率下的风能捕获效率和高幅值 C_P 占比

（3）湍流强度的升高反映出风速的波动幅度增大，对风力机提出了更高的跟踪要求，因此使得具有较大转动惯量的风力机越来越难以及时响应风速的变化，导致实际转速与最优转速之间出现较大的偏差，从而使风能捕获效率和高幅值 C_P 占比随湍流强度的升高呈现下降的趋势；

（4）湍流频率的升高则反映出风速的波动更快，同样使得风力机更加难以跟踪最优转速，导致跟踪效果越来越差，风能捕获效率和高幅值 C_P 占比也越来越低。

通过上述分析可以看出，湍流风速对最大功率点跟踪的实际效果有着非常显著的影响，MPPT 控制在大型风力机以及复杂湍流风况场景下的应用面临着一系列新的挑战。

三、湍流风速下大型风力机的跟踪失效问题[9,31]

跟踪失效是跟踪损失更为严重的表现，将使风力机无法运行于最大功率点，甚至会失去转速跟踪能力。通过低风速风场的试验研究发现，快速波动的风速还会使风力机出现跟踪失效现象。该现象的具体表现为：在风速快速提升时，转速轨迹已不再跟踪风速波动，而是持续减小到起始发电转速附近振荡。图 3-11 通过仿真复现了该现象，可见在两次风速突然升高的时候，MPPT 控制并未使转速相应地升高，大幅降低了风力机的风能捕获效率。

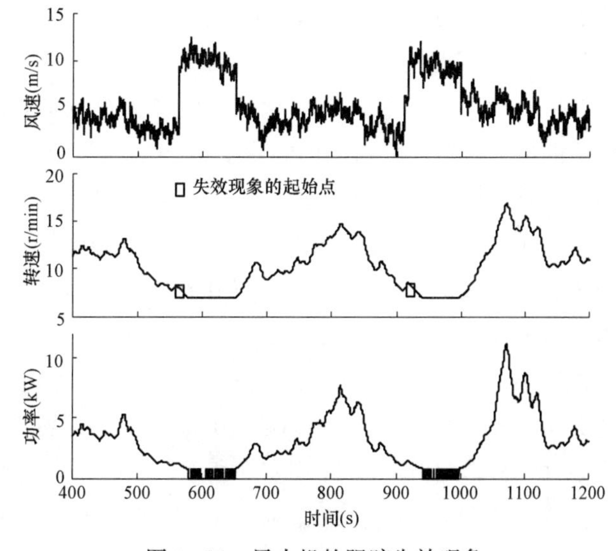

图 3-11　风力机的跟踪失效现象

跟踪失效现象的原因如图 3-12 所示，风力机在跟踪渐强阵风时出现了 $T_a<T_g$ 的情况，使得转速不升反降（图中的两条实线分别对应于两个不同风速 v_1 和 v_2 下的气动转矩，虚线为电磁转矩变化曲线）。具体地，假设风力机正运行于 v_1 对应的最优转速上，如图 3-12 中 A 点所示。风速突然增大至 v_2，此时因转速不能突变而使得电磁转矩仍位于 A 点的数值，而气动转矩变化至 B 点的数值，此时 $T_a<T_g$，风力机将持续减速至起始发电转速，而不是加速至 v_2 下的最优转速 C 点。

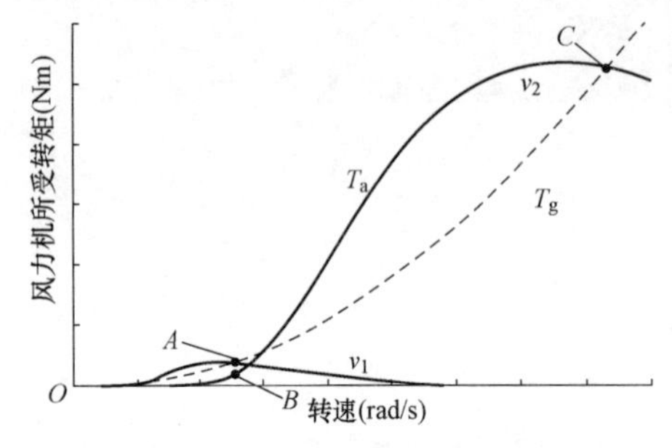

图 3-12　风力机跟踪失效的机理[9]

通过稳定性分析能够轻易地获得 MPPT 的稳定区和失效区[31]。根据式（2-39），风力机的驱动转矩可表示为

$$T_a=\frac{\rho\pi R^5 C_P(\lambda)\omega_r^2}{2\lambda^3} \tag{3-11}$$

进一步结合式（3-2），可以计算得到 MPPT 控制下风力机受到的不平衡转矩

$$\Delta T_{MPPT}=\frac{1}{2}\rho\pi R^5\omega_r^2\left(\frac{C_P(\lambda)}{\lambda^3}-\frac{C_P^{max}}{\lambda_{opt}^3}\right) \tag{3-12}$$

图 3-13 绘制了某一风力机的 $C_P(\lambda)/\lambda^3$—λ 曲线，从图中可以找到 2 个对应于风力机转矩平衡（即该点处 $\Delta T_{MPPT}=0$）的 λ 值，分别记为 λ_U 和 λ_S。λ_S 即为 λ_{opt}，而 λ_U 则为一很低的叶尖速比。

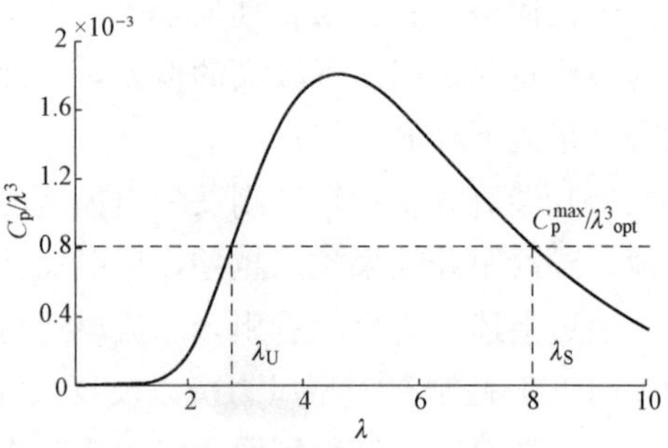

图 3-13　实现风力机转矩平衡的 λ_U 和 λ_S[31]

当 $\lambda=\lambda_S$ 或 $\lambda=\lambda_U$ 时，$\Delta T_{MPPT}=0$，风力机转速不变；当 $\lambda_U<\lambda<\lambda_S$ 时，$\Delta T_{MPPT}>0$，风力机增速；当 $\lambda>\lambda_S$ 或 $\lambda<\lambda_U$ 时，$\Delta T_{MPPT}<0$，风力机减速。由此特性可得，在恒定风速条件下，风力机存在分别对应于 λ_U 和 λ_S 的 2 个平衡点 ω_U 和 ω_S，且加速/减速区域分别为 $\omega_U<\omega_r<\omega_S$ 和 $\omega_r>\omega_S\cup\omega_r<\omega_U$。

若风力机运行于 ω_S，增速扰动导致风力机减速，减速扰动导致风力机加速，扰动结束后的风力机转速将再次回到 ω_S；若风力机运行于 ω_U，增速扰动导致风力机继续加速，减速扰动导致风力机持续减速至 ω_{bgn}，即对应于 $T_g=0$，任何扰动将使风力机转速远离 ω_U。因此，ω_S 为稳定平衡点，ω_U 为不稳定平衡点。在恒定风速条件下，ω_S 的吸引域为 $(\omega_U,\omega_S]\cup(\omega_S,\infty)$，转速在吸引域内的风力机最终会运行到 ω_S，即 MPPT 正常；若转速在区间 $(0,\omega_U)$ 内，则风力机无法运行到 ω_S，即跟踪失效。

进一步考虑风速波动因素，在转速-风速平面内分析风力机的平衡点及加/减速区域的分布情况。直线 $\omega_S(v)=\{(\omega_r,v)|\omega_r=\lambda_S v/R\cap\omega_r>\omega_{bgn}\}$ 是对应于不同风速的稳定平衡点 ω_S 的集合，如图 3-14 中实线所示。$\omega_S(v)$ 上的点对应于 λ_{opt}。直线 $\omega_U(v)=\{(\omega_r,v)|\omega_r=\lambda_U v/R\cap\omega_r>\omega_{bgn}\}$ 是对应于不同风速的不稳定平衡点 ω_U 的集合，如图 3-14 中虚线所示。$\omega_U(v)$ 上的点对应于很低的叶尖速比。

区域 $R_{\mathrm{II}}=\{(\omega_r,v)|\lambda_U v/R<\omega_r<\lambda_S v/R\cap\omega_r>\omega_{bgn}\}$是对应于 $\lambda_U<\lambda<\lambda_S$ 的风力机加速区域；区域 $R_{\mathrm{III}}=\{(\omega_r,v)|\omega_r>\lambda_S v/R\cap v>0\cap\omega_r>\omega_{bgn}\}$是对应于 $\lambda>\lambda_S$ 风力机减速区域。区域 $R_{\mathrm{II}}\cup R_{\mathrm{III}}$类似于 $\omega_S(v)$ 的吸引域。若风力机运行于区域 $R_{\mathrm{II}}\cup R_{\mathrm{III}}$内，其转速将向 $\omega_S(v)$ 靠近。此时，除非风速剧烈波动导致风力机进入 R_{I} 区域，风力机将一直在区域 $R_{\mathrm{II}}\cup R_{\mathrm{III}}$内围绕 $\omega_S(v)$ 运行，从而实现 MPPT。

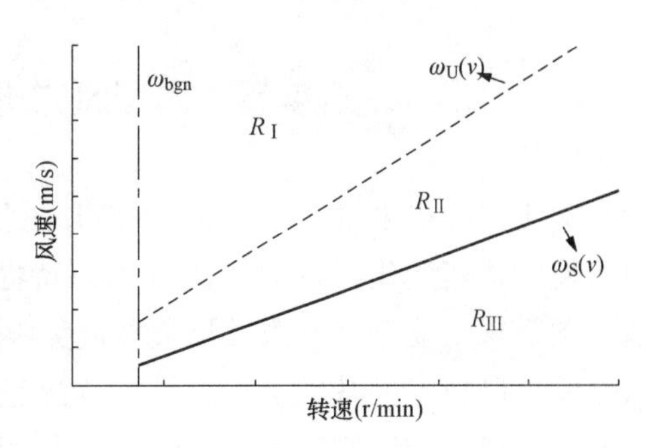

图 3-14　转速-风速平面的加减速区域分布[31]

区域 $R_{\mathrm{I}}=\{(\omega_r,v)|\omega_r<\lambda_U v/R\cap<\omega_r>\omega_{bgn}\}$对应于 $\lambda<\lambda_U$ 的风力机减速区域。当风力机运行于该区域时，小叶尖速比使风轮深度失速，由此导致气动转矩小于电磁转矩。风力机减速并远离 $\omega_U(v)$，而转速的减小又进一步加深失速程度。此时，除非风速减小让风力机重新返回 R_{II}区域，否则风力机将不可能自行改出深度失速状态，转速将持续减小至 ω_{bgn}。风力机运行于区域 R_{I} 将严重影响风能捕获效率。因此，处于 MPPT 状态的风力机应始终运行在区域 $R_{\mathrm{II}}\cup R_{\mathrm{III}}$内。否则，若进入区域 R_{I}，风力机将可能出现持续而深度的失速，并导致跟踪失效现象。风力机能否再次增速并跟踪到 $\omega_S(v)$，完全取决于风速这一不可控因素。

为了更加直观地展示跟踪失效现象发生的全过程，图 3-15 绘制了仿真过程中风力机在转速-风速平面内的运行轨迹（⊙为初始点）。从图中可以看出，跟踪失效现象对应的轨迹可划分为 3 个阶段：

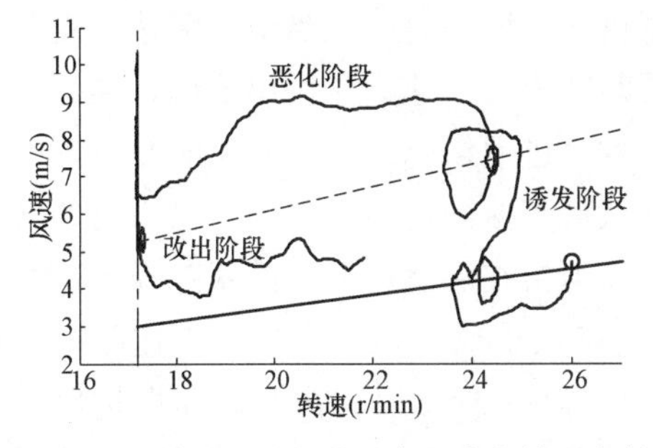

图 3-15　转速-风速平面内跟踪失效现象的仿真轨迹[31]

（1）诱发阶段。在区域 R_{II}内运行，风力机虽然加速，但较大的转动惯量使风力机的加速能力低下，转速增加速率跟不上风速的提升速率。这导致风力机在 MPPT 过程中，叶尖速比逐渐减小，并最终进入区域 R_{I}。

（2）恶化阶段。进入区域 R_{I} 后，持续增加或稳定的风速并不能帮助风力机加速至最佳叶尖速比。相反，减速与失速加深的恶性循环使风力机转速持续降低至 ω_{bgn}。此时，跟踪失效现象持续出现，风能利用系数很低。

（3）改出阶段。进入区域 R_{I} 后，风速的增大和保持无助于跟踪失效的改出。相反，只有风速降低才能使风力机再次返回区域 R_{II}，跟踪失效阶段结束。

综上所述，风力机会进入失效区的根本原因在于其慢动态特性使风力机转速无法响应风速的快速提升，而高湍流风速将增加失效现象出现的概率，由此导致的风能捕获损失率最大可达 10%[31]。由上文的分析可知，解决跟踪失效问题的一个有效办法是尽可能避免风力机的实际转速与最优转速相差过大，这同样有赖于风能捕获跟踪控制的改进。

第4节 大型风力机提升风能捕获的技术路线

对于风力机来说，1%的效率提升便已非常难得[32]，能够带来很大的经济效益。面对风速的快速变化与风力机的慢动态特性这一对由运行环境和自身条件共同导致的矛盾，亟需探索能够降低跟踪损失并避免跟踪失效的有效手段。为此，本书在现有风能捕获跟踪控制技术的基础上，总结提炼出三条提升风力机 MPPT 性能的技术路线，包括提升风力机跟踪性能、气动特性与风力机跟踪关联协调和参考输入与风力机跟踪关联协调，以期进一步提升大型风力机的风能捕获。

一、技术路线一：基于提升风力机跟踪性能的风能捕获跟踪控制技术

早期的 MPPT 控制器设计目标仅是让最优转速成为系统的稳定平衡点，即在控制作用下风力机转速能够趋近于当前风速所对应的最优转速。这一阶段提出的 MPPT 控制改进方法大都没有考虑风速及由其所决定的最优转速的波动特性，因此对转速误差的收敛速度也并无要求，而仅是关注提升 MPPT 的准确性或系统的鲁棒性。

由于最优转速会随风速波动而变化，风力机需要在不同工作点之间切换。而大型风力机具有较大的转动惯量，其转速调节存在不容忽视的动态过程，且时间尺度慢于风速波动。造成大型风力机转速调节较慢的一个主要原因是影响风力机转速变化的不平衡转矩有限，限制了风力机的跟踪性能：一方面，受风速幅值所限，风力机难以提供足够的气动转矩使风力机快速响应风速的升高；另一方面，有限的电磁转矩也无法提供足够的制动力矩使风力机转速迅速降低。而大型风力机转动惯量的增大更是加剧了上述慢动态特性，使得相同不平衡转矩下风力机的角加速度进一步减小。因此当最优转速的变化率过大时，具有大转动惯量的大型风力机难以在短时间内对风速变化做出响应，难以对最优转速进行精确跟踪，造成跟踪损失甚至跟踪失效，进而影响风力机的风能捕获效率。

通过上述分析可知，提升大型风力机风能捕获最直接的途径便是提升风力机的转速跟踪性能，使其能够更好地跟踪最优转速。面对风力机在湍流风况下的跟踪损失，国内外学者已逐渐意识到湍流风速下 MPPT 控制的重点在于风力机动态，即转速跟踪的动态过程和动态性能，而不应仅围绕稳态工作点展开研究[26,33-34]。在大转动惯量风力机无法足够快速响应风速变化的情况下，即使机组精确按照功率曲线运行，也未必可使湍流风况下的风能捕获效率最优。为此，国内外学者从不同角度对风力机转速跟踪控制进行改进，其中较为主流的方式是通过重新设计更为合适的次优功率曲线提升风力机的风能捕获[26,33-34]。

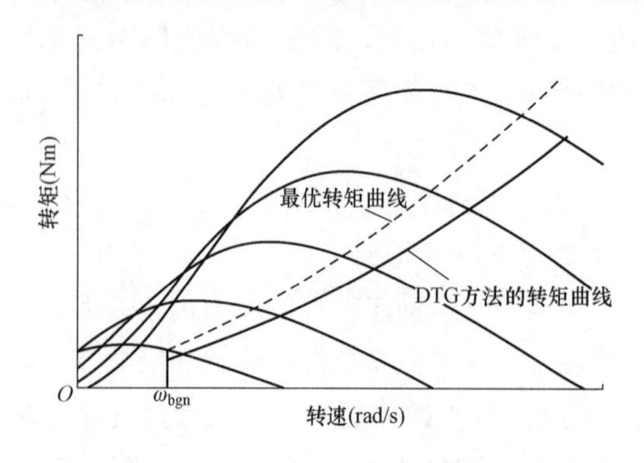

图 3-16　减小转矩增益方法的原理图[35]

以减小转矩增益（Decreased Torque Gain，DTG）方法[26]为例，如图 3-16 所示，该方法通过故意减小最优转矩法的转

矩增益 k_{opt}，使最优转矩曲线下移至某一次优功率曲线，使得相同转速下风力机的制动转矩变小，以此增大了风力机加速过程中的不平衡转矩，进而增强风力机对渐强阵风的跟踪性能。这一做法虽然牺牲了风力机的减速能力，并使稳态时的转速偏离最优转速，但由于风能量与风速三次方成正比，因此能够从整体上有效提升风能捕获效率。

然而，提升风力机跟踪性能虽有助于提升风能捕获效率，但与此同时跟踪性能的提升往往依赖于增大不平衡转矩，因此不可避免地受到风力机载荷和发电机额定容量的限制。Bossanyi 曾在论文中指出[36]，虽然在一些算例中通过改进跟踪算法能够获得 3%的效率提升，但这同时会导致超过发电机额定容量 3～4 倍的功率波动，显然不切实际。更快的转速跟踪不仅会导致更大的功率波动，进而增大风力机载荷，同时也可能导致功率输出超出发电机的额定容量，这将对风力机的运行安全和使用寿命带来非常不利的影响。因此，单纯依靠提升风力机跟踪性能来提高风能捕获效率的做法往往效果有限。但即便如此，提升风力机跟踪性能不失为提升大型风力机风能捕获的有效途径之一，第四章将会对基于该技术路线的 MPPT 改进方法进行详细阐述。

二、技术路线二：基于气动参数与风力机跟踪关联协调的风能捕获跟踪控制技术

如前文所述，提升风力机跟踪性能的做法受限于载荷和执行机构限制，难以从本质上改变大型风力机难以精确跟踪最优转速的问题。而利用风力机气动参数与风能捕获跟踪控制之间的协同效应，优化气动特性以协调跟踪控制性能则为提升湍流风速下大型风力机风能捕获提供了又一条可行的途径。

现有的风力机设计大多遵循着气动设计在前、控制器设计在后的顺序设计流程[37-38]。在气动设计阶段，假设跟踪控制能够使得风力机保持在设计工况（最佳叶尖速比），只针对设计工况下的最大风能利用系数进行优化。在控制器设计阶段，则关注最大功率点跟踪的实现。需要指出的是，现有的风电场一般选址在高风速、低湍流地区。在良好的风况环境下，风力机通常运行在设计工况，跟踪动态过程不明显，现有气动设计方法作出的假设是自然、合理的。

然而，这种仅追求单一设计工况点气动性能最优的设计方法，将会导致风力机在其他运行工况点的气动性能较低（体现在设计叶片对应于顶端尖而窄的 $C_P-\lambda$ 曲线）。随着风电开发向低风速、高湍流地区转移，风力机尺寸不断增大，风况环境的改变与风轮惯量的增大都加剧了风力机的跟踪动态过程。如图 3-17 所示，区别于高风速风力机始终运行在设计工况，低风速风力机长时间运行在一个宽泛的叶尖速比区间内，捕获风能的效率也将由各运行工况点的气动效率共同决定。文献［39］指出，尖而窄的 $C_P-\lambda$ 曲线将进一步加剧跟踪损失。事实上，仅针对单一设计工况优化的设计方法制约了低风速风力机风能捕获效率的进一步提升。

国内已有学者针对多运行工况问题开展了初步研究。Hansen 指出良好的风力机气动设计应兼顾其他叶尖速比处的气动效率[40]。为提升定速风力机的平均气动性能，国内外学者[18,41-42]提出了以不同风速下风力机输出功率的加权和为目标函数的气动设计方法。基于相同的考虑，风力机专用翼型的多攻角设计[43-44]也已被提出，即不片面追求单一运行攻角的气动性能最佳，而是在较大运行攻角范围内翼型都具有较好的气动性能。本

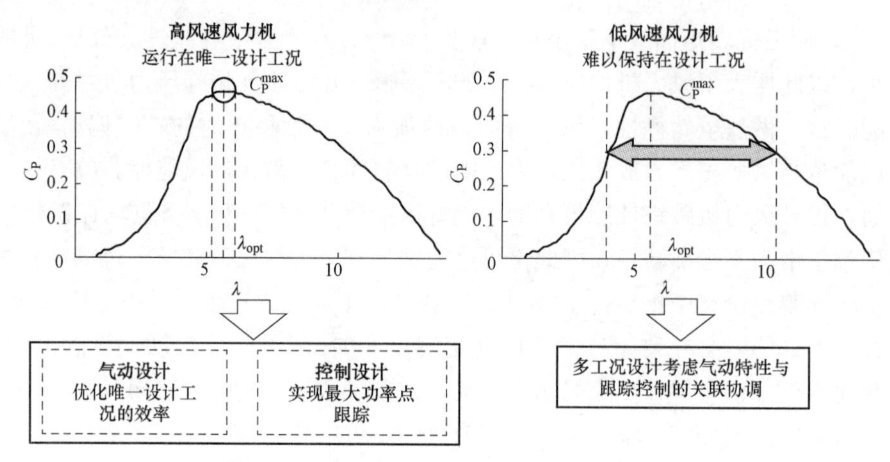

图 3-17　高、低风速风力机设计思路的区别

质上，在风力机气动设计中将目标函数从传统的单一工况气动性能转变到多工况加权气动性能的做法，本身已经隐含了优化气动特性以协调跟踪控制性能的思想。但由于缺少气动特性与跟踪控制协调机理方面的分析，目标函数的确定还主要依靠工程经验。

综上所述，不利的复杂湍流风速环境与风轮尺寸的不断增大严重制约了大型风力机的 MPPT 控制效果并影响风能捕获效率，单纯的控制器设计优化已难以发挥效果；同理，沿用单一设计工况优化的设计思想同样不利于提升大型风力机的风能捕获。为此，需要充分考虑风力机气动特性与控制性能之间的相互影响，利用气动与控制之间的协同效应，开展协调风力机跟踪性能的叶片气动优化设计是一条值得探索的途径，围绕该技术路线的相关研究将在第五章加以讨论。

三、技术路线三：基于参考输入与风力机跟踪关联协调的风能捕获跟踪控制技术

由于受到了转速跟踪目标的快速波动与风力机固有的慢动态特性二者之间矛盾的巨大挑战，最优转速精确跟踪的目标难以实现。这种情况下，尽可能跟踪最优转速的做法反而有可能降低大型风力机的风能捕获效率。究其原因在于：由于无法及时改变风力机转速，当风速突然变化时，实时风能利用系数往往会突然跌落，甚至低于转速跟踪较慢的情况。因此，大型风力机的风能捕获效率并不总是随着跟踪性能的提高而增大。

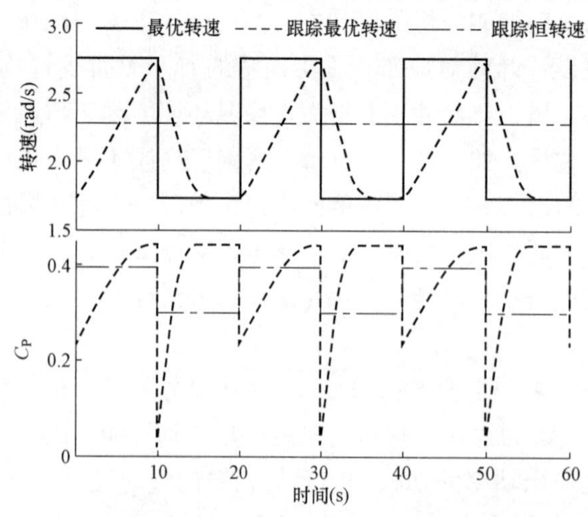

图 3-18　跟踪不同参考转速所获得的实际风力机转速和风能利用系数[45]

下面通过一个阶跃风算例来阐述和解释上述问题[45]。构造一个每隔 10s 会在 5m/s 和 8m/s 之间变化一次的阶跃风速，分别令风力机跟踪最优转速和 6.6m/s 风速所对应的最优转速（即保持恒定转速），获得如图 3-18 所示的转速跟踪轨迹和运行过程中的实时 C_P 值。从图中可以

看出，由于该风力机具有明显的慢动态特性，无法在短时间内跟踪上最优转速，使 C_P 难以维持在其最大值附近。一旦风速突然变化，实时 C_P 值便会突然跌落。由此造成的后果是，跟踪最优转速所获得的风能捕获效率反而低于跟踪恒转速所获得的风能捕获效率[45]。

该算例能够直观地说明在风力机转速无法精确跟踪最优转速时，大型风力机的风能捕获效率并不总是随着跟踪性能的提高而增大。虽然该算例是一个构造算例，在实际中不会出现如此形式的波动风速，但对于实际湍流风速，当风速突然改变时依旧会出现风能利用系数的瞬时大幅跌落。造成上述问题的主要原因是风力机的电磁转矩存在一定的范围，无法任意地增大和减小，使得具有较大转动惯量的风力机无法任意地加速和减速。特别是当风速从一个较低的值突然升高时，气动转矩并无法提供足够驱动力矩供风力机及时加速，从而造成严重的跟踪损失。

上述算例中，以最优转速为跟踪目标反而成为了提高风能捕获效率的最大阻碍。受此启发，给定一个相对保守（相对于最优转速，跟踪目标的变化频率或/和变化幅值较低）但更为匹配风力机慢动态特性的转速跟踪目标，避免其变化过快而超出风力机固有的转速跟踪能力，反而可以有效提升大型风力机的风能捕获效率。在这一思想的引导下，基于收缩跟踪区间（Reduction of Tracking Range，RTR）的 MPPT 控制[30]从一个新的视角提出缩短最大功率点跟踪路程的改进思路。该方法通过使 MPPT 的跟踪区间始终围绕平均风速所反映的风能集中区域，有效提升了慢动态风力机的风能捕获效率。经数值仿真的初步验证，与 DTG 控制和自适应转矩（Adaptive Torque，AT）控制相比，它不仅简单易行，而且在高湍流风速下具有较强的鲁棒性[30]。围绕该方法的 MPPT 控制改进将在第六章中详细阐述。

综上所述，优化参考输入以协调跟踪控制性能同样可成为大型风力机提升风能捕获的一种有效技术途径。对于湍流风速下的大转动惯量风力机，借助于设定幅值和频率匹配其慢动态特性的转速跟踪目标，不仅能够综合考虑风力机的慢动态特性和湍流风速决定的风能分布，而且比另外两种技术路线更加易于实现。

注释与参考文献

早期的风能开发主要集中于风能密度大、风速波动平缓的高风速地区，高平均风速、小湍流强度和低湍流频率使得风力机容易实现最大功率点跟踪（跟踪损失很小），甚至长时间处于额定满发状态（此时需要的是基于变桨调节的限功率控制，而不是基于变速的 MPPT 控制）。这种情况下，决定风能捕获效率的主导因素是最大功率点处的风能利用系数 C_P^{max}。

但随着风能的开发向低风速地区发展，变速风力机面对的湍流风况条件变得愈发复杂，这给基于 MPPT 的风能捕获提出了很高的要求。与此同时，大型化是现今风力发电机组的主流发展趋势，虽然有利于降低风电的度电成本、提升机组的市场竞争力，但也使得风力机转动惯量大幅增加，表现出显著的慢动态特性。不再理想的风速场景与更加显著的慢动态特性，使得风力机跟踪性能与跟踪要求之间的矛盾日益凸显，MPPT 控制下的风力机实际上长时间运行在非最佳叶尖速比。由此产生的跟踪损失问题受到国内外学者的关注，文献［35］对相关研究进行了较为系统的整理和归纳。这部分工作构成了第3章第3节中的主要内容。文献［31］进一步发现，在某些情况下大型风力机甚至会出现跟踪失效现象。考虑到跟踪损失和跟踪失效，风力机跟踪动态过程对风能捕获的影响已无法忽视，其影响程度甚至超过了C_P^{max}。

在此背景下，基于风力机保持运行在最佳叶尖速比这一隐含假设的传统气动-控制分离设计框架的适用性是值得商榷的。为实现风能高效捕获的风力机各种设计需要从关注最佳叶尖速比的静态视角转变为关注跟踪过程的动态视角。而且，所有与跟踪动态有关的影响因素和调节手段均可被纳入风能捕获跟踪控制性能优化的研究对象。这其中，首先想到的是改进MPPT控制策略这一常规技术途径；其次，以文献［46］提出的受控对象结构—控制器一体化设计方法为初始框架，结合一体化设计在工程实现方面的相关问题，文献［47］提出了风力机气动参数—跟踪控制一体化设计的技术途径；最后，通过对文献［30，48］提出的有效跟踪区间概念的抽象提炼，文献［45］进一步凝练提出了参考输入—跟踪控制一体化设计的技术路线，形成了目前仍然在研的国家自然科学基金项目“跟踪效益问题中伺服控制的新思路：一种‘参考输入-伺服控制器一体化设计’”（61773214）的核心研究问题。基于此，第3章第4节总结出大型风力机提升风能捕获的三条技术路线，并将其作为本文的框架基础和论述主线。

需要说明的是，由于辗转引用和标注不详，本章的图3-1和图3-2已难以查实原始出处。限于时间和精力，它们引用的文献并非原始文献。在此深表遗憾和歉意。

［1］Miller A，Muljadi E，Zinger D S. A variable speed wind turbine power control［J］. IEEE Transactions on Energy Conversion，1997，12（2）：181-186.

［2］Nasiri M，Milimonfared J，Fathi S H. Modeling，analysis and comparison of TSR and OTC methods for MPPT and power smoothing in permanent magnet synchronous generator—based wind turbines［J］. Energy Conversion and Management，2014，86：892-900.

［3］Liu J，Meng H，Hu Y，et al. A novel MPPT method for enhancing energy conversion efficiency taking power smoothing into account［J］. Energy Conversion and Management，2015，101：738-748.

［4］Abdullah M A，Yatim A H M，Tan C W，et al. A review of maximum power point tracking algorithms for wind energy systems［J］. Renewable and Sustainable Energy Reviews，2012，16（5）：3220-3227.

［5］Mali S S，Kushare B E. MPPT algorithms：Extracting maximum power from wind turbines［J］. International Journal of Innovative Research in Electrical，Electronics，Instrumentation and Control Engineering，2013，1（5）：199-202.

［6］Kumar D，Chatterjee K. A review of conventional and advanced MPPT algorithms for wind energy systems［J］. Renewable and Sustainable Energy Reviews，2016，55：957-970.

［7］Kim K，Van T L，Lee D，et al. Maximum output power tracking control in variable-speed wind turbine systems considering rotor inertial power［J］. IEEE Transactions on Industrial Electronics，2013，60（8）：3207-3217.

［8］陈载宇. 低风速风力机最大功率点跟踪控制的性能分析与改进方法［D］. 南京：南京理工大

学，2019.
[9] 张小莲．风力机最大功率点跟踪的湍流影响机理研究与性能优化［D］．南京：南京理工大学，2014.
[10] Camblong H, Alegria I M D, Rodriguez M, et al. Experimental evaluation of wind turbines maximum power point tracking controllers [J]. Energy Conversion and Management, 2006, 47 (18-19): 2846-2858.
[11] 姜海波．理想风力机理论与叶片函数化设计［M］．北京：科学出版社，2015.
[12] Glauert H. Airplane propellers [M]. Berlin, Germany: Springer, 1935.
[13] Wilson R E, Lissaman P B S, et al. Applied aerodynamics of wind power machines [M]. Corvallis, USA: Oregon State University, 1974.
[14] 姜海波，曹树良，李艳茹．水平轴风力机叶片扭角和弦长的理想分布［J］．太阳能学报，2013，34（1）：1-6.
[15] Fuglsang P L, Madsen H A. A design study of a 1MW stall regulated rotor [M]. Denmark: Riso National Laboratory, 1995.
[16] Selig M S, Coverstone-Carrol V L. Application of a genetic algorithm to wind turbine design [J]. Journal of Energy Resources Technology, 1996, 118: 22-28.
[17] 吕小静．大型水平轴风力机风轮气动性能计算与优化设计［D］．兰州：兰州理工大学，2011.
[18] Fuglsang P, Madsen H A. Optimization method for wind turbine rotors [J]. Journal of Wind Engineering and Industrial Aerodynamics, 1999, 1/2 (1/2): 191-206.
[19] Benini E, Toffolo A. Optimal design of horizontal-axis wind turbines using blade-element theory and evolutionary computation [J]. Journal of Solar Energy Engineering, 2002 (124): 357-363.
[20] Maki K, Sbragio R, Vlahopoulos N. System design of a wind turbine using a multi-level optimization approach [J]. Renewable Energy, 2012, 43: 101-110.
[21] 陈进，汪泉．风力机翼型及叶片优化设计理论［M］．北京：科学出版社，2013.
[22] 陈家伟，陈杰，龚春英．变速风力发电机组恒带宽最大功率跟踪控制策略［J］．中国电机工程学报，2012，32（27）：32-38.
[23] 张小莲，殷明慧，周连俊，等．风电机组最大功率点跟踪控制的影响因素分析［J］．电力系统自动化，2013，37（22）：15-21.
[24] 耿华，杨耕，周伟松．考虑风力机动态的最大风能捕获策略［J］．电力自动化设备，2009，29（10）：107-111.
[25] Fingersh L J, Carlin P W. Results from the NREL variable-speed test bed [C] //Proceedings of 17th ASME Wind Energy Symposium. Nevada, USA: ASME/AEAA, 1998: 103-113.
[26] Johnson K E, Fingersh L J, Balas M J, et al. Methods for increasing region 2 power capture on a variable-speed wind turbine [J]. Journal of Solar Energy Engineering, 2004, 126 (4): 1092-1100.
[27] Hand M M, Johnson K E, Fingersh L J, et al. Advanced control design and field testing for wind turbines at the National Renewable Energy Laboratory [R]. Colorado: National Renewable Energy Laboratory, 2004.
[28] Tang C, Soong W L, Freere P, et al. Dynamic wind turbine output power reduction under varying wind speed conditions due to inertia [J]. Wind Energy, 2013, 16 (4): 561-573.
[29] Johnson K E, Pao L Y, Balas M J, et al. Control of variable-speed wind turbines: standard and adaptive techniques for maximizing energy capture [J]. IEEE Control Systems Magazine, 2006, 26

(3): 70 - 81.

[30] 殷明慧，张小莲，叶星，等. 一种基于收缩跟踪区间的改进最大功率点跟踪控制 [J]. 中国电机工程学报，2012，32 (27): 24 - 31.

[31] 殷明慧，蒯狄正，李群，等. 风机最大功率点跟踪的失效现象 [J]. 中国电机工程学报，2011，30 (18): 40 - 47.

[32] Yang Y, Mok K, Tan S, et al. Nonlinear dynamic power tracking of low - power wind energy conversion system [J]. IEEE Transactions on Power Electronics, 2015, 30 (9): 5223 - 5236.

[33] Pan C, Juan Y. A novel sensorless MPPT controller for a high - efficiency microscale wind power generation system [J]. IEEE Transactions on Energy Conversion, 2010, 25 (1): 207 - 216.

[34] Chen J, Chen J, Gong C. Constant - bandwidth maximum power point tracking strategy for variable - speed wind turbines and its design details [J]. IEEE Transactions on Industrial Electronics, 2013, 60 (11): 5050 - 5058.

[35] 周连俊. 考虑湍流频率影响的风电机组最大功率点跟踪的性能优化 [D]. 南京：南京理工大学，2017.

[36] Bossanyi E A. Wind turbine control for load reduction [J]. Wind Energy, 2003, 6 (3): 229 - 244.

[37] Zasso A, Schito P, Bottasso C L, et al. Aero - servo - elastic design of wind turbines: numerical and wind tunnel modeling contribution [M]. Berlin, Germany: Springer, 2011.

[38] Shirazi F A, Grigoriadis K M, Viassolo D. Wind turbine integrated structural and LPV control design for improved closed - loop performance [J]. International Journal of Control, 2012, 85 (8): 1178 - 1196.

[39] Burton T, Jenkins N, Sharpe D, et al. Wind energy handbook [M]. 2nd ed. New York: John Wiley and Sons, 2011.

[40] Hansen M O L. Aerodynamics of wind turbines [M]. Abingdon, UK: Routledge, 2015.

[41] Liu X, Wang L, Tang X. Optimized linearization of chord and twist angle profiles for fixed - pitch fixed - speed wind turbine blades [J]. Renewable Energy, 2013, 57: 111 - 119.

[42] Wang X, Wen Z, Wei J, et al. Shape optimization of wind turbine blades [J]. Wind Energy, 2009, 12 (8): 781 - 803.

[43] Tangler J L, Somers D M. NREL airfoil families for HAWTs [R]. Colorado: National Renewable Energy Laboratory, 1995.

[44] Fuglsang P, Bak C. Development of the Risø wind turbine airfoils [J]. Wind Energy, 2004, 7 (2): 145 - 162.

[45] Chen Z, Yin M, Zou Y, et al. Maximum wind energy extraction for variable speed wind turbines with slow dynamic behavior [J]. IEEE Transactions on Power Systems, 2017, 32 (4): 3321 - 3322.

[46] 邹云，蔡晨晓. 一体化设计新视角：系统的控制性设计概念与方法 [J]. 南京理工大学学报(自然科学版)，2011，35 (4): 427 - 430.

[47] Yang Z, Yin M, Xu Y, et al. A multi - point method considering the maximum power point tracking dynamic process for aerodynamic optimization of variable - speed wind turbine blades [J]. Energies, 2016, 9 (6): 425.

[48] Yin M, Li W, Chung C, et al. An optimal torque control based on effective tracking range for maximum power point tracking of wind turbines under varying wind conditions [J]. IET Renewable PowerGeneration, 2017, 11 (4): 501 - 510.

第4章

基于提升风力机跟踪性能的风能捕获跟踪控制技术

由第3章的分析可知，大部分情况下转速跟踪效果的优劣直接影响风力机的风能捕获效率，因此提升湍流风速下大型风力机风能捕获最直接的途径便是改善风力机的转速跟踪性能，使其能够更好地跟踪最优转速。为此，本章从改善风力机跟踪性能角度改进风能捕获跟踪控制，以提高风力机的风能捕获。

为加快风力机转速跟踪，本章介绍了增大不平衡转矩、减小转矩增益和自适应搜索转矩增益三类不同的改进方法。三类方法或优化风力机的加/减速性能，或重视高风速段的风能捕获，或关注湍流风况变化对控制器参数设定的影响。虽基于不同视角，但这些改进方法均能够有效改善风力机的转速跟踪性能，从而提升风力机的风能捕获效率。

第1节　基于增大不平衡转矩的改进方法

考虑到增大传动链的不平衡转矩（即气动转矩和电磁转矩之差）有助于加快风力机的转速调节[1]，因此通过在原有转矩指令的基础上附加一个有利于加快转速跟踪的补偿转矩指令，能够在保证风力机稳态性能的同时增大不平衡转矩，使风力机转速能够更快地响应风速变化，提高风力机的风能捕获。

一、最优转矩法的转速跟踪性能

用于实现风力机MPPT控制的最优转矩法不同于常见的反馈控制方法，没有直接根据转速误差进行反馈调节。基于式（2-42）的单质量块模型和式（3-2）的控制律，风力机的机电动态部分可以用下式表示

$$J\dot{\omega}_{\mathrm{r}}=T_{\mathrm{a}}-k_{\mathrm{opt}}\omega_{\mathrm{r}}^{2} \tag{4-1}$$

由式（2-41）、式（3-3）和式（4-1）可以进一步推导得到

$$\dot{\omega}_{\mathrm{r}}=\frac{\rho\pi R^{5}\omega_{\mathrm{r}}^{2}}{2J}\left(\frac{C_{\mathrm{P}}(\lambda)}{\lambda^{3}}-\frac{C_{\mathrm{P}}(\lambda_{\mathrm{opt}})}{\lambda_{\mathrm{opt}}^{3}}\right) \tag{4-2}$$

如图3-13所示，在触发跟踪失效的区域以外（即$\lambda\geqslant\lambda_{\mathrm{U}}$）

$$(\lambda-\lambda_{\mathrm{opt}})\left(\frac{C_{\mathrm{P}}(\lambda)}{\lambda^{3}}-\frac{C_{\mathrm{P}}(\lambda_{\mathrm{opt}})}{\lambda_{\mathrm{opt}}^{3}}\right)\leqslant 0 \tag{4-3}$$

结合式（4-2）和式（4-3）可以得到

$$\dot{\omega}_r(\omega_r-\omega_{opt})\leqslant 0 \tag{4-4}$$

而且，式（4-4）中当且仅当 $\omega_r=\omega_{opt}$ 时等号成立。也就是说，当转速高于最优转速时最优转矩法控制下的风力机会减速，而当转速低于最优转速时则会加速，从而使风力机转速能够趋近于最优转速，进而实现 MPPT。

从稳态分析的视角，由于 k_{opt} 需要保证风力机的稳定平衡点处于最优转速（即保证式（4-4）等号成立的条件是 $\omega_r=\omega_{opt}$），因此该参数无法任意设定。这不仅使得最优转矩法难以通过参数的调整来获得更快的响应速度，而且如式（4-2）所示，应用该控制方法的风力机转速跟踪性能主要取决于风力机运行的环境参数（如风速、空气密度）和风力机的结构参数（如风轮半径、转动惯量、$C_P-\lambda$ 曲线）。例如，较低的风速以及较大的转动惯量都会造成风力机转速跟踪的响应速度下降，使其趋于最优转速的动态过程更长，进而使风力机的风能捕获效率降低。

二、降低等效惯量法[2]

由式（4-1）同样可以计算出最优转矩法控制下风力机的角加速度

$$\dot{\omega}_r=\frac{1}{J}(T_a-k_{opt}\omega_r^2) \tag{4-5}$$

由第 4 章第 1 节分析可知，最优转矩法并没有能够影响风力机转速调节快慢的可调参数。面对风速快速变化与风力机慢动态特性之间愈发凸显的矛盾，式（4-5）所反映的转速调节性能难以维持风能的高效率捕获。

为应对因转动惯量过大而造成的风力机转速调节迟缓的问题，降低等效惯量法通过附加补偿转矩指令降低风力机的等效转动惯量。该方法在最优转矩指令的基础上附加一个与发电机角加速度 $\dot{\omega}_g$ 成比例的补偿转矩，从而得到一个新的转矩指令

$$T_g^*=\frac{k_{opt}\omega_g^2-n_gD_t\omega_g}{n_g^3}-k_B\dot{\omega}_g \tag{4-6}$$

其中 k_B 为修正比例系数，用于改变风力机的等效转动惯量。而将式（4-6）与式（2-42）结合则可得到改进后的风力机角加速度

$$\dot{\omega}_r=\frac{1}{J-n_g^2k_B}(T_a-k_{opt}\omega_r^2) \tag{4-7}$$

对比式（4-5）和式（4-7）可以发现，该改进方法可以视为将风力机的转动惯量由 J 降低至 $J-n_g^2k_B$。事实上，风力机的实际转动惯量并未发生改变，而是仅依靠附加补偿转矩降低了其等效值，因此该方法被称为降低等效惯量法。随着等效惯量的降低，风力机在风速变化时具备了更强的加速和减速性能，从而更好地跟踪最优转速，达到更高的风能捕获效率。

三、加速最优转矩方法[3]

类似于降低等效惯量法，加速最优转矩法（Accelerated Optimal Torque，AOT）同样是通过附加补偿转矩增大风力机转速跟踪过程中的不平衡转矩。但相较于降低等效惯量法，该方法实现更为复杂，控制效果也有所不同。

加速最优转矩法基于滑模变结构控制的思想设计电磁转矩指令。最优转矩法较为明

显的优势是不需要获得实时风速，而大多数滑模控制方法定义 $s=\dot{e}+a_0e$ 作为切换函数[4]（e 表示误差，a_0 为一正数），则需要在趋近律的设计过程中对风速进行测量或估计，以便得到 ω_{opt}。为此，加速最优转矩法选取如下式所示的切换函数

$$s_{sw}=\omega_g-n_g\omega_{opt} \tag{4-8}$$

该切换函数的优势在于方便通过其他途径直接估计 sgn（s_{sw}）而无需获得准确的转速和最优转速。通过 Lyapunov 方法可以证明系统在切换面上的滑动模态是渐近稳定的，且其稳定性与具体参数的实际值大小无关。当系统状态到达滑模面之后，将会进行滑模运动，并且渐近稳定到平衡点。从机理上理解为可以通过控制发电机转速使其达到最优转速，以此达到使风力机转速渐近趋于最优转速的目的。

在此基础上，通过如下式所示的趋近律使系统满足滑模的可达性，即在有限时间内到达滑模面

$$T_g^*=\frac{k_{opt}\omega_g^2-n_gD_t\omega_g}{n_g^3}+p\mathrm{sgn}(s_{sw}) \tag{4-9}$$

其中，控制器参数 p 取正数，其决定了系统趋近于滑模面以及风力机趋近于最优转速的快慢。较大的 p 可以提高风力机的转速跟踪效果但同时也会造成更大的结构载荷，因此其大小需要根据实际湍流风况和风能捕获效率提升需求来决定。

对于 sgn（s_{sw}）的估计问题，由于 ω_{opt} 未知，因此不能直接由 $s_{sw}=\omega_g-n_g\omega_{opt}$ 计算得到。为此，加速最优转矩法依照单质量块模型设计观测器，比较估计气动转矩 $\hat{T}_a$ 与 $k_{opt}\omega_g^2/n_g^2$ 的大小来估计 sgn（s_{sw}）。这里

$$\hat{T}_a=n_gT_g+\frac{D_t\omega_g}{n_g}+\frac{J\dot{\omega}_g}{n_g} \tag{4-10}$$

根据式（2-39），可以推出

$$\hat{T}_a-\frac{k_{opt}\omega_g^2}{n_g^2}=\frac{1}{2}\rho\pi R^5\omega_r^2\left(\frac{C_P(\lambda)}{\lambda^3}-\frac{C_P(\lambda_{opt})}{\lambda_{opt}^3}\right) \tag{4-11}$$

且在一般情况下

$$\mathrm{sgn}(\lambda-\lambda_{opt})=-\mathrm{sgn}\left(\frac{C_P(\lambda)}{\lambda^3}-\frac{C_P(\lambda_{opt})}{\lambda_{opt}^3}\right) \tag{4-12}$$

因此比较 $\hat{T}_a$ 与 $k_{opt}\omega_g^2/n_g^2$ 的大小可以近似估计出 $\mathrm{sgn}(s_{sw})$，即认为

$$\mathrm{sgn}(s_{sw})=-\mathrm{sgn}\left(\hat{T}_a-\frac{k_{opt}\omega_g^2}{n_g^2}\right) \tag{4-13}$$

该估计方法实际上是参照单质量块模型，假定 $\omega_r=\omega_g/n_g$。但在滑模面以外 $|\omega_r-\omega_g/n_g|\ll|\omega_r-\omega_{opt}|$，因此该方法能够较为准确地估计 $\mathrm{sgn}(s_{sw})$。

综上，加速最优转矩法的控制律可以表示为

$$T_g^*=\frac{k_{opt}\omega_g^2-n_gD_t\omega_g}{n_g^3}-p\mathrm{sgn}\left(n_gT_g+\frac{D_t\omega_g}{n_g}+\frac{J\dot{\omega}_g}{n_g}-\frac{k_{opt}\omega_g^2}{n_g^2}\right) \tag{4-14}$$

特别地，应用式（4-14）所表示的控制器会产生抖振现象。该现象一方面是由于设计出的控制器存在 $p$sgn（s_{sw}）不连续控制，从而使系统存在抖振，这也是滑模控制普遍存在的一个问题；另一方面抖振的产生也是因为使用如式（4-13）所表示的近似估计

方法在系统的稳态工作点（即最优转速）附近会失效（特别是存在未知扰动的情况下）。

为此，可以通过附加一个模糊控制器[5]对抖振加以抑制。将设计得到的滑模控制器划分为等效控制和切换控制两部分，即

$$T_g^* = u_{eq} + u_{sw} \tag{4 - 15}$$

这里

$$u_{eq} = \frac{k_{opt}\omega_g^2 - n_g D_t \omega_g}{n_g^3} \tag{4 - 16}$$

$$u_{sw} = -p\text{sgn}\left(n_g T_g + \frac{D_t \omega_g}{n_g} + \frac{J\dot{\omega}_g}{n_g} - \frac{k_{opt}\omega_g^2}{n_g^2}\right) \tag{4 - 17}$$

为在切换面附近降低切换控制的影响，设计如下的模糊控制规则：

规则 1：If s_{sw} is ZE，then u is u_{eq}.

规则 2：If s_{sw} is NZ，then u is $u_{eq}+u_{sw}$.

其中 ZE 表示“零”，NE 表示“非零”，即在切换函数为零时仅使用等效控制，而在其非零时同时采用等效控制和切换控制。该模糊控制器采用工程中较为常用的三角形隶属函数，附加的模糊控制器及其隶属度函数如图 4 - 1 所示。

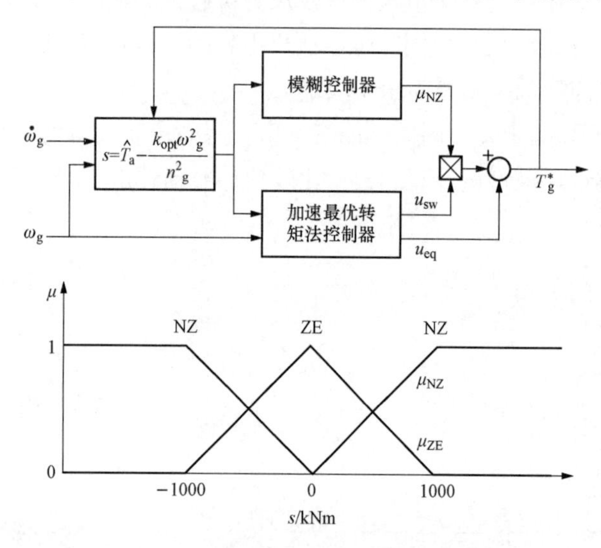

图 4 - 1　附加的模糊控制器及其隶属度函数[6]

为了使风力机更好地响应风速变化，上述降低等效惯量法和加速最优转矩法均是通过增大不平衡转矩提高转速跟踪性能，但两种方法在控制效果上却有所区别：降低等效惯量法附加一个与角加速度成正比的补偿转矩，因此会随着风力机转速与最优转速之间误差而变化，转矩变化更加平滑；而加速最优转矩法附加的补偿转矩为定值，因此不会在风速大幅变化时附加过多的补偿转矩，避免电磁转矩指令超出发电机的额定转矩。

第 2 节　基于减小转矩增益的改进方法

等效惯量法和加速最优转矩法通过附加补偿转矩的方式增大了风力机在加速和减速过程中的不平衡转矩，从而提高风力机的转速跟踪性能。与之不同的是，减小转矩增益方法[7]通过减小转矩增益系数，使其在相同转速下的转矩指令小于最优转矩指令，因此增大了风力机加速过程的不平衡转矩同时也减小了减速过程的不平衡转矩。该方法提升风能捕获效率的原理已在第 3 章第 4 节中简要概述，本节将进一步阐述其具体原理以及

受湍流风速的影响。

一、方法描述

如图 3 - 16 所示，DTG 方法[7]通过在原先的转矩增益系数 k_{opt} 基础上乘以一个小于 1 的系数 K_d（下文称之为增益减小系数），得到一条新的功率曲线。DTG 方法的电磁转矩指令可表示为

$$T_g^* = \frac{K_d \cdot k_{opt}\omega_g^2 - n_g D_t \omega_g}{n_g^3} \tag{4 - 18}$$

与最优转矩法相比，DTG 方法能够更快响应风速的升高，更加侧重较高风速下的风能捕获：当风力机加速时，较小的电磁转矩会增大角加速度，从而提高了风力机的加速性能；而当风力机减速时，较小的电磁转矩却使得风力机减速更慢。由式（2 - 39）可知，风力机所捕获的功率不仅与风能利用系数 C_P 相关，更与风速 v 的三次方成正比，即低风速时段蕴含的风能要远小于等长的高风速时段。因此，偏重于较高风速下的转速跟踪更有利于从整体上提升风力机的风能捕获。

仅从形式上看，DTG 方法与传统的最优转矩法的差异仅表现在功率曲线的平缓程度不同，即前者较后者更平缓。但事实上，DTG 方法却蕴含着对 MPPT 控制思想的本质改进——对系统动态性能的重视置于稳态性能之上。该方法关注风力机的加速和减速过程，通过提升风力机的加速性能并降低其减速性能，使其能够在渐强风速下获得更好的转速跟踪效果，并避免因转速过分降低、难以及时恢复而造成风能损失；与之相对的，该方法部分放弃了跟踪下降风速的能力，但由于较低风速下风能蕴含量较小，不会对整体的风能捕获效率造成较大影响；同时，功率曲线的修改虽使得风力机稳态下的转速高于最优转速，但面对不断变化的风速，风力机实际很难真正达到稳态。

综上，DTG 方法通过增大不平衡转矩来提高湍流风速下大型风力机的转速跟踪性能，利用高风速风能蕴含量更多的特点，以主动减弱对渐弱风速的跟踪性能换取较高风速下跟踪效果的改善，从而从整体上提高风能捕获效率。

二、湍流风速对减小转矩增益的影响

在 DTG 方法中，增益减小系数的取值决定着风力机对高/低风速风能捕获的合理取舍，因此恰当设置增益减小系数是 DTG 方法提高风能捕获效率的关键所在。而该系数并非固定不变，需要随湍流风速特征的变化适时调整。为此，本节将分析不同湍流风速对 DTG 方法的参数取值和控制效果的影响。

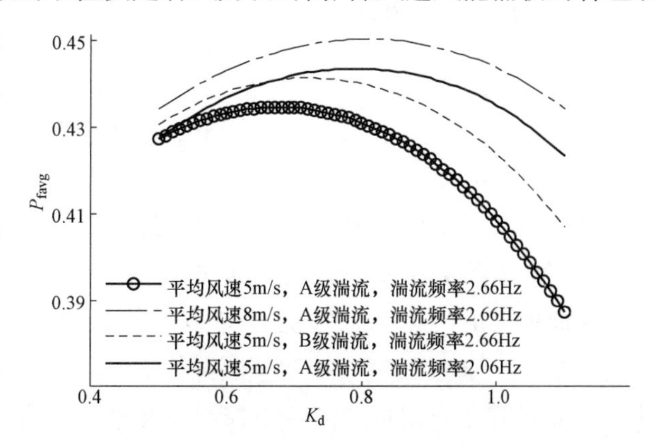

图 4 - 2　不同湍流风况下增益减小系数与风能捕获效率的变化关系

图 4 - 2 展示了不同湍流风况下 K_d 对 P_{favg} 的影响。从图中可以明显地看出，虽然给定湍流风况下 $K_d - P_{favg}$ 曲线均呈现先上升后下

降的趋势，但不同湍流风况下对应于最大风能捕获效率的 K_d 系数最优值（以下用 K_d^{opt} 表示）却各不相同。

进一步地，为分析 K_d^{opt} 随湍流风况的变化，统计不同平均风速和湍流强度下 K_d^{opt}，可以得到如图 4-3 的关系曲线。此外，由于特定湍流频率的风速序列难以直接构造，图 4-4 中展示了同一平均风速和湍流强度、不同湍流频率风速下的 K_d^{opt} 分布情况。从图 4-3 和图 4-4 中可以看出，湍流风速对 K_d^{opt} 的影响具有较为明显的统计规律，即 K_d^{opt} 会随平均风速增大而增大、随湍流强度增大而减小、随湍流频率的增大而减小。其共同表明湍流风速对 DTG 的影响如下：

（1）高平均风速增强了风力机的加速性能，其机理在于相同叶尖速比下风力机的驱动转矩与风速的平方成正比。此时风力机不需要过多地提升加速能力，反而需要避免因 K_d 过小而导致风力机转速长时间偏离最优转速。而当平均风速较低的情况下，因风力机自身加速能力不足，需要减小 K_d 以使风力机具备更强的加速能力。

（2）高湍流强度和高湍流频率对 MPPT 控制提出了更高的要求，其原因在于高湍流强度和高湍流频率意味着最优转速更大的波动范围和变化速度，此时风力机难以实现全风速区间内的高效风能捕获，因此需要更小的 K_d 以使风力机能够更多侧重高风速下的风能捕获。

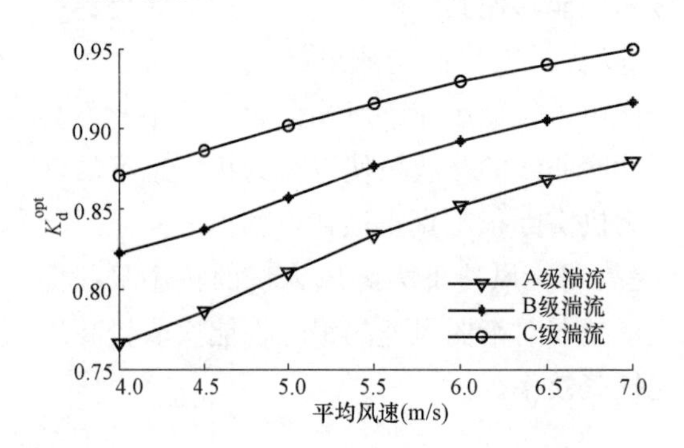

图 4-3　增益减小系数最优值随平均风速和湍流强度的变化关系[8]

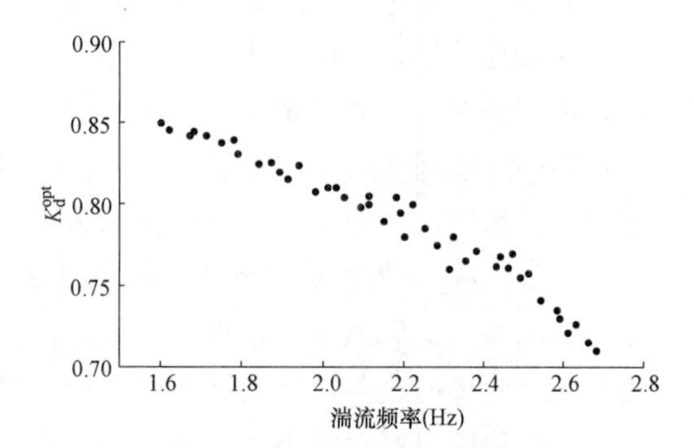

图 4-4　增益减小系数最优值随湍流频率的变化关系

第 3 节　基于自适应调整转矩增益的改进方法

由第 4 章第 2 节的分析可知，K_d^{opt} 会随湍流风况变化，其取值大小与平均风速、湍流强度和湍流频率密切相关。而实际中上述湍流风速特征都具有时变特性，因此需要随湍流风况的变化动态修正 K_d，以维持风力机的高效率风能捕获。为此，自适应转矩控制[9-10]通过自适应搜索算法寻优 K_d^{opt}，以此提高风力机对变化湍流风况的适应性。本节将首先介绍自适应转矩控制，并进一步针对该方法易出现的搜索方向出错、不收敛问题[11-12]，阐述搜索范围限定和引入中断/重启机制的自适应转矩控制改进方法。

一、自适应转矩控制[7,9]

自适应转矩控制是在给定的搜索周期内，向转矩增益施加一定幅值和方向的扰动，通过观察相关性能指标的变化量来确定下一周期的扰动方向。与最优转矩法类似，自适应转矩控制的电磁转矩指令可以表示为

$$T_g^* = \frac{K_a\omega_g^2 - n_g D_t \omega_g}{n_g^3} \tag{4-19}$$

其中 K_a 表示调整后的转矩增益系数，并且类似地将能够使风能捕获效率最大的最优值记作 K_a^{opt}。以 P_{favg} 为观察的性能指标，以式（4-20）在每一搜索周期调整 K_a。简言之，若改变 K_a 后 P_{favg} 的变化量 ΔP_{favg} 为正值，则继续以相同方向扰动 K_a，反之则反向扰动。如此反复，将使 K_a 逐步趋近于 K_a^{opt}，相应地 P_{favg} 达到最大值。

$$\begin{cases} K_a(k+1) = K_a(k) + \Delta K_a(k+1) \\ \Delta K_a(k+1) = \gamma \text{sgn}[\Delta K_a(k)]\text{sgn}[\Delta P_{favg}(k)] \,|\Delta P_{favg}(k)|^{1/2} \\ \Delta K_a(k) = K_a(k) - K_a(k-1) \\ \Delta P_{favg}(k) = P_{favg}(k) - P_{favg}(k-1) \end{cases} \tag{4-20}$$

式中：k 为迭代步数；γ 为转矩增益的调整系数（影响 K_a 每次变化的幅值）。

二、影响转矩增益系数搜索方向的原因分析[13-14]

实际受湍流风况变化的影响，自适应转矩控制并不总能顺利地搜索到 K_a^{opt}。为此，本节将分析自适应算法搜索方向出错的原因，进而对该方法进行有针对性的改进。

图 4-5～图 4-7 分别展示了平均风速、湍流强度和湍流频率对 K_a^{opt} 的影响规律。图 4-5 中用于绘制三条曲线的风速仅平均风速不同，湍流强度和湍流频率均相同。类似地，图 4-6 和图 4-7 所用风速仅湍流强度或湍流频率不同。从图中可以发现，保持另外两个湍流特征指标不变，$P_{favg}-K_a$ 曲线会随平均风速增大、随湍流强度减小或随湍流频率减小而整体上移。这意味着具备高平均风速、低湍流强度和低湍流频率特征的湍流风速更有利于风力机的转速跟踪和风能捕获。

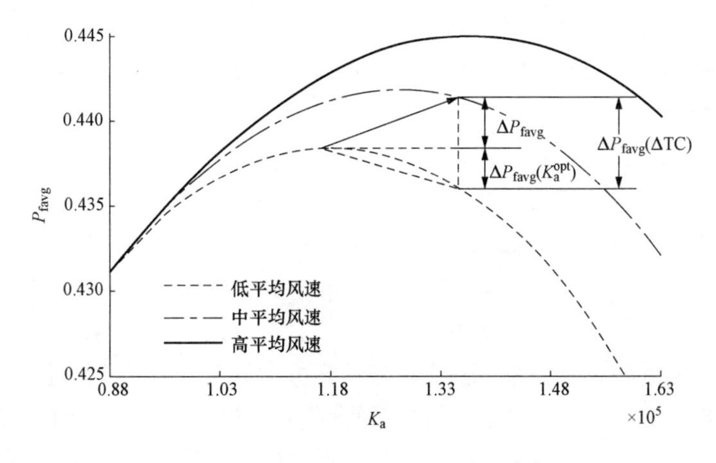

图 4-5　平均风速对 K_a^{opt} 的影响[14]

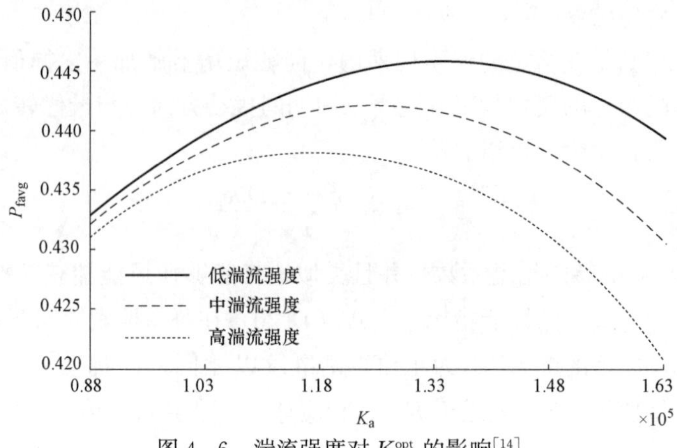

图 4-6 湍流强度对 K_a^{opt} 的影响[14]

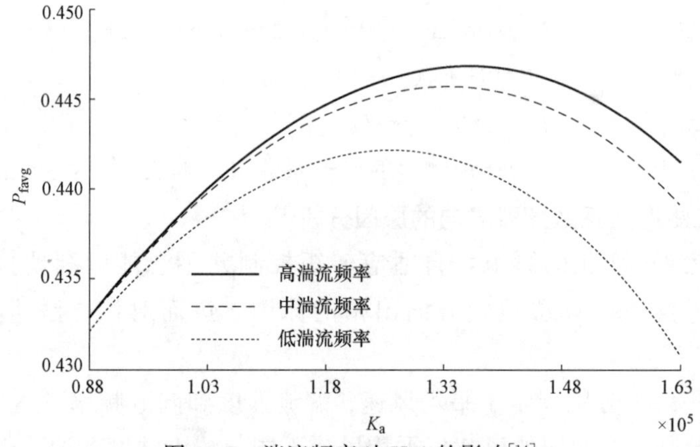

图 4-7 湍流频率对 K_a^{opt} 的影响[14]

如图 4-5 所示，如果某一搜索周期内湍流风况发生变化，则 P_{favg} 变化量实际上是转矩增益调整 ΔK_a 和湍流风况条件变化 ΔTC 共同作用的结果，如下式所示

$$\Delta P_{favg}=\Delta P_{favg}(\Delta TC)+\Delta P_{favg}(\Delta K_a) \tag{4-21}$$

综合式（4-20）和式（4-21），这种湍流风况变化将对 K_a^{opt} 自适应搜索的干扰主要体现在搜索方向和扰动幅值两个方面，具体如下：

（1）当 $\Delta P_{favg}(\Delta TC)\cdot\Delta P_{favg}(\Delta K_a)>0$ 时，搜索方向正确，但修正幅值 ΔK_a 会随 $\Delta P_{favg}(\Delta TC)$ 的增大而增大；

（2）当 $\Delta P_{favg}(\Delta TC)\cdot\Delta P_{favg}(\Delta K_a)<0$ 且 $|\Delta P_{favg}(\Delta TC)|<|\Delta P_{favg}(\Delta K_a)|$ 时，搜索方向正确，但 ΔK_a 会随 $\Delta P_{favg}(\Delta TC)$ 的增大而减小；

（3）当 $\Delta P_{favg}(\Delta TC)\cdot\Delta P_{favg}(\Delta K_a)<0$ 且 $|\Delta P_{favg}(\Delta TC)|>|\Delta P_{favg}(\Delta K_a)|$ 时，搜索方向错误，这意味着下一周期的 K_a 将会远离 K_a^{opt}。事实上，当湍流风况变化取代增益系数调整成为风能捕获效率改变的主导因素时，其对自适应算法的影响将不容忽视。

综上所述，导致转矩增益系数的自适应搜索方向异常的原因主要是以下两个方面：

（1）风力机的 $P_{favg}-K_a$ 曲线会随湍流风况变化，即 P_{favg} 受 K_a 变化和湍流风况变化共同影响；

（2）自适应转矩控制仅关注主动扰动后的 ΔP_{favg}（ΔK_a），而忽视了 ΔP_{favg}（ΔTC）。

三、基于搜索范围限定的自适应转矩控制[13]

针对转矩增益系数搜索方向异常的问题，一种解决办法是对转矩增益系数的搜索范围加以限定，以避免搜索方向持续错误。根据第 4 章第 2 节的分析可知，降低转矩增益系数以提高风力机加速性能有助于提升风力机的风能捕获。另外，湍流风况的变化是造成转矩增益系数搜索方向错误的原因。因此，转矩增益系数搜索范围的确定可以遵循以下几点原则：

（1）调整后的转矩增益系数不大于 1；

（2）风速决定的最优转速是 MPPT 控制的跟踪目标，转矩增益系数搜索范围的选取应能反映风速的波动情况；

（3）可以提前获取湍流风况与最佳转矩增益系数的统计关系用于确定转矩增益系数搜索范围。

在此基础上，设计如图 4-8 所示的基于搜索范围限定的自适应转矩控制方法，其具体步骤如下：

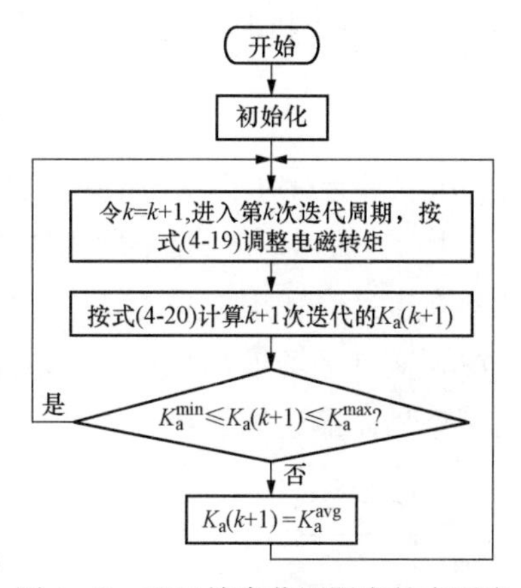

图 4-8　基于搜索范围限定的自适应转矩控制流程

步骤 1（初始化）：

步骤 1.1：根据气象数据确定所在风场的湍流风况和 MPPT 控制的风速跟踪范围（即启动风速和额定风速），然后通过仿真获得 MPPT 控制跟踪范围内所有湍流风况对应的最佳转矩增益系数，并基于此确定 K_a^{max}、K_a^{min} 和 K_a^{avg}（三者表示所有湍流风况下 K_a^{opt} 的最大值、最小值和平均值）；

步骤 1.2：设定 $k=0$，$K_a(0)$ 设为默认值 k_{opt} 并按式（4-19）调整电磁转矩，运行一个周期结束后计算 $P_{favg}(0)$，之后给定一个足够小的初始扰动得到 $K_a(1)$；

步骤 2：令 $k=k+1$。以更新的转矩增益进入第 k 次迭代周期，并按式（4-19）调整电磁转矩；

步骤 3：本周期结束时根据式（4-20）计算 $k+1$ 次迭代的 $K_a(k+1)$；

步骤 4：判断 $K_a(k+1)$ 是否满足 $K_a^{min} \leqslant K_a(k+1) \leqslant K_a^{max}$，若满足则跳至步骤 2，否则跳至步骤 5；

步骤 5：令 $K_a(k+1)=K_a^{avg}$，之后跳至步骤 2。

四、引入中断/重启机制的自适应转矩控制[14]

基于搜索范围限定的自适应转矩控制虽然能够将 K_a 的搜索范围限定在其最优值可能出现的范围以内，但依旧难以保证 K_a 能够收敛到其最优值。此外，该方法需要通过仿真预先获取最佳转矩增益系数的可能范围，对于不同风场或不同型号的风力机均需要独立设定搜索范围。

上述问题均限制了基于搜索范围限定的自适应转矩控制的工程应用。为此，本节通过分析导致搜索连续出错的湍流风况渐变良好场景，通过引入动态风能捕获损失量指标辨识该场景，并在自适应搜索过程中加入中断和重启机制，有效避免了搜索方向错误，从而在继承自适应转矩控制优点的同时，提高其在变化湍流风况下的风能捕获效率。

如第 4 章第 3 节所述，具备高平均风速、低湍流强度和低湍流频率特征的湍流风速更有利于风力机的转速跟踪，为此本文将平均风速由低至高、湍流强度由高至低以及湍流频率由高至低变化的风速场景称为湍流风况渐变良好场景。在湍流风况渐变良好场景下，忽视湍流风况变化对风能捕获效率的影响，将容易导致自适应转矩控制转矩增益系数搜索方向错误。

平均风速、湍流强度和湍流频率的变化都会影响风力机的转速跟踪性能。为实现对湍流风况渐变良好场景的辨识，本节引入了动态风能捕获损失量 P_{loss}[15] 作为评价湍流风速对 MPPT 控制影响的指标，其表达式为

$$P_{\mathrm{loss}} = \left(\frac{3TI^2}{1+3TI^2}\right)\left(\frac{\omega_{\mathrm{eff}}^2\tau_0^2}{1+\omega_{\mathrm{eff}}^2\tau_0^2}\right) \tag{4-22}$$

其中 τ_0 为风力机时间常数，其计算方法如下

$$\tau_0 = \frac{J}{3}\cdot\frac{\omega_{\mathrm{rated}}}{T_{\mathrm{rated}}}\cdot\frac{v_{\mathrm{rated}}}{\overline{v}} \tag{4-23}$$

ω_{rated}和 T_{rated}为对应于额定风速 v_{rated}的风力机额定转速和额定转矩。从式（4-22）和式（4-23）中可以看出，P_{loss}是平均风速、湍流强度和湍流频率的函数，能够反映三者的综合影响。

在自适应转矩控制的基础上引入中断/重启机制，通过 P_{loss} 的降低量识别这种湍流风况渐变良好场景，避免转矩增益在该场景中严重偏离最优值。搜索过程中的中断和重启策略具体描述如下：

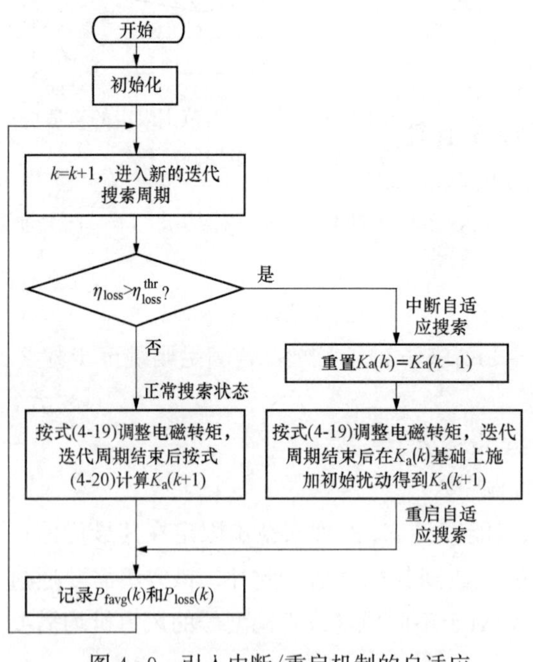

图 4-9　引入中断/重启机制的自适应转矩控制流程图

（1）中断机制：当检测到相邻迭代周期的 P_{loss}降低量超过阈值，将自适应搜索过程停止，并将 K_{a} 锁定在当前值，即 $K_{\mathrm{a}}(k+1)=K_{\mathrm{a}}(k)$，直至检测到 P_{loss}持续降低的湍流风况变化场景结束；

（2）重启机制：当检测到相邻迭代周期的 P_{loss} 的降低量不再超限，为 K_{a} 施加初始扰动并重启搜索过程。

引入中断/重启机制的自适应转矩控制如图 4-9 所示，其步骤如下：

步骤 1（初始化）：

步骤 1.1：设定 $k=0$，$K_{\mathrm{a}}(0)$ 设为默认值 k_{opt}并按式（4-19）调整电磁转矩，运行一个周期结束后计算 $P_{\mathrm{favg}}(0)$，同时按式(4-22）计算 $P_{\mathrm{loss}}(0)$，之后给定一个足够小的初始扰动得到 K_{a}（1）。

步骤 1.2：对于第二个迭代周期($k=1$)，依照与步骤 1.1 相同的方式计算 $P_{\mathrm{favg}}(1)$ 和 $P_{\mathrm{loss}}(1)$，并在迭代周期结束后按式(4-20）计算 $K_{\mathrm{a}}(2)$。

步骤2：$k=k+1$，进入新的迭代周期，在当前迭代周期开始运行前识别湍流风况是否正朝着有利于风能捕获的趋势发展，根据式（4-24）计算第$k-1$与$k-2$步迭代周期之间的P_{loss}的变化率η_{loss}

$$\eta_{loss}=\frac{P_{loss}(k-2)-P_{loss}(k-1)}{P_{loss}(k-2)}$$

如果η_{loss}超过了阈值η_{loss}^{thr}，中断自适应搜索过程，重置$K_a(k)=K_a(k-1)$并跳至步骤3，否则依旧保留$K_a(k)$并跳至步骤4。

步骤3：按式（4-19）调整电磁转矩，并在迭代周期结束后在$K_a(k)$的基础上施加初始扰动得到$K_a(k+1)$以重启自适应搜索过程。

步骤4：按式（4-19）调整电磁转矩，并在迭代周期结束后按式（4-20）计算$K_a(k+1)$。

步骤5：记录$P_{favg}(k)$和$P_{loss}(k)$，然后跳至步骤2。

第4节 MPPT控制改进方法的性能分析

本章从提升风力机跟踪性能这一优化途径出发，介绍了三类不同的MPPT控制改进方法。为验证不同方法的效果，本节选取最优转矩法（仿真中记作OT）、加速最优转矩法（仿真中记作AOT）、减小转矩增益方法（仿真中记作DTG）、自适应转矩控制（仿真中记作AT）和引入中断/重启机制的自适应转矩控制（仿真中记作IAT）进行仿真比较，并采用风能捕获效率评价不同方法的控制效果。

一、风速序列的构造

由于引入中断/重启机制的自适应转矩控制主要关注于变化湍流风况下的跟踪控制效果，因此仿真所用风速序列需要体现不同时段湍流风况的变化。为此，构造持续时长为8h（含24个20min的风速时段）的风速序列，每个风速时段内平均风速、湍流强度和湍流频率各不相同，以使仿真算例尽可能涉及更多可能出现的湍流风况。

二、控制参数设定

不同控制方法需要预先设定的参数如下（相同参数不再重复列出）：

（1）最优转矩法：k_{opt}通过式（3-3）算得到；

（2）加速最优转矩法：设置控制器参数$p=5000$；

（3）减小转矩增益方法：设置固定的增益减小系数$K_d=0.8$；

（4）自适应转矩控制：设置搜索周期$T_{find}=20$min，转矩增益的调整系数$\gamma=20\ 000$；

（5）引入中断/重启机制的自适应转矩控制：K_a的初始扰动设为$0.01k_{opt}$，$\eta_{loss}^{thr}=0.1$。

三、控制效果比较分析

不同方法控制下风力机的风能捕获效率在表4-1中给出，图4-10展示了不同风速时段对应的两种自适应转矩控制方法下P_{loss}、K_a以及五种控制方法下P_{favg}的变化曲线。从仿真结果中可以发现：

（1）加速最优转矩法通过增大不平衡转矩使风力机能够更好地跟踪最优转速，有效提升了风力机的风能捕获效率。

表 4-1　　不同方法的风能捕获效率

MPPT 方法	P_{favg}	相比较 OT 方法的提高百分比/%	MPPT 方法	P_{favg}	相比较 OT 方法的提高百分比/%
OT	0.4297	—	AT	0.4323	0.61
AOT	0.4339	0.98	IAT	0.4361	1.49
DTG	0.4364	1.56			

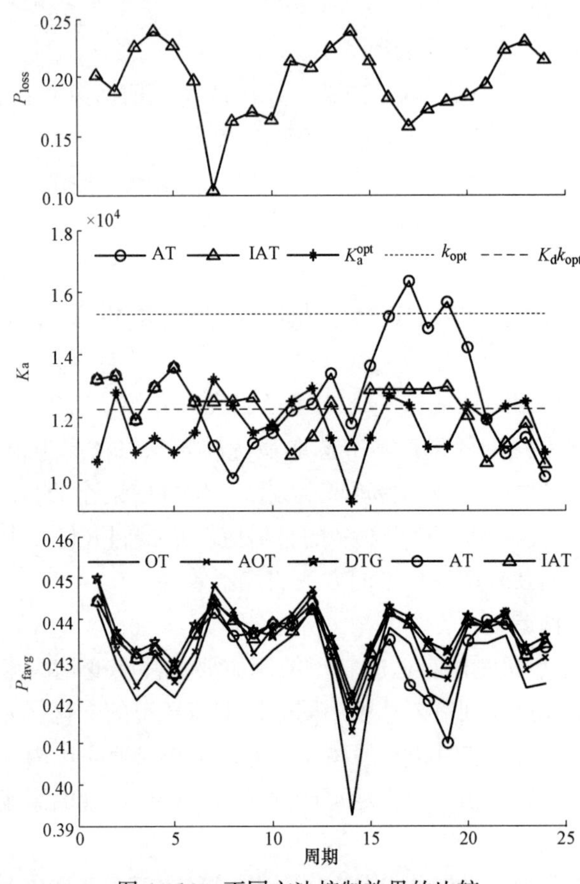

图 4-10　不同方法控制效果的比较

（2）减小转矩增益方法通过侧重较高风速下的风能捕获，同样使风能捕获效率有效提升。

（3）由于湍流风况渐变良好（周期 5～7 和周期 14～17），导致自适应转矩控制的 K_a 持续朝着远离最佳值的方向扰动。不仅如此，后续 18～20 几个周期也因 K_a 已严重偏离其最优值，难以及时调整至最优值附近。类似的情况还出现在周期 8～9 中。因此，当出现湍流风况渐变良好的情况时，自适应转矩控制的性能在很长一段时间内表现不佳，甚至使这期间内的风能捕获效率低于最优转矩法。

（4）在自适应转矩控制引入中断/重启机制，使得 K_a 严重偏离最佳值以及风能捕获效率显著降低的问题得到了及时的遏制（周期 7～8 和周期 16～18），从而使风力机在变化湍流风况下始终维持较高的风能捕获效率。

（5）由于 K_a^{opt} 在不断变化，自适应转矩控制仅会使 K_a 趋近于 K_a^{opt}，难以真正使风能捕获效率最高。相较而言，虽然 DTG 方法采用了固定的 K_d，没有根据湍流风况的变化对其进行相应的调整，但由于恰当设置了 K_d（$K_d k_{opt}$始终处于 K_a^{opt} 附近），因此能够获得更高的风能捕获效率。

注释与参考文献

随着风力机容量和转动惯量的增大，湍流风速下风力机的跟踪损失问题现今受到越来越多的关注。已有学者认识到，基于稳态分析的最大功率点对风力机风能捕获的影响已不占主导地位，更需要关注的是风力机转速跟踪动态过程[3,7,16-18]。

但是，最优转矩法并非采用当前控制学科所普遍研究的基于误差反馈调节的控制方式，而是通过让转速和电磁转矩/功率维持特定的关系，构建出一个在最大功率点处稳定的系统。风力机特殊的气动特性（即转速与气动转矩之间的非线性关系）使得最优转矩法这种仅通过状态反馈补偿实现转速跟踪的方式成为了可能（详见第 4 章第 1 节）。该方式虽然巧妙地避免了风速信息的引入，但也因此无法通过提高反馈增益的方式获得更好的稳态和动态性能。

为此，第 4 章第 1 节所述改进方法通过增大不平衡转矩加快风力机的转速跟踪。此类方法在原有控制律下直接附加一个有利于加快转速跟踪的补偿转矩，无需对原有控制律做出较大改动便可提升风能捕获效率，体现出转速跟踪动态过程对风力机风能捕获的重要性。本节主要阐述了减小转动惯量法[2]和文献［3］提出的加速最优转矩法，并解释了此类改进方法提升风力机跟踪性能的方式和机理。

然而，由于风功率与风速的立方成正比，偏重对渐强阵风的转速跟踪有助于提高整体的风能捕获效率[7]。此外，加快减速过程可能会影响对渐强阵风的转速跟踪，进而整体上降低风能捕获。因此，MPPT 控制性能的优化更多需要单方向地提升风力机的加速性能。基于此，美国国家可再生能源实验室的 Johnson 等提出了基于减小转矩增益的改进方法[7]，增强风力机跟踪渐强阵风的能力，以牺牲风力机稳态性能（平衡点偏离最大功率点）为代价换取了动态性能的提升，并从整体上使风力机捕获更多的风能。

进一步地，考虑到具有时变特性的湍流风况会显著影响最优转矩增益系数，需要动态调整转矩增益系数以使风力机维持高效率的风能捕获。第 4 章第 3 节所述自适应转矩控制便是在这一背景下提出的。围绕湍流风速对最优转矩增益系数取值的影响，张小莲博士和周连俊博士在攻读博士学位期间进行了深入研究[13-14]，在此基础上分析出转矩增益系数自适应搜索方向出错的原因，并进一步分别提出了限定搜索范围和引入中断/重启机制的两种改进方法对其加以克服。需要指出的是，虽然两种改进方法能够有效避免自适应转矩控制搜索方向出错的问题，但转矩增益系数的自适应调整是基于过去的而不是将来的风况，因此仅能使转矩增益系数维持在最优值附近，难以真正达到最大风能捕获效率。

［1］ Fingersh L J, Carlin P W. Results from the NREL variable - speed test bed ［C］ //Proceedings of

17th ASME Wind Energy Symposium. Nevada, USA: ASME/AEAA, 1998: 103 - 113.

[2] Burton T, Jenkins N, Sharpe D, et al. Wind energy handbook [M] . 2nd ed. New York: John Wiley and Sons, 2011.

[3] 陈载宇，殷明慧，蔡晨晓，等．一种实现风力机 MPPT 控制的加速最优转矩法 [J] . 自动化学报，2015，41 (12)：2047 - 2057.

[4] Yang Y, Mok K, Tan S, et al. Nonlinear dynamic power tracking of low - power wind energy conversion system [J] . IEEE Transactions on Power Electronics, 2015, 30 (9): 5223 - 5236.

[5] 赵亮，韩华玲，陈宁，等．基于模糊滑模控制的风电机组最大风能追踪策略 [J] . 电力自动化设备，2012，32 (12)：74 - 79.

[6] 陈载宇．低风速风力机最大功率点跟踪控制的性能分析与改进方法 [D] . 南京：南京理工大学，2019.

[7] Johnson K, Fingersh L J, Balas M, et al. Methods for increasing region 2 power capture on a variable speed HAWT [J] . Journal of Solar Energy Engineering, 2004, 126 (4): 1092 - 1100.

[8] 张小莲，殷明慧，周连俊，等．风电机组最大功率点跟踪控制的影响因素分析 [J] . 电力系统自动化，2013，37 (22)：15 - 21.

[9] Johnson K E. Adaptive torque control of variable speed wind turbines [R] . Colorado: National Renewable Energy Laboratory, 2004.

[10] Johnson K E, Pao L Y, Balas M J, et al. Control of variable - speed wind turbines: standard and adaptive techniques for maximizing energy capture [J] . IEEE Control Systems Magazine, 2006, 26 (3): 70 - 81.

[11] Kazmi S M R, Goto H, Guo H J, et al. A novel algorithm for fast and efficient speed - sensorless maximum power point tracking in wind energy conversion systems [J] . IEEE Transactions on Industrial Electronics, 2011, 58 (1): 29 - 36.

[12] 叶星，殷明慧，张小莲，等．风力发电系统自适应转矩控制的收敛问题研究 [C] //第三届中国能源科学家论坛论文集．北京：中国能源学会，2011：1389 - 1395.

[13] 张小莲．风力机最大功率点跟踪的湍流影响机理研究与性能优化 [D] . 南京：南京理工大学，2014.

[14] 周连俊．考虑湍流频率影响的风电机组最大功率点跟踪的性能优化 [D] . 南京：南京理工大学，2017.

[15] Tang C, Soong W L, Freere P, et al. Dynamic wind turbine output power reduction under varying wind speed conditions due to inertia [J] . Wind Energy, 2013, 16 (4): 561 - 573.

[16] Pan C, Juan Y. A novel sensorless MPPT controller for a high - efficiency microscale wind power generation system [J] . IEEE Transactions on Energy Conversion, 2010, 25 (1): 207 - 216.

[17] Chen J, Chen J, Gong C. Constant - bandwidth maximum power point tracking strategy for variable - speed wind turbines and its design details [J] . IEEE Transactions on Industrial Electronics, 2013, 60 (11): 5050 - 5058.

[18] 殷明慧，张小莲，叶星，等．一种基于收缩跟踪区间的改进最大功率点跟踪控制 [J] . 中国电机工程学报，2012，32 (27)：24 - 31.

第 5 章

基于气动参数与风力机跟踪关联协调的风能捕获跟踪控制技术

根据第 3 章对现有风力机气动设计方法的总结，不难发现：现有设计方法[1-5]一般基于风能捕获跟踪控制能够使风力机始终运行于设计工况的隐含假设，从而将设计工况对应的最大风能利用系数 C_P^{max} 作为单一优化目标。对于波动平缓的风速，风力机的跟踪动态过程不明显，现有设计方法是适用的。但随着风电开发利用向低风速、高湍流地区转移，更大尺寸的慢动态特性风力机跟踪过程造成的跟踪损失难以忽视。因此，有必要在气动设计阶段，结合风力机的跟踪动态过程，对非设计工况下的气动效率加以考虑。基于系统闭环视角完善风力机气动设计，协调风力机的静态气动性能与动态跟踪过程，将进一步提升风力机的风能捕获效率。

第 1 节　慢动态风力机跟踪过程中的风能捕获

现有气动设计方法认为：风力机在风能捕获跟踪控制下始终运行于最佳叶尖速比 λ_{opt}（即设计工况）、以 C_P^{max} 捕获来流风能，λ_{opt} 是气动设计阶段唯一关注也是最重要的工况。但是慢动态风力机通常运行于非最佳叶尖速比，对于不同运行工况将以不同的 C_P 捕获来流风能。在此背景下，不同运行叶尖速比（记为 λ_{ope}）下对应的 C_P 都值得关注，即气动设计应该由单工况设计向多工况设计发展。

相对于单工况设计，多工况设计的难点在于区分不同运行工况的重要程度。本节提出了基于来流风能分布的运行工况重要程度定量描述方法[6-7]，并给出了风力机闭环性能指标——风能捕获效率 P_{favg} 新的物理意义解释[8]。以此为基础，针对慢动态风力机的多运行工况现象，定义了跟踪动态下的重要运行工况。进一步地，提出了一种考虑多工况的气动优化设计方法，以提升风力机的风能捕获效率。

一、运行工况的定量描述方法

1. 运行叶尖速比分布[9]

慢动态风力机在风能捕获跟踪控制下将运行在一个宽泛的运行叶尖速比范围内，通常将其划分为若干个等长度的子区间，每一个子区间称为一个运行叶尖速比区间。可将

以λ为中点，长度为$\Delta\lambda$的运行叶尖速比区间记为U_{λ}，即

$$U_{\lambda}=(\lambda-0.5\Delta\lambda,\ \lambda+0.5\Delta\lambda) \tag{5-1}$$

在现有的风力机控制研究中，通常用风力机运行在不同U_{λ}的频率作为跟踪控制性能的评价指标[10-11]。本节针对风力机的跟踪动态过程给出了运行叶尖速比分布的定义。

定义 5.1 给定一段时间内，风力机运行在叶尖速比区间U_{λ}内的时长与该时段总时长的比值，称为U_{λ}对应的运行叶尖速比分布比率，记为$P_{\mathrm{N}}(U_{\lambda})$。

为获得$P_{\mathrm{N}}(U_{\lambda})$，首先需要通过仿真或实测得到一段时间内风力机的运行轨迹（假定风速、转速为等间隔采样，步长为Δt），然后对风速、转速数据进行统计。具体计算方法为

步骤 1：计算每个采样点的运行叶尖速比。已知第i个采样点的风速v_i和风力机转速$\omega_{\mathrm{r},i}$，则该采样点的$\lambda_{\mathrm{ope},i}$为

$$\lambda_{\mathrm{ope},i}=\omega_{\mathrm{r},i}R/v_i \tag{5-2}$$

步骤 2：设定$\Delta\lambda$（对于兆瓦级大型风力机，一般设置为0.5～1.0），将风力机运行叶尖速比的覆盖范围划分N个U_{λ}；

步骤 3：遍历每个采样点的$\lambda_{\mathrm{ope},i}$，统计落在某一$U_{\lambda j}$内的$\lambda_{\mathrm{ope},i}$的总个数n_j，则

$$P_{\mathrm{N}}(U_{\lambda_j})=n_j/n_{\mathrm{total}} \tag{5-3}$$

式中，n_{total}为λ_{ope}的样本总数。

2. 来流风能分布[6]

$P_{\mathrm{N}}(U_{\lambda})$能够反映风力机运行在不同$U_{\lambda}$内的频率。风力机运行在某一$U_{\lambda}$的频率越大，则该$U_{\lambda}$对于风力机风能捕获跟踪控制就越重要。但是，$P_{\mathrm{N}}(U_{\lambda})$不能反映各$U_{\lambda}$对应的风速信息。而对于风能捕获，风力机运行在某一$U_{\lambda}$内对应的来流风能更加重要。也就是说，某一$U_{\lambda}$对应的来流风能大小更能反映该$U_{\lambda}$对于风力机风能捕获的重要程度。据此，本节给出了运行叶尖速比区间蕴含的来流风能及其来流风能分布的定义。

定义 5.2 给定一段时间内，风力机运行在叶尖速比区间U_{λ}内的所有时刻对应的来流风功率的积分，称为U_{λ}蕴含的来流风能，记为$E_{\mathrm{inflow}}^{U_{\lambda}}$，即

$$E_{\mathrm{inflow}}^{U_{\lambda}}=\int_{t\in\{t|\lambda(t)\in U_{\lambda}\}}0.5\rho A_{\mathrm{D}}v^3(t)\mathrm{d}t \tag{5-4}$$

定义 5.3 给定一段时间内，叶尖速比区间U_{λ}内蕴含的来流风能与该时段总来流风能的比值，称为U_{λ}对应的来流风能分布比率，记为$P_{\mathrm{E}}(U_{\lambda})$。

$E_{\mathrm{inflow}}^{U_{\lambda}}$和$P_{\mathrm{E}}(U_{\lambda})$可以在$P_{\mathrm{N}}(U_{\lambda})$的基础上继续计算得到。

步骤 4：计算第i个采样点的来流风能E_{inflow}^{i}为

$$E_{\mathrm{inflow}}^{i}=0.5\rho A_{\mathrm{D}}v_i^3\Delta t \tag{5-5}$$

式中，ρ为空气密度；A_{D}为风力机风轮的扫掠面积。

步骤 5：统计某一U_{λ_j}内蕴含的来流风能$E_{\mathrm{inflow}}^{U_{\lambda_j}}$为

$$E_{\mathrm{inflow}}^{U_{\lambda_j}}=\sum_{\lambda_{\mathrm{ope},i}\in U_{\lambda_j}}E_{\mathrm{inflow}}^{i}=\sum_{i=1}^{n_j}E_{\mathrm{inflow}}^{i} \tag{5-6}$$

步骤 6：U_{λ_j} 对应的来流风能分布比率 $P_E(U_{\lambda_j})$ 为

$$\begin{aligned} P_E(U_{\lambda_j}) &= E_{\text{inflow}}^{U_{\lambda_j}} / E_{\text{inflow}}^{\text{total}} \\ &= \sum_{i=1}^{n_j} E_{\text{inflow},i} / \sum_{i=1}^{n_{\text{total}}} E_{\text{inflow}}^{i} \\ &= \sum_{i=1}^{n_j} v_i^3 / \sum_{i=1}^{n_{\text{total}}} v_i^3 \end{aligned} \tag{5-7}$$

图 5-1 画出了湍流风速下慢动态风力机的运行叶尖速比分布比率和来流风能分布比率。可见，两者的分布情况并不相同，即使风力机运行在某一 U_λ 的频率较高，该 U_λ 对应的来流风能比率也不一定较大。

3. 叶素的运行攻角分布

当风力机运行在非 λ_{opt} 时，其上叶素的运行攻角（记为 α_{ope}）也会相应偏离最佳攻角（该攻角对应最大翼型升阻比 $\zeta_{\max}$，记为 α_{opt}）。由于跟踪动态过程的存在，各叶素分别运行在一个宽泛的运行攻角范围内。参照上述 λ_{ope} 的统计分析方法，可以将该范围划分为若干个等长度的子区间，每一个子区间称为一个运行攻角区间。将以 α 为中点，长度为 $\Delta\alpha$ 的运行叶尖速比区间记为 U_α，即

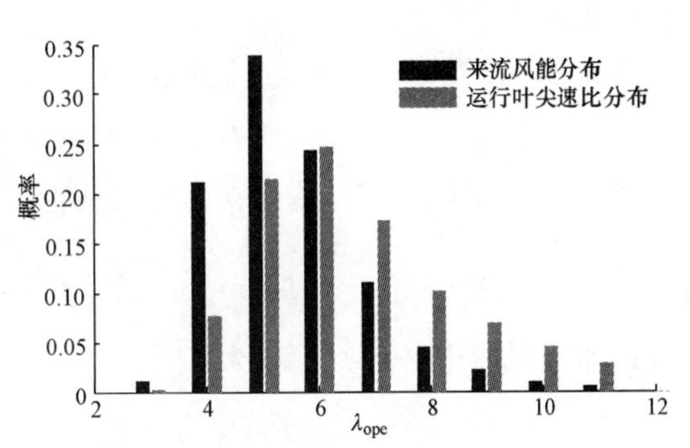

图 5-1 运行叶尖速比分布和来流风能分布的比较

$$U_\alpha = (\alpha - 0.5\Delta\alpha, \alpha + 0.5\Delta\alpha) \tag{5-8}$$

运行攻角分布函数 $P_N(\alpha)$ 可以作为叶素动态性能的评估指标，用以描述叶素运行在不同 U_α 的频率。

定义 5.4 给定一段时间内，风力机叶素运行在攻角区间 U_α 内的时长与该时段总时长的比值，称为 U_α 对应的运行叶尖速比分布比率，记为 $P_N(U_\alpha)$。

在计算 $P_N(U_\alpha)$ 时，需要首先通过仿真或实测获得一段时间内风力机的运行轨迹，对流经叶素的风速、叶素的运行攻角进行统计，具体计算方法为

步骤 1：指定叶素处风速、运行攻角数据的等间隔采样步长 Δt，一般设置为 0.5s；

步骤 2：采集第 i 个采样点的叶素处风速 v_i^{be} 和运行攻角 $\alpha_{\text{ope},i}$；

步骤 3：指定 $\Delta\alpha$，研究兆瓦级风力机的跟踪动态过程时一般设置为 1°，划分的 U_α 总数为 N；

步骤 4：统计 α_{ope} 落在某一 U_{α_j} 内的个数 n_j，则

$$P_N(U_{\alpha_j}) = n_j / n_{\text{total}} \tag{5-9}$$

4. 叶素的来流风能分布[7]

$P_N(U_\alpha)$ 能够反映风力机叶素运行在不同 U_α 内的频率，但与 $P_N(U_\lambda)$ 类似，不能反映各 U_α 对应的风速信息。对于风能捕获，风力机叶素运行在某一 U_α 内对应的来流风能更

加重要。据此，本节给出了运行攻角区间蕴含的来流风能及其来流风能分布的定义。

定义 5.5 给定一段时间内，风力机叶素运行在攻角区间 U_α 内的所有时刻对应的流经叶素的来流风能功率的积分，称为 U_α 蕴涵的来流风能，记为 $E_{\text{inflow}}^{U_\alpha}$，即

$$E_{\text{inflow}}^{U_\alpha} = \int_{t \in \{t | \alpha(t) \in U_\alpha\}} 0.5 \rho A^{\text{be}} v^3(t) \mathrm{d}t \tag{5-10}$$

式中，A^{be}为叶素所在圆环的扫掠面积。

定义 5.6 给定一段时间内，攻角区间 U_α 内蕴含的来流风能与该时段流经叶素的总来流风能的比值，称为 U_α 对应的来流风能分布比率，记为 $P_{\text{E}}(U_\alpha)$。

$E_{\text{inflow}}^{U_\alpha}$和 $P_{\text{E}}(U_\alpha)$ 可以在定义 5.4 中计算 $P_{\text{N}}(U_\alpha)$ 的基础上（步骤 1～步骤 4）继续计算得到。

步骤 5：计算第 i 个采样点的 $E_{\text{inflow}}^{\text{be},i}$ 为

$$E_{\text{inflow}}^{\text{be},i} = 0.5 \rho A^{\text{be}} (v_i^{\text{be}})^3 \Delta t \tag{5-11}$$

步骤 6：统计某一 U_{α_j} 内蕴含的来流风能 $E_{\text{inflow}}^{U_{\alpha_j}}$ 为

$$E_{\text{inflow}}^{U_{\alpha_j}} = \sum_{\alpha_{\text{ope},i} \in U_{\alpha_j}} E_{\text{inflow}}^{\text{be},i} = \sum_{i=1}^{n_j} E_{\text{inflow}}^{\text{be},i} \tag{5-12}$$

对应的来流风能比率 $P_{\text{E}}(U_{\alpha_j})$ 为

$$\begin{aligned} P_{\text{E}}(U_{\alpha_j}) &= E_{\text{inflow}}^{U_{\alpha j}} \Big/ E_{\text{inflow}}^{\text{be,total}} \\ &= \sum_{i=1}^{n_j} E_{\text{inflow}}^{\text{be},i} \Big/ \sum_{i=1}^{n_{\text{total}}} E_{\text{inflow}}^{\text{be},i} \\ &= \sum_{i=1}^{n_j} (v_i^{\text{be}})^3 / \sum_{i=1}^{n_{\text{total}}} (v_i^{\text{be}})^3 \end{aligned} \tag{5-13}$$

湍流风速下慢动态风力机上叶素的运行攻角和来流风能分布对比如图 5-2 所示。可见，两者的分布情况并不相同，即使风力机叶素运行在某一 U_α 的频率较高，该 U_α 对应的来流风能比率也不一定较大。

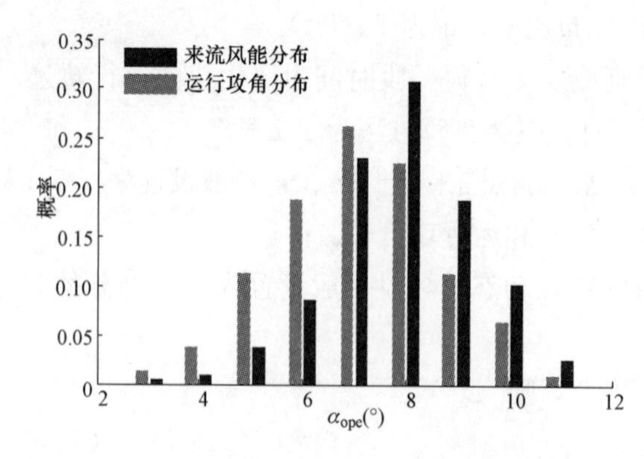

图 5-2 叶素运行攻角分布和来流风能分布的比较

二、来流风能的分布特性

慢动态风力机在风能捕获跟踪控制下的来流风能呈现以下的分布特性：

1. 分散分布

由于跟踪动态过程的存在，风力机的大部分时间将运行在偏离 λ_{opt} 的其他叶尖速比，相应地，$P_{\text{E}}(U_\lambda)$ 也并非集中在 λ_{opt} 处，而是分散分布在一个较宽泛的运行叶尖速比区间内。由于转动惯量是导致明显跟踪动态过程的根本原因，转动惯量的大小将直接影响跟踪动态过程的快慢。通过等比例缩放风力机风轮上每个叶素的质量，可以统计获得不同转动

惯量风力机在同一湍流风速下的 $P_{\mathrm{E}}(U_{\lambda})$。如图 5-3 所示，随着转动惯量的增大，$P_{\mathrm{E}}(U_{\lambda})$将更加分散地分布在更宽的 λ_{ope}区间内。而当转动惯量很小时，$P_{\mathrm{E}}(U_{\lambda})$ 将更加集中分布在 λ_{opt}处。

根据风力机的机电动态模型，风力机的转速控制通过调节不平衡转矩实现。由于在相同的叶尖速比下，风力机的气动（驱动）转矩与风速的平方成正比，一段湍流风速的平均值会影响跟踪动态过程的快慢。如图 5-4 所示，随着平均风速的增大，$P_{\mathrm{E}}(U_{\lambda})$ 将更加集中地分布在 λ_{opt} 附近。这是由于平均风速的增大会显著改善风力机的加速性能，使得风力机转速能够更快地跟踪上最优转速。

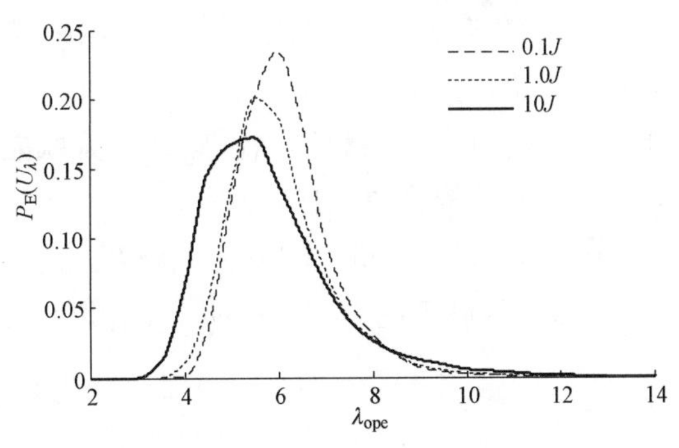

图 5-3　对应不同转动惯量风力机的来流风能分布

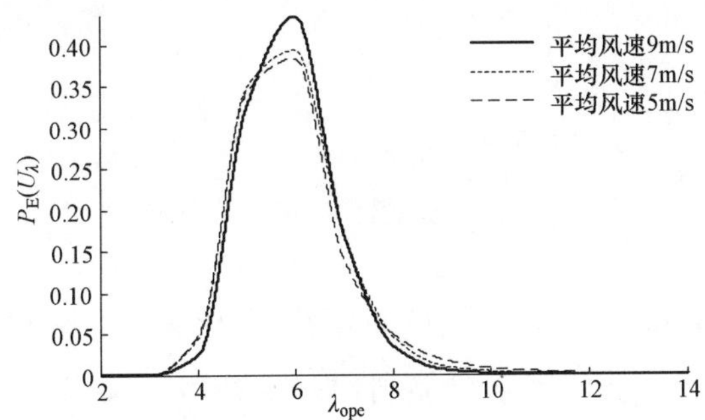

图 5-4　对应不同平均风速的风力机来流风能分布

2. 非对称分布

由式（5-7）可知，来流风能与来流风速的 3 次方成正比，这意味着如果某个 U_{λ} 对应较高的来流风速，那么该区间蕴含的来流风能也较大。由图 5-3 可以发现：对于不同转动惯量的风力机，$P_{\mathrm{E}}(U_{\lambda})$ 最大值对应的 λ_{ope} 总是略小于 λ_{opt}，即略小于 λ_{opt} 的 λ_{ope}所在的 U_{λ} 对应最大的来流风能比率。而且还可以发现：随着风轮转动惯量的增大，$P_{\mathrm{E}}(U_{\lambda})$ 偏离 λ_{opt}的程度也随之增大。主要原因在于：实际的湍流风速可以划分为多组渐强阵风和渐弱阵风，在跟踪渐强阵风时，风力机转速上升跟不上风速上升，相应的 λ_{ope}小于 λ_{opt}，而渐强阵风又蕴含更多的来流风能，这使得略小于 λ_{opt}的 U_{λ} 对应的 $P_{\mathrm{E}}(U_{\lambda})$ 反而更大。

三、基于来流风能分布的 P_{favg}解释

P_{favg}是刻画风能捕获跟踪控制闭环性能的重要指标。跟踪控制效果越好，风力机将更多地运行在 λ_{opt}，相应 P_{favg}越大。从能量转化的角度，可将风能捕获效率定义为捕获的风能量 $E_{\mathrm{cap}}^{\mathrm{total}}$与总的来流风能量 $E_{\mathrm{inflow}}^{\mathrm{total}}$的比值，即

$$P_{\mathrm{favg}} = E_{\mathrm{cap}}^{\mathrm{total}} / E_{\mathrm{inflow}}^{\mathrm{total}} \tag{5-14}$$

根据式（5-6），$E_{\mathrm{cap}}^{\mathrm{total}}$可改写为各区间 U_{λ_j} 内捕获的风能量 $E_{\mathrm{cap}}^{U_{\lambda_j}}$之和，并将 U_{λ_j} 内各叶尖速比对应的风能利用系数近似为 λ_j 处的风能利用系数 $C_{\mathrm{P}}^{\lambda_j}$，从而式（5-14）可改写为[8]

$$P_{\mathrm{favg}} = E_{\mathrm{cap}}^{\mathrm{total}} \Big/ E_{\mathrm{inflow}}^{\mathrm{total}} = \sum_{j=1}^{N} E_{\mathrm{cap}}^{U_{\lambda_j}} \Big/ E_{\mathrm{inflow}}^{\mathrm{total}} \approx \sum_{j=1}^{N} (E_{\mathrm{inflow}}^{U_{\lambda_j}} C_{\mathrm{P}}^{\lambda_j}) \Big/ E_{\mathrm{inflow}}^{\mathrm{total}} \tag{5-15}$$

进一步，根据式（5-7）给出的 $P_{E}(U_{\lambda})$的定义，式（5-15）可改写为

$$P_{\text{favg}}=\sum_{j=1}^{N}\left(E_{\text{inflow}}^{U_{\lambda_j}}\Big/E_{\text{inflow}}^{\text{total}}\right)C_{\text{P}}^{\lambda_j}=\sum_{j=1}^{N}P_{\text{E}}(U_{\lambda_j})C_{\text{P}}^{\lambda_j} \tag{5-16}$$

式（5-16）对风力机 λ_{ope} 所处区间进行细分，基于来流风能分布重新解释 P_{favg} 为各个 U_λ 的 C_{P} 的加权和[8]。其中，权重系数由式（5-7）定义的来流风能分布确定。对于慢动态风力机，其 P_{favg} 不等价于 λ_{opt} 处的 $C_{\text{P}}^{\max}$，而是由各 λ_{ope} 处的 C_{P} 综合决定的。在气动外形设计时重点关注和提升对应高来流风能分布比率的叶尖速比区间的风能利用系数，将更有效地提升风能捕获效率。

类似地，可以引入叶素风能捕获效率 $P_{\text{favg}}^{\text{be}}$ 的概念。$P_{\text{favg}}^{\text{be}}$ 被定义为叶素捕获的风能量 $E_{\text{cap}}^{\text{be,total}}$ 与流经该叶素的总来流风能量 $E_{\text{inflow}}^{\text{be,total}}$ 的比值，即

$$P_{\text{favg}}^{\text{be}}=E_{\text{cap}}^{\text{be,total}}\Big/E_{\text{inflow}}^{\text{be,total}} \tag{5-17}$$

$P_{\text{favg}}^{\text{be}}$ 的直接计算公式为

$$\begin{aligned}P_{\text{favg}}^{\text{be}}&=N_{\text{B}}\sum_{i=1}^{N}P_{\text{t},i}^{\text{be}}\Big/\sum_{i=1}^{N}P_{\text{inflow},i}^{\text{be}}\\&=N_{\text{B}}\sum_{i=1}^{N}\omega_i F_{\text{t},i}^{\text{be}}\text{d}r\Big/\sum_{i=1}^{N}0.5\rho v_{0,i}^{3}2\pi r\text{d}r\\&=N_{\text{B}}\sum_{i=1}^{N}\omega_i F_{\text{t},i}^{\text{be}}\Big/\sum_{i=1}^{N}\rho v_{0,i}^{3}\pi r\end{aligned} \tag{5-18}$$

式中：N_{B} 为叶片数目；$P_{\text{t},i}^{\text{be}}$、$F_{\text{t},i}^{\text{be}}$、$P_{\text{inflow},i}^{\text{be}}$ 分别为第 i 个采样点的叶素切向功率、切向力和流经叶素的风功率。

根据式（5-12），$E_{\text{cap}}^{\text{be,total}}$ 可改写为各区间 U_{α_j} 内捕获的风能量 $E_{\text{cap}}^{\text{be},U_{\alpha_j}}$ 之和，并将 U_{α_j} 内各攻角对应的叶素风能利用系数近似为 α_j 处的叶素风能利用系数 $C_{\text{P}}^{\text{be},\alpha_j}$。又因为叶素风能利用系数 C_{P}^{be} 与攻角对应的翼型升阻比（记为 ζ）成正比，即 $C_{\text{P}}^{\text{be}}=k^{\text{be}}\zeta$。从而式（5-18）可改写为

$$\begin{aligned}P_{\text{favg}}^{\text{be}}&=E_{\text{cap}}^{\text{be,total}}\Big/E_{\text{inflow}}^{\text{be,total}}=\sum_{j=1}^{N}E_{\text{cap}}^{\text{be},U_{\alpha_j}}\Big/E_{\text{inflow}}^{\text{be,total}}\\&\approx\sum_{j=1}^{N}(E_{\text{inflow}}^{\text{be},U_{\alpha_j}}C_{\text{P}}^{\text{be},\alpha_j})\Big/E_{\text{inflow}}^{\text{be,total}}=k^{\text{be}}\sum_{j=1}^{N}(E_{\text{inflow}}^{\text{be},U_{\alpha_j}}\zeta_{\alpha_j})\Big/E_{\text{inflow}}^{\text{be,total}}\end{aligned} \tag{5-19}$$

进一步，根据式（5-13）给出的 $P_{\text{E}}(U_\alpha)$ 的定义，式（5-19）可改写为

$$P_{\text{favg}}^{\text{be}}=k^{\text{be}}\sum_{j=1}^{N}\left(E_{\text{inflow}}^{\text{be},U_{\alpha_j}}\Big/E_{\text{inflow}}^{\text{be,total}}\right)\zeta_{\alpha_j}=k^{\text{be}}\sum_{j=1}^{N}P_{\text{E}}(U_{\alpha_j})\zeta_{\alpha_j} \tag{5-20}$$

式（5-20）对风力机叶素 α_{ope} 所处区间进行细分，基于来流风能分布重新解释叶素 $P_{\text{favg}}^{\text{be}}$ 为各个 U_α 的 C_{P}^{be} 的加权和。其中，权重系数由式（5-13）定义的叶素来流风能分布确定。对于慢动态风力机上的叶素，其 $P_{\text{favg}}^{\text{be}}$ 不与 α_{opt} 处的 $\zeta_{\max}$ 成正比，而是由各 α_{ope} 处的 ζ 综合决定的。在翼型设计时重点关注和提升对应高来流风能分布比率的叶素运行攻角区间的升阻比，将更有效地提升风能捕获效率。

综上所述，在缓慢跟踪过程难以克服的情况下，通过气动设计提升风能捕获的策略可以总结为：重点提升风力机在来流风能占比大的运行工况的气动效率。

第2节　影响风能捕获的气动参数

本节从风力机闭环系统的视角出发，以闭环性能指标（包括来流风能分布与 P_{favg}）来量化描述各气动参数对风能捕获的影响。将气动参数分为集总参数（包括 λ_{opt}、$C_{\mathrm{P}}^{\max}$）和分布参数（包括翼型、弦长、扭角、设计攻角 α_{dgn}）两大类，基于风力机动态仿真和单参数摄动，探讨各气动参数对风能捕获的影响及作用机理，比较各气动参数影响风能捕获的敏感程度。

一、集总参数

风力机的气动集总参数系指从风力机简化气动模型（$C_{\mathrm{P}}-\lambda$ 曲线）中提炼的具有代表性的气动特性指标，通常包括 λ_{opt} 和 $C_{\mathrm{P}}^{\max}$。利用气动集总参数可以初步分析风力机气动性能对跟踪动态过程的影响。需要指出的是，对于给定的风力机，其 $C_{\mathrm{P}}-\lambda$ 曲线是固定不变的，不会因跟踪动态过程的不同而发生变化。因此，本文将描述风力机在不同运行工况下风能转化效率的 $C_{\mathrm{P}}-\lambda$ 曲线视为风力机的静态气动性能，其中的 $C_{\mathrm{P}}^{\max}$ 为最具代表性的静态气动性能。

1. 最佳叶尖速比[12]

由第5章第1节的分析可知，除了静态气动性能 $C_{\mathrm{P}}^{\max}$ 外，缓慢的跟踪动态过程也会明显影响风能捕获。本节通过风力机叶片逆设计程序 PROPID[13] 设计出一系列具有相同 $C_{\mathrm{P}}^{\max}$、不同 λ_{opt} 的 1.5MW 风力机叶片，再基于 Bladed 软件[14] 对配置该系列叶片的 1.5MW 风力机进行动态仿真，分析 λ_{opt} 对跟踪动态过程及风能捕获的影响。

首先，比较 $C_{\mathrm{P}}^{\max}$ 相同、但 λ_{opt} 分别为 5.5 和 8.5 的两种风力机的转速跟踪，分析 λ_{opt} 对跟踪动态过程的影响。图5-5和表5-1给出了在相同阶跃风速激励下，两种风力机的动态响应轨迹和性能指标。可见，随着 λ_{opt} 的增大，最优转速的分布范围变宽，风力机跟踪至最优转速的动态过程变长。相应地，风力机更长时间地偏离 λ_{opt} 运行。

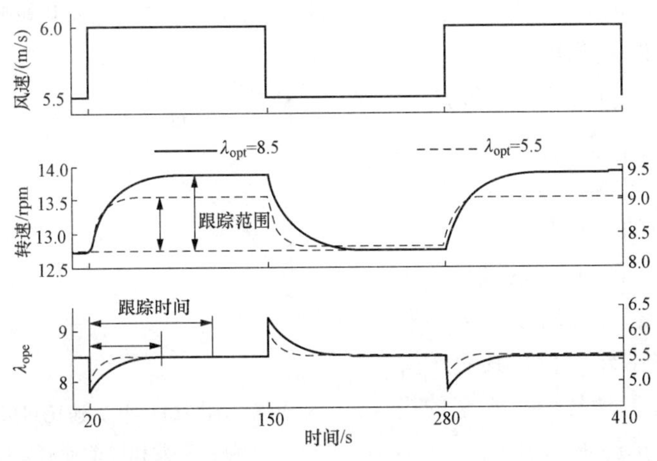

图5-5　不同最佳叶尖速比的风力机在同一阶跃风速下的响应[12]

表 5-1　　不同最佳叶尖速比风力机的跟踪动态[12]

λ_{opt}	跟踪范围（r/min）	跟踪时间（s）	λ_{opt}	跟踪范围（r/min）	跟踪时间（s）
5.5	0.7517	66.8	8.5	1.1535	100.0

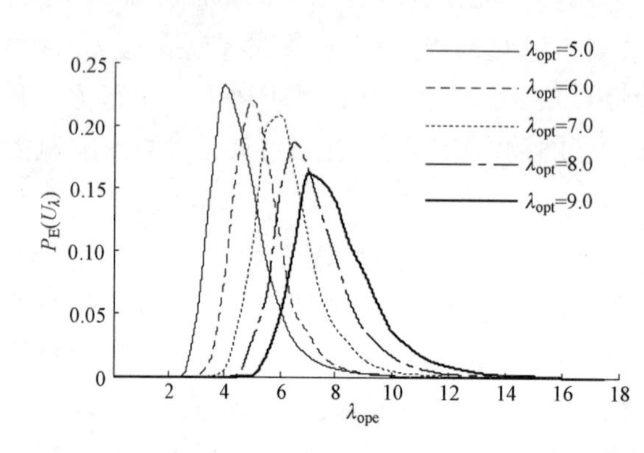

图 5-6　不同最佳叶尖速比风力机对应的来流风能分布

进一步地，利用 PROPID 程序设计出 C_P^{max} 相同，λ_{opt} 取值为 5.0～9.0 的一组风力机叶片。图 5-6 与表 5-2 给出了不同 λ_{opt} 对应的 $P_E(U_\lambda)$ 与 P_{favg}，发现 λ_{opt} 的调整对 $P_E(U_\lambda)$ 和 P_{favg} 的影响明显。随着 λ_{opt} 的减小，$P_E(U_\lambda)$ 曲线向左平移、且更加集中地分布于 λ_{opt} 附近。原因在于越大的 λ_{opt} 意味着越宽泛的最优转速跟踪范围，这实质上增大了最优转速跟踪的难度，进而导致 $P_E(U_\lambda)$ 更加分散和 P_{favg} 的降低。

表 5-2　　不同最佳叶尖速比风力机对应的风能捕获效率[9]

λ_{opt}	5.0	6.0	7.0	8.0	9.0
P_{favg}	0.4840	0.4825	0.4804	0.4772	0.4725

2. 最大风能利用系数[12]

C_P^{max} 是反映风力机静态气动性能的重要参数。但区别于 λ_{opt} 可以在气动逆设计时直接设定，C_P^{max} 的调整通常需要通过调整弦长和扭角（气动正设计）或者改变 λ_{opt}、α_{dgn} 和诱导因子（气动逆设计）来间接实现[15]。一般而言，选择越大的 λ_{opt} 可以设计出具有越大 C_P^{max} 的叶片[15]。因此，通过设定递增的 λ_{opt}（5.0～9.0），本节运用 PROPID 程序设计出一系列具有不同 C_P^{max} 的 1.5MW 风力机叶片，再基于 Bladed 软件对配置该系列叶片的 1.5MW 风力机进行动态仿真，分析比较 λ_{opt} 和 C_P^{max} 对风能捕获影响的敏感程度。

图 5-7 和表 5-3 给出了 λ_{opt} 为 5.0～9.0 的一组风力机对应的 C_P^{max} 和 P_{favg}。可以看出，随着 λ_{opt} 的增大，C_P^{max} 单调增加，而 P_{favg} 则先增加后减小，两者呈现出截然不同的变化趋势。对于大惯量风力机而言，随着 λ_{opt} 的增大，不断延长的跟踪动态过程对于风能捕获的影响逐渐占据主导地位，其对 P_{favg} 的降低效应超过了增大 C_P^{max} 带来的提升效应。这说明单纯地提升 C_P^{max} 并不一定能够提高风能捕获。

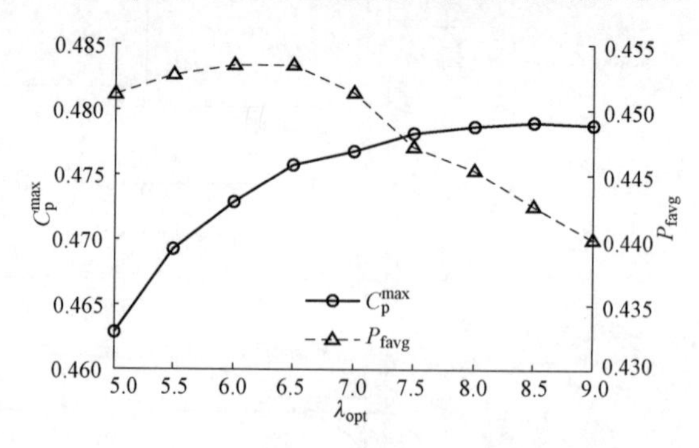

图 5-7　不同最佳叶尖速比对应的最大风能利用系数和风能捕获效率[12]

表 5-3　　不同最大风能利用系数风力机对应的风能捕获效率[12]

C_P^{max}	0.4628	0.4728	0.4768	0.4787	0.4788
λ_{opt}	5.0	6.0	7.0	8.0	9.0
P_{favg}	0.4511	0.4533	0.4512	0.4453	0.4400

究其原因在于，对于跟踪动态过程缓慢的风力机，其长时间运行在非 λ_{opt} 处、以非 C_P^{max} 捕获来流风能。这自然降低了通过增大 C_P^{max} 提升风能捕获的效果。相比之下，通过减小 λ_{opt} 来加快转速跟踪、缩短跟踪动态过程，即使 C_P^{max} 略有减小，却能更有效地提升风能捕获。综上，对于慢动态风力机，相较于 C_P^{max}，λ_{opt} 对风能捕获的影响更为敏感。

二、分布参数

气动集总参数代表的是风力机的综合气动性能，要想改变风力机气动性能，还需要通过调整具体的气动分布参数来实现。为此，本节进一步分析气动分布参数对风能捕获的影响及灵敏度。

1. 叶素的翼型、弦长和扭角[9]

风力机的气动设计调整通常分为翼型调整和弦长、扭角分布调整两大类。本节通过仿真分析两类调整方式对风能捕获的影响，并比较其对改善风能捕获效率的效果。

给定叶片气动设计所需基本参数：叶片半径 R 为 26.0 m；λ_{opt} 为 7.0；选择翼型专用分析和设计软件 Profili[16] 自带翼型数据库中的翼型 NACA6409 作为初始翼型，并且借助通用翼型性能计算程序 Xfoil[16] 计算翼型小攻角（$-6°\sim13°$）范围内的升、阻力系数，使用 Viterna 模型[17] 将小攻角范围内的翼型性能参数扩展至 $-180°\sim180°$，根据最优风轮理论[18]，计算出沿叶片展向分布的初始弦长和扭角。

以距离叶根 $0.7R$ 处的叶素为基准叶素，遍历弦长和扭角、寻找相似翼型，将叶素分成以下 3 组：

C1：固定扭角和翼型，在初始弦长的（-20%，20%）范围内，遍历弦长；

C2：固定弦长和翼型，在初始扭角的（-20%，20%）范围内，遍历扭角；

C3：固定弦长和扭角，在 Profili 翼型数据库中，寻找与初始翼型外形接近的翼型并替换初始翼型。

为评估叶素外形参数对风能捕获跟踪控制性能的影响，分别计算上述不同调整后的叶素在平均风速为 4.0～8.0m/s 的湍流风速下的叶素风能捕获效率 P_{favg}^{be}。图 5-8 给出了在不同平均值的湍流风速下，仅调整叶素的一种气动参数时，叶素所能达到的最大的 P_{favg}^{be}。如图 5-8 所示，调整弦长、扭角、翼型都可以提升 P_{favg}^{be}，但翼型对 P_{favg}^{be} 的提升作用要略高于弦长和扭角。以平均风速为 6m/s 的湍流风速为例，改变弦长和扭角后叶素的 P_{favg}^{be} 较初始叶素最多可以提高 0.20% 和 0.64%，而改变翼型后可以提高 1.64%。

2. 设计攻角[19]

改变弦长和扭角分布还可以通过调整 α_{dgn} 来实现。传统的逆设计方法指定 α_{opt} 作为 α_{dgn}，即

$$\alpha_{dgn} = \alpha_{opt} \tag{5-21}$$

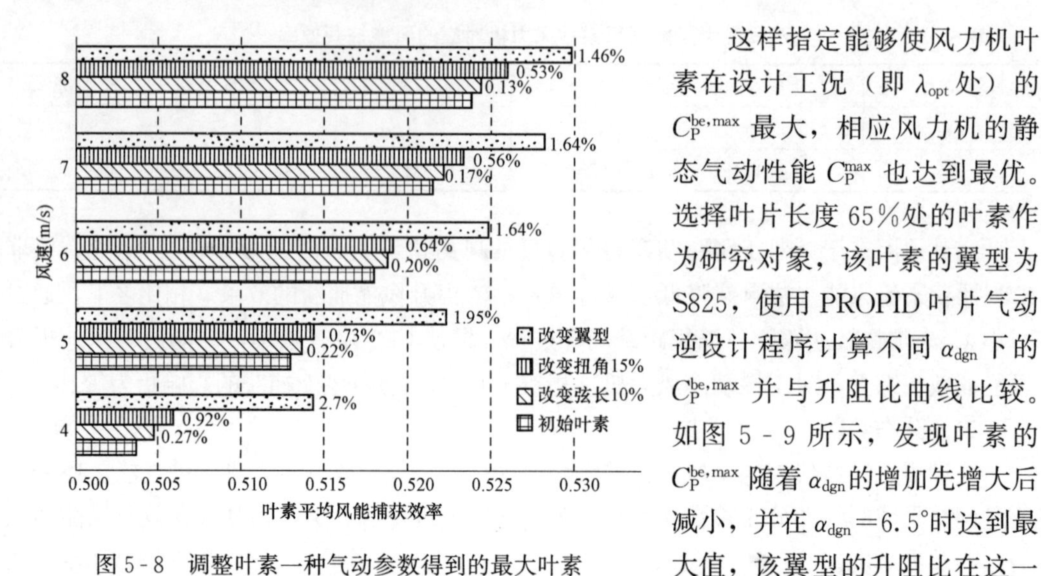

图 5-8　调整叶素一种气动参数得到的最大叶素风能捕获效率[9]

这样指定能够使风力机叶素在设计工况（即 λ_{opt} 处）的 $C_P^{be,max}$ 最大，相应风力机的静态气动性能 C_P^{max} 也达到最优。选择叶片长度 65%处的叶素作为研究对象，该叶素的翼型为 S825，使用 PROPID 叶片气动逆设计程序计算不同 α_{dgn} 下的 $C_P^{be,max}$ 并与升阻比曲线比较。如图 5-9 所示，发现叶素的 $C_P^{be,max}$ 随着 α_{dgn} 的增加先增大后减小，并在 $\alpha_{dgn}=6.5°$ 时达到最大值，该翼型的升阻比在这一攻角下同样达到最大。说明对于一个叶素，指定 α_{opt} 作为 α_{dgn}，能够最大化叶素的 $C_P^{be,max}$。

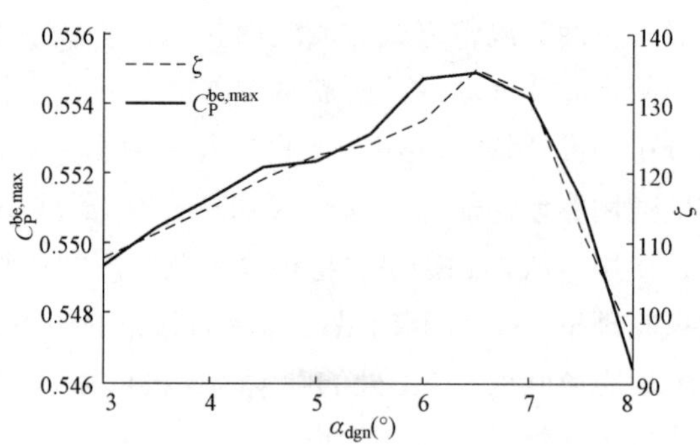

图 5-9　单叶素最大风能利用系数和升阻比曲线对比[19]

进一步地，通过 Bladed 软件仿真计算不同 α_{dgn} 叶素的 $P_E(U_\alpha)$ 和 P_{favg}^{be}。$P_E(U_\alpha)$ 的仿真结果如图 5-10 所示，由于缓慢的跟踪动态过程，$P_E(U_\alpha)$ 将偏离 α_{dgn} 分散分布，即使指定 α_{opt} 作为 α_{dgn}，叶素也无法始终以最大升阻比捕获来流风能。P_{favg}^{be} 的仿真结果如图 5-11 所示，发现 P_{favg}^{be} 最大值对应的 α_{dgn} 小于 ζ_{max} 对应的 α_{opt}。可以看出，在风力机缓慢跟踪动态过程的情况下，传统的叶素设计参数指定方法不一定能最大化风能捕获。

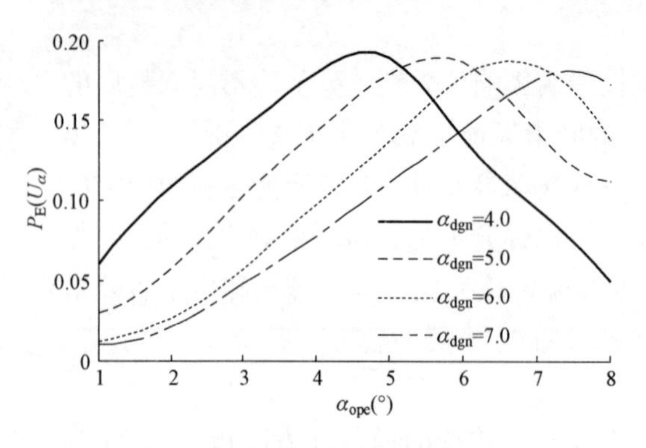

图 5-10　不同设计攻角叶素的来流风能分布

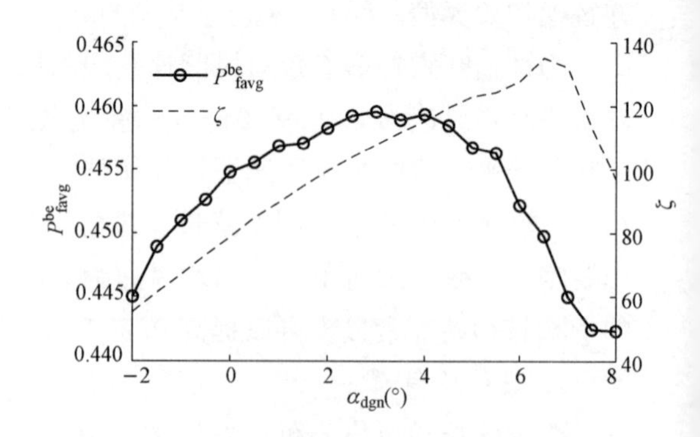

图 5-11　不同设计攻角叶素的风能捕获效率[19]

第 3 节　协调风力机跟踪性能的翼型多攻角设计优化[7,9]

本节根据第 5 章第 1 节中提出的叶素最大化风能捕获策略，并结合第 5 章第 2 节中气动分布参数对风能捕获的影响分析，提出一种考虑风力机跟踪动态的翼型多攻角设计方法。该方法通过风力机闭环系统的动态仿真，确定各运行攻角区间的来流风能比率，并以此确定目标函数中需要考虑的多个攻角及它们对应的权重系数。

一、翼型多攻角设计的目标函数

本节选择多个攻角处的翼型 ζ 的加权和作为目标函数，以提升叶素因风力机缓慢跟踪动态而运行在多个工况下的平均气动性能。进一步地，考虑到风力机叶片加工过程中的工艺误差和叶片运行时其表面将遭受污染、进而导致翼型表面凹凸不平，以翼面粗糙情况下的 ζ 的加权和作为目标函数

$$obj = \max\sum_{j=1}^{n}\mu_j\zeta_{\alpha_j} \tag{5-22}$$

式中：n 为选择的 α_{dgn} 个数（一般$\geqslant 2$）；ζ_{α_j} 为前缘粗糙的翼型在攻角 α_j 时的升阻比；μ_j 为权重系数，满足 $0<\mu_j<1$ 且 $\sum\limits_{j=1}^{n}\mu_j=1$。

区别于现有的翼型多攻角依据经验确定权重系数[20-22]，本节确定目标函数中的 α_{dgn} 和权重系数的具体步骤如下：

（1）选择基准风力机并对其建模。根据风场的年平均风速、湍流等级确定设计风速参数。确定仿真参数，如仿真步长和仿真时间。

（2）完成风力机闭环系统的动态仿真，得到仿真轨迹。以 1.0°为间隔将运行攻角划分为若干 U_{α_j}，并根据式（5-13）计算得到 $P_{\mathrm{E}}(U_{\alpha_j})$。

（3）选择 $P_{\mathrm{E}}(U_{\alpha_j})\geqslant 1.0\%$的 α_j 作为目标函数中的 α_{dgn}，并根据下式确定其权重

$$\mu_j = P_{\mathrm{E}}(U_{\alpha_j})\Big/\sum_{j=1}^{n}P_E(U_{\alpha_j}) \tag{5-23}$$

另外，关于目标函数的计算，选择 Xfoil 翼型分析和设计软件来计算翼型的 ζ，并选择固定转戾模型来模拟翼面粗糙的情况。

二、翼型多攻角设计的流程

基于直接数值优化方法，对翼型进行多攻角设计优化，具体可分为以下三步：①确定目标函数；②设立设计变量和约束条件；③选择优化算法。为减少设计变量个数，采用 Bezier 曲线[23-24]参数化表达翼型的几何外形；调用 Xfoil 软件求解翼型气动性能（ζ），进而计算目标函数；借助 MATLAB 遗传算法工具箱搜索目标函数的最优值。目标函数已在本节第一部分中给出，接下来介绍设计变量和约束条件的设立和优化算法的选择。

1. 设立设计变量和约束条件

选择两条 6 阶的 Bezier 曲线[12,15]拟合翼型的上、下翼面，如图 5-12 所示。采用最小二乘法[25]获得初始翼型对应的 Bezier 曲线的控制点坐标 $y_{P_{i,\mathrm{ori}}}$。

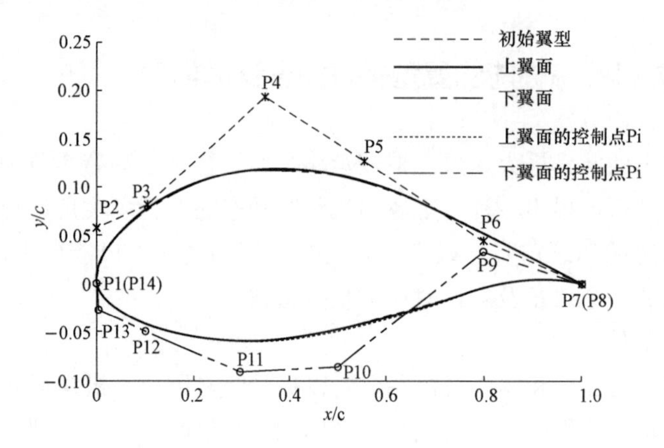

图 5-12 翼型上、下翼面及其 Bezier 拟合曲线[9]

固定翼型前缘控制点（P1 和 P14）、后缘控制点（P7 和 P8），以其他控制点的纵坐标 y_{P_i} 作为设计变量，并限制其变化范围

$$\left|\frac{y_{P_i}-y_{P_{i,\mathrm{ori}}}}{y_{P_{i,\mathrm{ori}}}}\right|\leqslant 20\% \tag{5-24}$$

为了保证翼型的几何兼容性，限制翼型最大厚度的位置在距离前缘 25%～35%的范围内变动[20,26]。并且，考虑结构强度的需要，翼型最大厚度满足以下条件[21]

$$\left|\frac{t_{\max}-t_{\max,\mathrm{ori}}}{t_{\max,\mathrm{ori}}}\right|\leqslant 10\% \tag{5-25}$$

2. 优化算法

遗传算法作为一种现代优化算法，具有并行、高效、全局搜索的特点[27]。其在风力机气动优化设计领域已获得广泛应用[28]。选择 MATLAB 中的遗传算法工具箱作为优化工具，以期获得较好的全局最优解。遗传算法参数设置如下：种群规模 200；当达到最大遗传代数 300，或当连续计算 50 代目标函数的误差小于 1×10^{-8}时，程序终止；其他参数均选择缺省值。

三、翼型设计算例

1. 仿真基准和参数设置

以 NREL 5 MW 风力机作为基准风力机（见附录 B1），并选择距叶根 44.55m 处的翼型 NACA 64618 作为初始翼型。设计过程中的湍流风速：平均风速设为 6.0m/s、湍流等级为 A、积分尺度为 250。Bladed 完成风力机闭环系统的时域动态仿真。

2. 设计攻角和权重系数的选择

在完成闭环系统的动态仿真后，依据式（5-13）计算各攻角区间对应的来流风能比率，即 $P_{\mathrm{E}}(U_{\alpha_j})$。计算结果如图 5-13 所示。进而根据本节第一部分中所述方法选择 α_{dgn} 并计算权重系数，结果如表 5-4 所示。

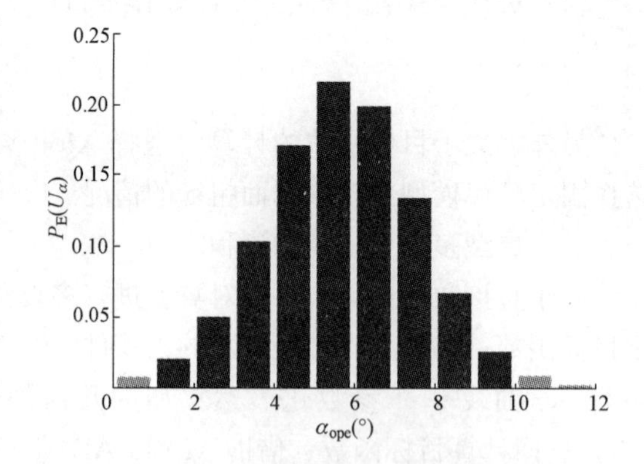

图 5-13 不同运行攻角区间对应的来流风能比率[9]

■ 选择的运行攻角区间。

表 5-4　依据运行攻角对应的来流风能比率确定的设计攻角及其权重系数[9]

α_j (°)	1.5	2.5	3.5	4.5	5.5	6.5	7.5	8.5	9.5
$P_E(U_\alpha)$ (%)	1.93	4.90	10.24	17.09	21.58	19.86	13.37	6.63	2.51
μ_j	0.02	0.05	0.10	0.17	0.22	0.20	0.14	0.07	0.03

为说明 α_{dgn} 和权重系数的选择对翼型多攻角优化结果的影响，同时验证本节提出的翼型多攻角设计的有效性，设置一组比较算例。其中，α_{dgn} 和权重系数为经验指定，如表 5-5 所示。为方便叙述，将根据表 5-4 和表 5-5 构建目标函数优化得到的翼型分别命名为"优化翼型－1"、"优化翼型－2"。

表 5-5　经验指定的设计攻角和权重系数[9]

α_j (°)	−1.5	4.5
μ_j	0.6	0.4

3. 优化结果及分析

初始翼型和优化翼型的几何形状如图 5-14 所示。

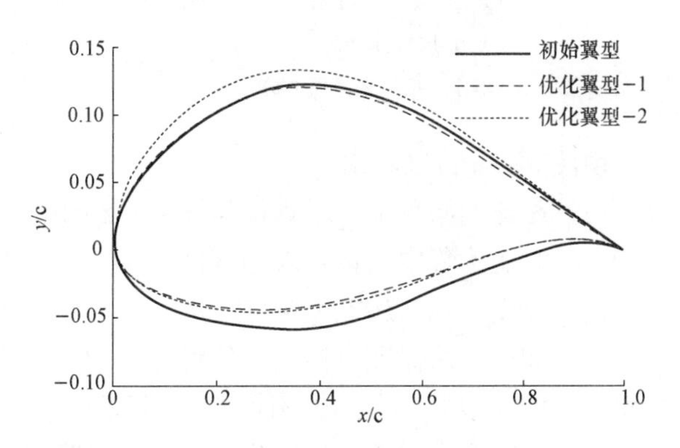

图 5-14　初始翼型和优化翼型的几何形状[9]

在同一湍流风速（平均风速为 6.0 m/s、湍流等级为 A、积分尺度为 250）下，应用不同翼型的叶素的 P_{favg}^{be} 如表 5-6 所示。相比初始翼型，如果采用多攻角设计得到的优化翼型－1，叶素的 P_{favg}^{be} 提升 1.27%；而采用经验指定 α_{dgn} 和权重得到的优化翼型－2，叶素的 P_{favg}^{be} 降低 0.44%。

表 5-6　采用不同翼型的叶素的风能捕获效率[9]

翼型	初始翼型	优化翼型－1	优化翼型－2
P_{favg}^{be}	0.4978	0.5041 (1.27%)	0.4956 (−0.44%)

为深入分析 P_{favg}^{be} 变化的原因，图 5-15 和图 5-16 比较画出了对应于运行攻角的来流风能分布比率和翼型升阻比。由图 5-15 可以看出：

(1) 优化翼型－1 与初始翼型对应的来流风能分布非常接近。这是因为在翼型优化过程中，叶片半径和 λ_{opt} 这类可明显改变叶素 $P_E(U_\alpha)$ 的参数并未发生变化。这也保证了依据初始翼型的 $P_N(U_\alpha)$ 来确定 α_{dgn} 和权重系数是可行的。

(2) 相比初始翼型：优化翼型－1 在运行攻角区间 $U_{(0,9.5]}$ 内的 ζ 有显著提升，而这一区间对应的 $P_E(U_\alpha)$ 超过 95.0%；而在 $P_E(U_\alpha)$ 非常小的运行攻角区间 $U_{(9.5,15]}$ 内，优化翼型－1 的 ζ 却有降低。这是导致优化翼型－1 的 P_{favg}^{be} 提升的原因，同时也体现了第 5 章第 1 节提出的多攻角设计思想，即着重提升 $P_E(U_\alpha)$ 集中的 U_α 区间的翼型 ζ。

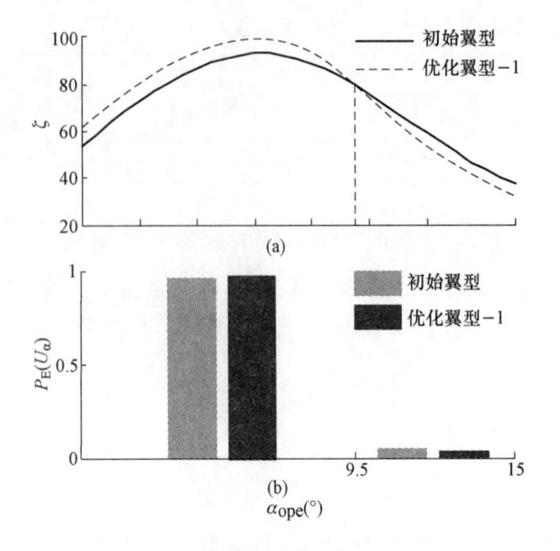

图 5-15　初始翼型和优化翼型-1 的升阻比及来流风能分布[9]

（a）升阻比；（b）来流风能分布

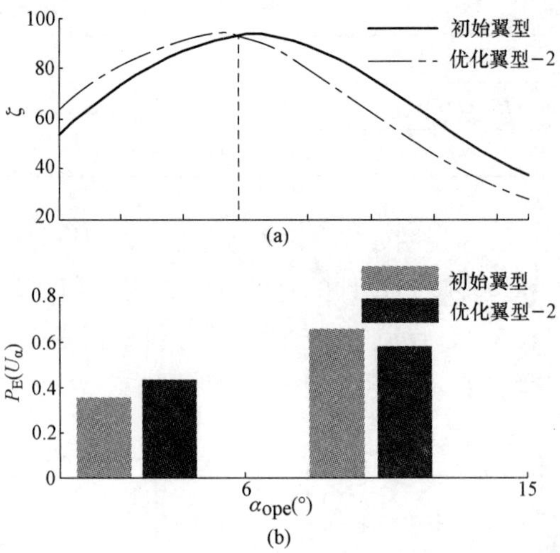

图 5-16　初始翼型和优化翼型-2 的升阻比及来流风能分布[9]

（a）升阻比；（b）来流风能分布

由图 5-16 可以看出：

（1）相比初始翼型，尽管优化翼型-2 的 ζ 在运行攻角区间 $U_{(0,6]}$ 内有小幅提升，但在 $P_E(U_\alpha)$ 更为集中的运行攻角区间 $U_{(6,15]}$ 内，优化翼型-2 的 ζ 却有明显降低。这是导致优化翼型-2 的 P_{favg}^{be} 降低的原因。

（2）如果无法保证目标函数的设定与 $P_E(U_\alpha)$ 相匹配、重点提高 $P_E(U_\alpha)$ 集中运行攻角区间的翼型 ζ，多攻角设计反而会降低叶素的 P_{favg}^{be}。

综上，翼型多攻角设计优化可以补偿跟踪控制无法使得叶素始终运行于单一 α_{dgn} 的不足。本节根据风力机闭环系统仿真统计得到的 $P_E(U_\alpha)$ 构建目标函数，能够保证翼型的静态气动特性（ζ 曲线）与风力机的跟踪动态过程协调匹配。

第 4 节　协调风力机跟踪性能的叶片气动外形正设计[8]

为了与慢动态风力机的跟踪过程协调配合，叶片气动设计需要从单运行工况设计发展为多运行工况设计。但是，传统的多工况设计，常常根据经验确定多目标优化的权重系数，限制了气动特性与跟踪控制性能的协调效果。因此，本节基于运行叶尖速比区间的来流风能分布比率对叶片气动设计的多工况目标函数进行了重新定义，并在气动参数优化过程中不断对其更新，以实现风力机气动特性与跟踪动态过程的充分协调。

一、多工况目标函数

1. 多工况目标函数的确定

本节将目标函数定义为多个叶尖速比处的叶片 C_P 的加权和[8]

$$obj = \max\sum_{j=1}^{K}\mu_j C_P^{\lambda_j} \tag{5-26}$$

式中：K 为设计叶尖速比的个数（一般不小于 2）；μ_j 为 $C_P^{\lambda_j}$ 的权重系数，满足 $0<\mu_j<1$，且 $\sum_{j=1}^{K}\mu_j=1$。

确定 λ_j 及 μ_j 的具体步骤如下：

（1）选择基准风力机（包含风轮、传动链、控制器），并在 Bladed 中对其建模。根据风场的年平均风速、湍流等级确定设计过程中采用的湍流风况参数。确定仿真参数，如仿真步长和仿真时间。

（2）通过风力机闭环系统的动态仿真获得 λ_{ope} 的仿真轨迹，并以 $\Delta\lambda$ 为间隔，将其划分为若干 U_{λ_j}，然后根据式（5-7）计算得到 $P_E(U_\lambda)$。

（3）以 $P_E(U_{\lambda_j})$ 依次递减的顺序选择 U_{λ_j}，直到满足：

$$P_E(U_{\lambda_j})\geqslant r_{tot} \tag{5-27}$$

（4）将步骤（3）选择到的 U_{λ_j} 的中点 λ_j 作为设计叶尖速比，依据下式确定其对应的权重系数 μ_j

$$\mu_j=P_E(U_{\lambda_j})\Big/\sum_{j=1}^{K}P_E(U_{\lambda_j}) \tag{5-28}$$

如果式（5-28）中包含风力机跟踪动态过程中所有达到的 U_λ，则有

$$\sum_{j=1}^{K}P_E(U_{\lambda_j})=1$$

结合式（5-26）和式（5-28），目标函数可改写为

$$obj=\max\sum_{j=1}^{K}(\mu_jC_P^{\lambda_j})=\max\sum_{j=1}^{K}(P_E(U_{\lambda_j})C_p^{\lambda_j})=\max P_{favg} \tag{5-29}$$

由式（5-29）可以看出，按照运行叶尖速比区间的来流风能分布确定的多工况目标函数等价于为 P_{favg}。这说明风能捕获跟踪控制的闭环性能指标 P_{favg} 同样可以作为叶片多工况气动设计的目标函数。进一步考虑到某些气动集总参数会显著改变来流风能分布（参见第 5 章第 2 节），目标函数式（5-26）中的设计叶尖速比及其权重系数不应在叶片设计优化过程中保持不变。因而传统采用固定目标函数的多工况设计自然难以应对风力机静态气动特性与跟踪动态过程的复杂耦合关系。

本节推导出式（5-29）的目的并非想用 P_{favg} 替代多工况目标函数式（5-26），而是通过赋予目标函数明确的物理含义，为在优化过程中更新目标函数给出机理解释。更为重要的是，根据来流风能分布动态调整目标函数中的设计叶尖速比和权重系数，不仅符合风力机静态气动特性与跟踪控制性能的相互影响规律，而且能够更充分地使它们协调配合，从而提升风力机风能捕获。

由上述目标函数的确定步骤可知，λ_j、μ_j 由 $\Delta\lambda$ 和 r_{tot} 共同决定。关于 $\Delta\lambda$ 和 r_{tot} 的取值，说明如下：

（1）建议 $\Delta\lambda$ 的取值范围为 0.25～0.5。$\Delta\lambda$ 取值过大，显然难以精确描述关于 λ_{ope} 的来流风能分布情况；另一方面，由于 $C_P-\lambda$ 曲线一般表现为一条类抛物线，很难做到对间隔很小的叶尖速比处的 C_P 进行精细调整，因而，没有必要取过小的 $\Delta\lambda$。

（2）r_{tot} 建议设定为 90.0%。这样，可保证选择的 λ_{ope} 区间能够覆盖大部分的来流风

能。实际上，很难也没有必要提升所有 λ_{ope}（对应来流风能比例为 100.0%）的 C_P，这是因为提升 $P_E(U_\lambda)$很小的λ_{ope}区间的 C_P 对于提升风能捕获总量的贡献是很小的。

2. 目标函数的更新策略

由于λ_{ope}区间的来流风能分布是通过风力机闭环系统的时域仿真获得的，并且在优化过程中新生成的叶片样本数目众多，如果每生成一个叶片就进行一次时域仿真来确定来流风能分布，则计算量将非常庞大。考虑到仅 λ_{opt} 对来流风能分布影响显著，为了避免反复耗时的仿真计算，可根据新生成叶片 λ_{opt} 的变化情况来决定是否需要进行来流风能分布的计算。更新目标函数的具体步骤如下：

（1）计算生成叶片的 λ_{opt}（小数点后保留一位有效数字）。

（2）检查步骤（1）的 λ_{opt}是否出现过。对于新的 λ_{opt}，通过风力机闭环系统的时域仿真，计算其对应的来流风能分布（即 $P_E(U_\lambda)$），并将计算结果存入表格；对于已经出现过的 λ_{opt}，直接查表获得相应的 $P_E(U_\lambda)$。

（3）根据步骤（2）得到的 $P_E(U_\lambda)$，依据式（5-27）和（5-28），计算得到设计叶尖速比 λ_j 和权重系数 μ_j，进而更新目标函数。

在叶片气动优化过程中，目标函数更新策略面对随机生成的大量叶片样本，根据其对应的 $P_E(U_\lambda)$ 动态调整 λ_j 和 μ_j。从而能够在更加多样的 $P_E(U_\lambda)$ 中，寻找与跟踪控制性能高度协调的叶片静态气动特性（C_p—λ 曲线）。本节提出的多工况优化设计方法实质上就是通过更新设计叶尖速比和权重，使得目标函数逼近 P_{favg}，后文中将该方法称为 MOAP（Multi-Point Optimization Using Approximation of P_{favg}）方法。

二、正设计优化的流程

1. 设计变量与约束条件

设计变量：与第 5 章第 3 节类似，选择 Bezier 曲线参数化表达叶片的几何形状（见图 5-17 和图 5-18），并将 Bezier 曲线的控制点坐标作为设计变量。具体地，首先依据最小二乘算法获得初始叶片的 Bezier 控制点坐标值，并为其设定较宽的变化范围以增加样本的多样性；由于叶根与轮毂连接且其对整个叶片的风能转化贡献很小，所以选择从叶片 30%R（P3 和 P9 至叶尖）处开始优化。

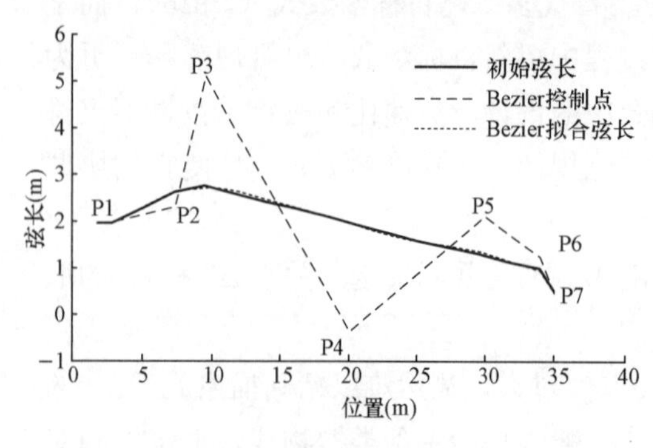

图 5-17　NREL1.5MW 风力机叶片弦长的 Bezier 拟合曲线及其控制点[8]

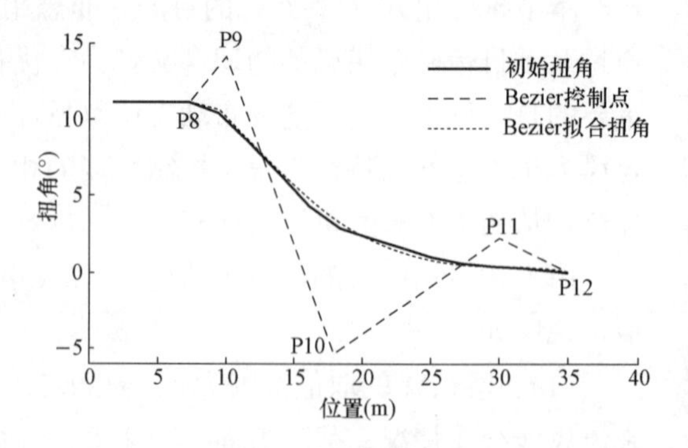

图 5-18　NREL 1.5MW 风力机叶片扭角的 Bezier 拟合曲线及其控制点[8]

约束条件：限制优化叶片每个叶素的弦长不大于初始叶素的 1.05 倍；限定优化叶片弦长和扭角从其最大值的位置向叶尖依次递减。

2. 优化算法和流程

选择 MATLAB 中的遗传算法工具箱作为优化工具。具体参数设置如下：种群规模 200；最大遗传代数 300，或当连续计算 50 代目标函数的值变化不超过 1×10^{-8}时，程序终止；其他参数均选择缺省值。优化流程如图 5-19 所示。具体流程如下：

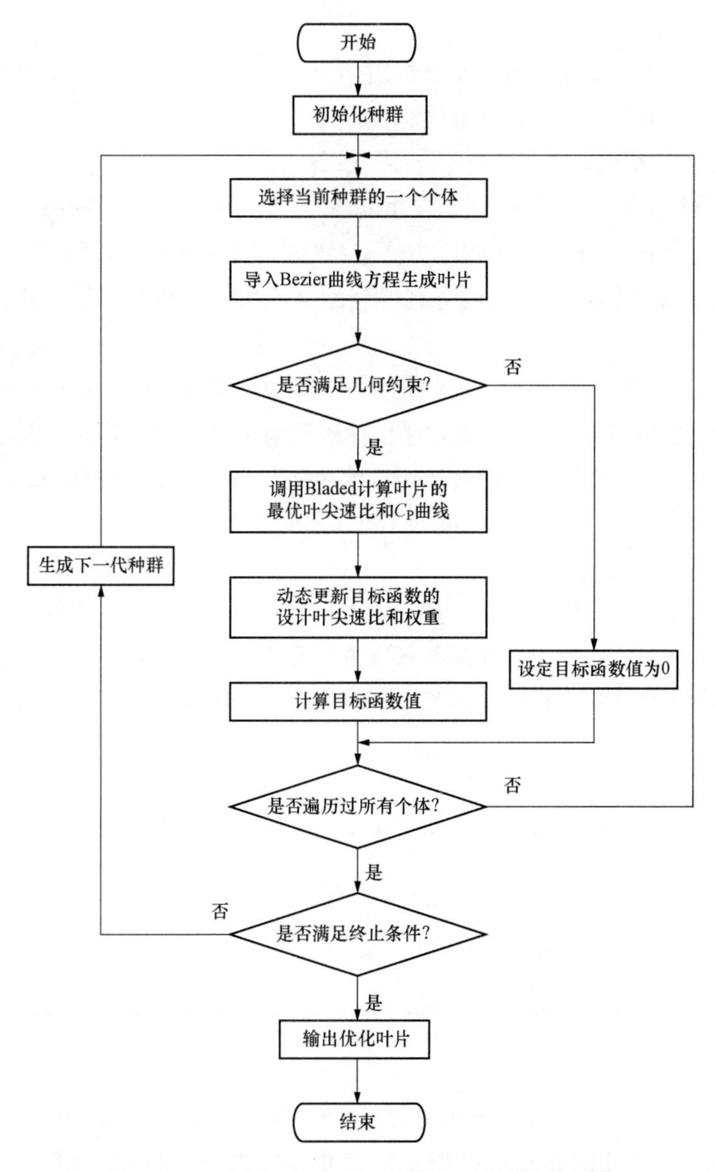

图 5-19　风力机多工况气动外形正设计的流程[8]

（1）初始化种群，并将初始叶片对应的 Bezier 拟合曲线的控制点坐标作为其中一个个体；

（2）将个体（Bezier 曲线的控制点坐标）代入 Bezier 曲线方程以生成叶片；

（3）针对每一叶片，判断是否满足几何约束条件。若是，则调用Bladed软件计算叶片的λ_{opt}和$C_p-\lambda$曲线，并跳至步骤（4）；否则，将目标函数值设为0，并跳至步骤（6）；

（4）根据本节第一部分中所述策略动态更新目标函数的设计叶尖速比和权重；

（5）根据步骤（3）计算的$C_p-\lambda$曲线计算目标函数值；

（6）评估完当代所有叶片个体后，判断是否满足终止条件。若是，终止程序并输出优化叶片；否则，应用遗传算子生成新一代种群，并返回步骤（2）。

三、正设计算例

本节通过NREL 1.5MW风力发电机组仿真算例，本节提出的MOAP方法与现有的多工况优化方法进行比较，验证其优越性。

1. 基准气动优化方法

（1）不对目标函数的λ_i和μ_i进行更新的多工况优化方法[6]（Multi - Point Optimization Without Update，称为MONU方法）。该方法目标函数形式与式（5 - 26）相同，但是其λ_i和μ_i是根据初始叶片时域仿真得到的来流风能分布确定的，并且在优化过程中固定不变。

（2）以P_{favg}为目标函数的多工况优化方法（Multi - Point Optimization Directly Applying P_{favg}，称为MODP方法）。该方法目标函数为风力机闭环系统仿真计算的P_{favg}。

另外，在计算风力机闭环性能时所用湍流风速与第5章第3节相同。其中，平均风速为5m/s、湍流级别为A、积分尺度为150。

2. 设计变量变化范围

选择NREL 1.5MW风力机作为基准风力机（附录B1），在相同的设计变量、约束条件、优化算法下，分别使用上述两种基准方法和本章提出的优化方法对初始叶片进行优化。其中，设计变量的变化范围如表5 - 7所示。约束条件参考本节第二部分中所述内容。

表5 - 7　　设计变量的变化范围[8]

控制点	P3	P4	P5	P6	P7	P9	P10	P11	P12
初值	5.10	−0.40	2.10	1.25	0.50	14.10	−5.45	2.10	0
上限	2.6	−1.5	1.0	0.1	0.5	12.0	−7.0	1.0	0
下限	7.4	1.0	4.0	2.5	0.5	16.0	−4.0	3.2	0

3. 气动外形比较

初始叶片与优化叶片的几何外形如图5 - 20所示。从图5 - 20可以看出，与原始叶片相比，MOAP叶片的弦长在叶根处略有增加，并在中间部分到叶尖处减小。这种弦长分布有助于降低材料成本和更合理可靠的叶片结构。从叶中部到叶尖部MOAP和MODP叶片的弦长相似，叶片产生的切向力主要来源于这一部分[2]。如图5 - 21所示，三种优化叶片的扭角分布基本相似。基于BEM理论，MOAP叶片的气动性能接近MODP叶片。

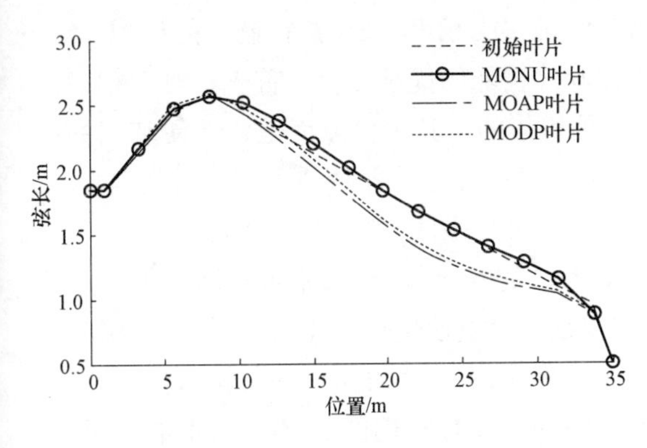

图5-20　初始叶片与三种优化叶片弦长分布[8]

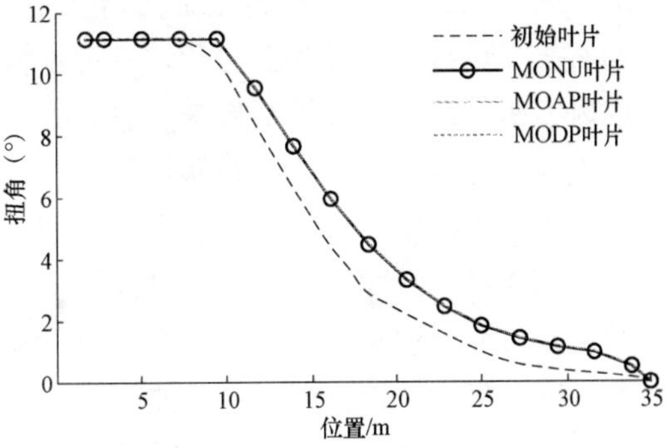

图5-21　初始叶片与三种优化叶片扭角分布[8]

4. 风能捕获比较

本节选用的风能捕获评价指标除了前文介绍的 P_{favg}，还包括动态年发电量（Dynamic Annual Energy Production，DAEP）。DAEP 的表达形式与第 3 章第 2 节介绍的 AEP 的表达形式相同，区别在于计算 AEP 时风速 v_i 下的发电功率 P（v_i）时根据静态气动性能 C_P^{max} 估算得到的，而计算 DAEP 时 P（v_i）是通过 Bladed 软件动态仿真统计得到的。采用两种跟踪控制策略（即 OT 控制和 TSR 控制），在 Bladed 软件中仿真计算不同优化叶片的风力机的包括 P_{favg} 和 DAEP，结果列于表 5-8。计算 P_{favg} 和 DAEP 时，首先采用大量的湍流风时间序列进行仿真（以 0.5m/s 为步长，平均风速从 3～25m/s）。对于每个平均风速生成 10 个随机的持续时间为 3600s 的 A 级湍流风序列。接着把各个湍流风序列的发电功率加权求和，其权重由各个风种子平均风速在威布尔概率密度分布函数中的函数值决定。该威布尔分布的形状和比例参数分别设置为 3.15 和 6.65[29]。

从表 5-8 可以看出，不论采用 OT 控制还是 TSR 控制，配备 MOAP 和 MODP 叶片的风力机的风能捕获指标均优于 MONU 叶片。在不同的平均风速下，与初始叶片相比，MOAP 叶片的 P_{favg} 提升率与 MODP 相似，高于 MONU。相应地，MOAP 和 MODP 叶片年发电量更高（约 3024.11 和 3024.62MWh）。从 MOAP 获得的优化结果接近 MODP 可以说明，目标函数在更新策略下能够有效接近 P_{favg}。

表 5-8　　不同风力机在 OT 和 TSR 控制下的闭环性能[8]

叶片类型	λ_{opt}	OT 控制				TSR 控制			
		DAEP (MWh)	P_{favg}平均值			DAEP /MWh	P_{favg}平均值		
			$\bar{v}$=5m/s	$\bar{v}$=6m/s	$\bar{v}$=7m/s		$\bar{v}$=5m/s	$\bar{v}$=6m/s	$\bar{v}$=7m/s
原始叶片	6.8	2984.07	0.4398	0.4409	0.4487	2959.20	0.4373	0.4400	0.4471
MONU	6.8	3012.05 (0.94%)	0.4458 (1.35%)	0.4461 (1.17%)	0.4534 (1.05%)	2980.90 (0.73%)	0.4417 (1.00%)	0.4436 (0.83%)	0.4507 (0.81%)
MOAP	7.2	3024.11 (1.34%)	0.4478 (1.82%)	0.4483 (1.68%)	0.4557 (1.56%)	3009.04 (1.68%)	0.4463 (2.06%)	0.4478 (1.78%)	0.4548 (1.72%)
MODP	7.3	3024.62 (1.36%)	0.4472 (1.68%)	0.4484 (1.70%)	0.4555 (1.51%)	2995.50 (1.23%)	0.4498 (2.84%)	0.4488 (2.00%)	0.4552 (1.82%)

图 5-22～图 5-24 比较了初始叶片与优化叶片在 OT 法和 TSR 法控制下的$P_E(U_\lambda)$与 $C_P-\lambda$ 曲线之间的相互协调，进一步解释优化叶片性能的优越之处。首先，对于相同的风力机，两种跟踪控制控制算法下的 $P_E(U_\lambda)$是相似的。其主要原因是，即便它们的实现算法完全不同，但两种跟踪控制具有相同的控制目标，即保持风力机工作在 λ_{opt}。其次，就 $P_E(U_\lambda)$与 $C_P-\lambda$ 曲线的协调而言，从图 5-22～图 5-24 中可以看出：

MONU 叶片与初始叶片（见图 5-22）：$P_E(U_\lambda)$的峰值位于 λ_{opt}附近，因此加权系数在 λ_{opt}附近达到最大值。这意味着采用固定加权系数会迫使优化叶片的 λ_{opt}接近初始叶片，因此气动性能（即 $C_P-\lambda$ 曲线）与跟踪动态（即 $P_E(U_\lambda)$）的协调受到限制。如图 5-22（a）所示，MONU 和初始叶片的 λ_{opt}是相同的，并且它们的 $P_E(U_\lambda)$ 非常相似，优化效果主要体现在 MONU 叶片的 C_P 在 λ=5.0～9.0 处略高于初始叶片。

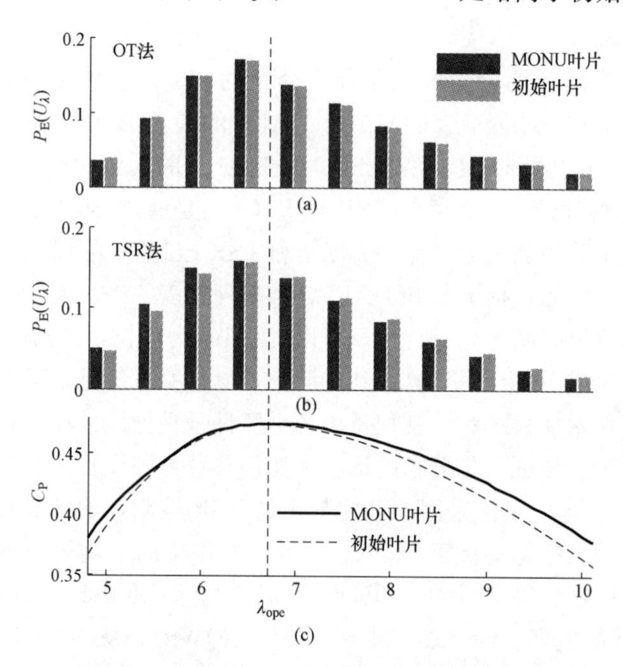

图 5-22　初始叶片与 MONU 优化叶片的来流风能分布和 $C_P-\lambda$ 曲线[8]

（a）OT 法；（b）TSR 法；（c）C_p-λ 曲线

MOAP 叶片与初始叶片相比（见图 5-23）：优化叶片的 λ_{opt}和 $P_E(U_\lambda)$ 与初始叶片明显不同。由于 MOAP 叶片和原始叶片的 $C_P-\lambda$ 曲线在λ=6.7 处相交，因此以λ=6.7 为基准划分 λ_{ope}的统计区间，即

$$U_{6.45+0.5k}=(6.7+0.5(k-1),6.7+0.5k),\ k=0,\pm1,\pm2,\cdots \qquad (5-30)$$

虽然 MOAP 叶片的 C_P 在来流风能比率减小的区间（λ=6.7 的左侧）减小，但是，其在来流风能的比率增大的区间（λ=6.7 的右侧）显著提升，这是导致 MOAP 叶片效率提高的主要原因。MOAP 方法通过更新 λ_j 和 μ_j，能够大范围地修改叶片的 λ_{opt}和 $P_E(U_\lambda)$，使得 $C_P-\lambda$ 曲线和 $P_E(U_\lambda)$ 可以更好地协调。

MODP 叶片与原始叶片相比（见图 5-24）：与 MOAP 叶片类似，MODP 叶片的 C_P 在来流风能比例增大的叶尖速比区间也获得显著提高。

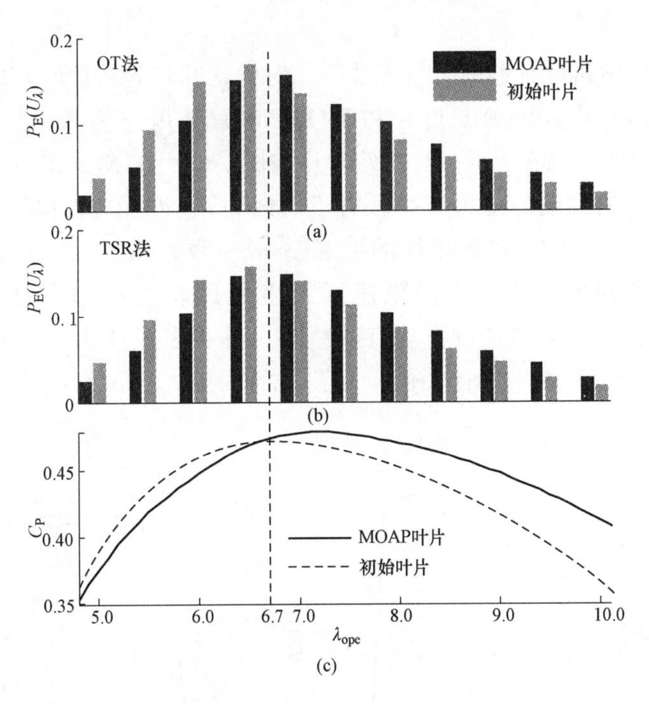

图5-23　初始叶片与MOAP优化叶片的来流风能分布和C_P—λ曲线[8]

（a）OT法；（b）TSR法；（c）C_P-入曲线

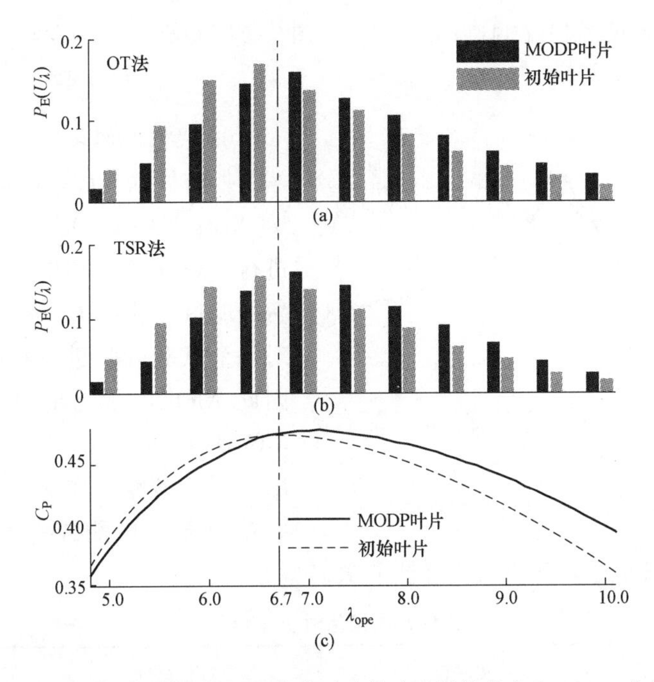

图5-24　初始叶片与MODP优化叶片的来流风能分布和C_P—λ曲线[8]

（a）OT法；（b）TSR法；（c）C_P— 入曲线

5. 结构性能比较

参考常用的风力机叶片载荷分析方法[2]，对优化叶片和初始叶片的结构性能进行比较。首先，初始叶片、MONU叶片和MOAP叶片在风速为9.0m/s时的轴向和切向力如图5-25和图5-26所示。与初始叶片相比，作用在MOAP叶片根部上的轴向力略微增加，中部到尖端的受力减少。对于切向力，MOAP叶片除叶根以外均小于初始叶片。这些结果与MOAP叶片的弦长分布一致。图5-27绘制了初始叶片、MONU叶片和MOAP叶片在不同风速下产生的风轮总推力。相较于初始叶片，MOAP叶片的总推力在全风速段下均有所减小，并且在风速为11.0m/s时，最大总推力显著减小8.70%。综上所述，由于对弦长的约束，MOAP叶片具有良好的结构性能。

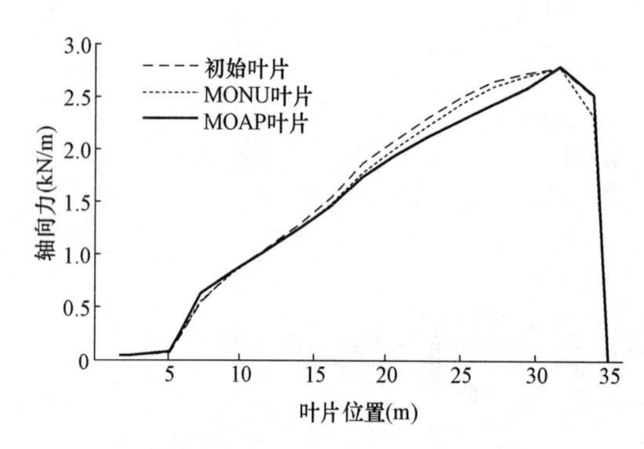

图5-25 初始叶片和优化叶片在风速9m/s下的轴向力分布[8]

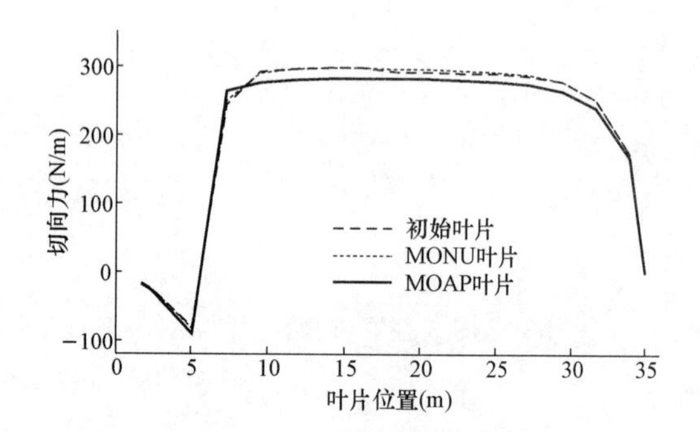

图5-26 初始叶片和优化叶片在风速9m/s下的切向力分布[8]

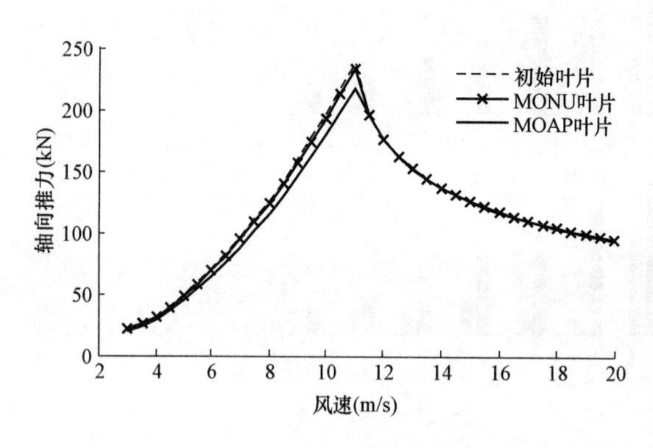

图5-27 初始叶片和优化叶片的总推力[8]

6. 优化时间比较

所有气动设计均在同一工作站（Intel Xeon E3-1240CPU，8GBRAM）上进行。表5-9中列出了每种优化方法耗费的时间。由于在MODP方法中需要对每个试验叶片进行耗时的动态仿真，因此MODP所需的计算时间远高于MOAP和MONU。相比之下，根据提出的更新策略，在MOAP方法中只需要对新的λ_{opt}的测试叶片进行动态仿真，节省了大量的计算成本，计算时长降低了93.7%。

表5-9 三种方法优化时长比较[8]

叶片	优化时长（h）	叶片	优化时长（h）
MONU	6.3	MODP	742.4
MOAP	46.5		

第 5 节　协调风力机跟踪性能的叶片气动外形逆设计

与正设计方法相比，逆设计方法具有耗时短、叶片性能可以在设计前确定的优点[30]。但使用逆设计方法的难点在于：需要在设计前合理设定叶片的气动参数。在传统气动逆设计中，默认跟踪控制能够使风力机保持运行在 λ_{opt}，因此气动参数的设定主要围绕最大化 λ_{opt} 处的 C_P^{max}。但由于风力机跟踪动态过程客观存在，P_{favg} 的大小不再主要取决于 C_P^{max}，而是由静态气动特性（$C_p-\lambda$ 曲线）与跟踪性能（体现在 $P_E(U_\lambda)$）的协调配合综合决定的。可见，在指定逆设计参数时，需要同时从静态气动特性和动态跟踪过程两方面综合考虑。

为此，文献 [12] 和文献 [19] 分别提出了协调风力机跟踪性能的叶片气动逆设计方法，但这些方法只针对一个气动设计参数（λ_{opt} 或叶素的 α_{dgn}）进行优化。在此基础上，本节发现 λ_{opt} 和 α_{dgn} 都是与风力机跟踪动态过程密切相关的气动参数，因此将 λ_{opt} 和沿叶片径向各叶素的 α_{dgn} 都作为待优化的气动设计参数，从而进一步完善了叶片气动逆设计方法。

一、重要气动参数的选取分析

在第 5 章第 2 节分析各气动参数对风能捕获影响机理和灵敏度的基础上，本节选取了与跟踪控制强耦合的气动设计参数，并在逆设计中通过对它们的寻优实现静态气动特性与风力机跟踪过程最佳的关联协调。选取的待优化气动参数介绍如下：

1. 最佳叶尖速比 λ_{opt}

根据第 5 章第 2 节的分析可知，λ_{opt} 对风能捕获的影响主要体现在两个方面。一方面，随着 λ_{opt} 的增大，延长的跟踪动态过程会使风力机更长时间地偏离 λ_{opt} 运行，进而降低风能捕获效率；另一方面，λ_{opt} 的增大可提升 C_P^{max}。因为传统逆设计忽视了跟踪动态过程，默认风力机保持运行在 λ_{opt}，所以会选定能够得到最大 C_P^{max} 的 λ_{opt}。但是，对于存在大惯量风力机而言，跟踪动态过程对闭环性能影响不容忽视，甚至替代 C_P^{max} 占据主导地位。此时，再一味选择大数值 λ_{opt} 而提高静态最佳气动效率 C_P^{max}，反而是得不偿失的。相反，选取小数值 λ_{opt}，以略微减小 C_P^{max} 换取风力机跟踪动态过程的大幅缩短，使得 $P_E(U_\lambda)$ 更加集中，更能有效地提升 P_{favg}。

因此，在慢动态风力机的气动逆设计过程中，λ_{opt} 的选取不仅要考虑静态最佳气动效率，更要改善跟踪动态过程。通过优化选择 λ_{opt}，综合协调其对风力机静态气动特性与跟踪动态过程两方面的影响，才能有效提升风能捕获。

2. 设计攻角 α_{dgn}

与显著影响跟踪动态过程的 λ_{opt} 不同，设计攻角是受动态过程明显影响的气动设计参数。传统逆设计保证风力机运行在 λ_{opt} 时，其上叶素恰好运行在 α_{opt}，获得的 ζ 最大，从而叶素的 $C_P^{be,max}$ 最高，风力机的 C_P^{max} 也最高。但根据第 5 章第 1 节的分析可知，对于大惯量风力机的慢动态过程，来流风能集中分布在小于 λ_{opt} 的运行叶尖速比区间。当风力机运行于这一关键的运行叶尖速比区间时，其上叶素的 α_{ope} 却大于 α_{opt}，升阻比小于最

大 ζ。也就是说，当处于来流风能最集中的运行工况时，叶素、叶片乃至风力机却不能以最大气动效率捕获风能。这实质上是从叶素运行的视角解释了慢动态风力机的 P_{favg} 低于设计预期的原因。

鉴于跟踪动态过程难以克服，可以在气动设计时，选择小于 α_{opt} 的设计攻角，以补偿跟踪动态导致的运行攻角的正偏离。这样，即便风力机运行在小于 λ_{opt} 的来流风能集中分布的运行叶尖速比区间，其上叶素的运行攻角也能恢复到 α_{opt} 附近。

这里，优化问题的复杂性在于上述两个气动设计参数与跟踪动态过程之间的相互影响，即 λ_{opt} 会影响跟踪过程，而后者的变化又会改变运行攻角相对 α_{opt} 偏差量。因此，需要同时优化设定最佳叶尖速比和设计攻角，去寻找它们之间最佳的协调配合方案，以有效提升风能捕获。

二、逆设计优化的流程

区别于传统逆设计基于 BEM 理论解析推导出对应静态最佳气动效率 C_P^{max} 的气动设计参数取值，本节提出的协调风力机跟踪性能的叶片气动逆设计方法（后文简称为优化逆设计方法）以遗传算法寻优最佳叶尖速比和设计攻角为整体框架。在该框架中，以 P_{favg} 为目标函数，以逆设计方法和风力机动态仿真分析为计算单元，具体通过调用 PROPID 程序计算对应于每个种群个体（包含一个最佳叶尖速比和一系列叶素的设计攻角）的叶片气动外形，通过调用 Bladed 软件计算采用不同叶片气动外形的风力机在湍流风速下的 P_{favg}。相关的设计变量、约束条件、优化算法和流程如下：

1. 设计变量与约束条件

利用逆设计方法优化叶片的几何外形，关键在于气动设计参数的选择。优化逆设计方法考虑的气动设计参数主要包括：

（1）最佳叶尖速比。根据第 5 章第 2 节的分析，在选择 λ_{opt} 时，需要综合考虑静态气动性能和跟踪动态过程的影响。因此，本文方法中，需要在一定的范围内寻优 λ_{opt}。对于大型风力机，考虑到结构、噪声的影响，该范围设置为［5.0，9.0］。

（2）设计攻角。对于慢动态风力机的气动设计，选取的 α_{dgn} 应该小于传统方法选择的 α_{opt}，以补偿跟踪动态导致的 α_{ope} 相对 α_{opt} 的正偏离。更为复杂的是 λ_{opt} 取值会通过跟踪动态过程影响到设计攻角的补偿量。所以，本文方法中，需要同时寻优一系列叶素的设计攻角。考虑到叶根部对风能捕获的贡献较小、对结构要求较高，本节只对径向位置 0.25R～0.95R 的叶素的设计攻角进行优化，寻优范围如表 5-10 所示。

表 5-10　　设计变量的变化范围

界限设定	λ_{opt}	α_{dgn}（°）							
		0.25R	0.35R	0.45R	0.55R	0.65R	0.75R	0.85R	0.95R
上界（°）	9.0	8.4	8.4	8.4	8.2	8.2	8.2	7.5	7.5
下界（°）	5.0	7.6	5.5	4.5	3.0	2.8	3.0	2.7	1.9

（3）其他的设计参数，主要包括叶片数 N_B，叶片半径 R，轮毂半径 R_{hub}，翼型以及轴向诱导因子 a。本文方法对于这些参数的设定都与传统逆设计方法相同。

此外，考虑到调整弦长会对叶片的成本和载荷造成较大影响，本文控制各叶素的弦长较初始叶片的弦长不能超过 25%。

2. 优化算法和流程

首先生成初始种群（包括两百个由最佳叶尖速比和沿径向分布在 0.25R～0.95R 叶素的设计攻角构成的个体）。对于每一代种群，针对每个个体调用 PROPID 程序，计算出对应于该个体的叶片气动外形，然后调用 Bladed 软件仿真计算出该个体对应的 P_{favg}，最终以 P_{favg} 为适应度函数对初始种群进行评价。若此时满足停止条件，则输出最佳个体，即 λ_{opt} 和各叶素 α_{dgn} 的最优值。若不满足，就对该代种群进行选择、交叉和变异操作以生成新一代种群，并进入下一轮循环。优化算法的整体流程如图 5 - 28 所示。

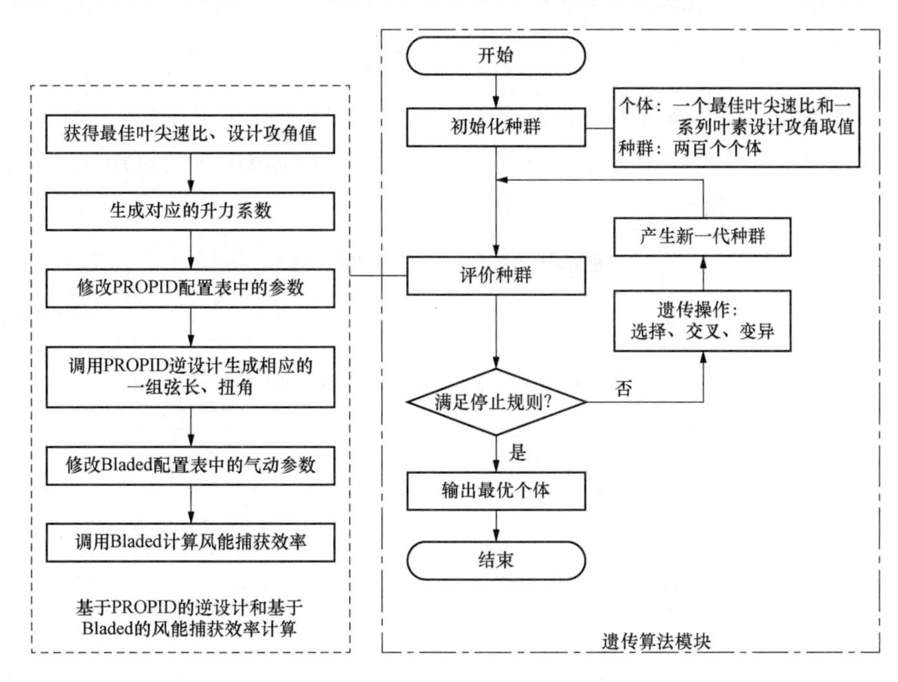

图 5 - 28　优化逆设计方法的流程图

三、逆设计算例

以 NREL 开发的 1.5MW 风力机作为基准（附录 B1），分别从气动外形、气动性能和运行攻角来流风能分布多个方面，对初始设计叶片、传统逆设计叶片和本节提出的优化逆设计叶片进行比较分析，以验证本节所提方法的优越性。

1. 气动外形对比

三种方法所设计叶片的气动外形如图 5 - 29 和图 5 - 30 所示。由图 5 - 29 可知：初始叶片的弦长近似为线性分布；传统逆设计叶片的弦长在叶根部很大，符合 BEM 理论推导的理想弦长分布[15]；优化逆设计叶片的弦长在叶中部大于初始叶片，这是由于减小了叶素的 α_{dgn}，升阻比也相应减小，为保证叶素气动效率，弦长必须相应增大。由图 5 - 30 可知：初始叶片和传统逆设计叶片的扭角分布较接近，说明两者的 α_{dgn} 都接近 α_{opt}；优化逆设计叶片的扭角大于初始叶片，说明本文的优化逆设计方法实现了对 α_{dgn} 的减小。

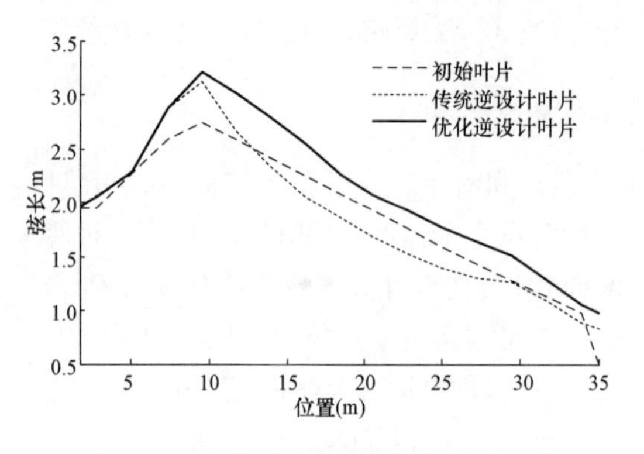

图 5-29　初始叶片与两种逆设计叶片的弦长分布

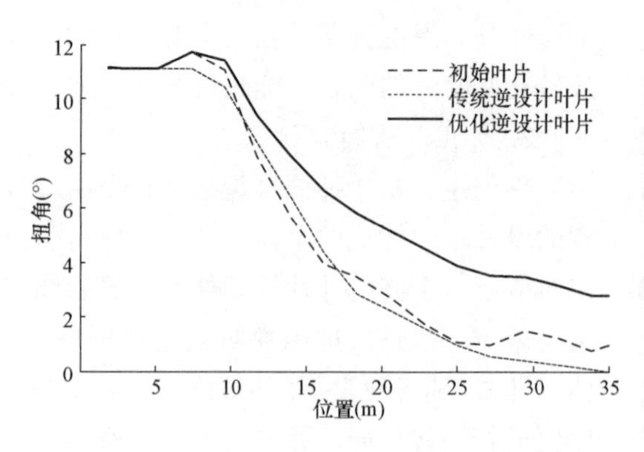

图 5-30　初始叶片与两种逆设计叶片的扭角分布

2. 风能捕获效率和动态年发电量的对比

利用 Bladed 软件对应用三种气动设计的风力机在湍流风况下的风能捕获性能进行了动态仿真计算，结果统计如表 5-11 所示。

表 5-11　风能捕获效率和动态年发电量比较

设计方法	λ_{opt}	P_{favg}平均值				DAEP (MWh)
		$\bar{v}$=5m/s	$\bar{v}$=6m/s	$\bar{v}$=7m/s	$\bar{v}$=8m/s	
初始设计	6.8	0.4398	0.4409	0.4487	0.4470	2986.88
传统逆设计	7.0	0.4350 (−1.09%)	0.4385 (−0.54%)	0.4469 (−0.40%)	0.4463 (−0.16%)	2913.60 (−2.45%)
优化逆设计	6.9	0.4495 (2.20%)	0.4498 (2.01%)	0.4566 (1.75%)	0.4538 (1.51%)	3038.85 (1.74%)

由表 5-11 可知：与初始设计相比，传统逆设计的闭环性能指标 P_{favg} 和 DAEP 均有所下降，说明单纯优化 C_P^{max} 并不能提高湍流风速下慢动态风力机的风能捕获量；而优化逆设计方法则提升了 P_{favg} 和 DAEP。

三种设计方法对应的 $C_P-\lambda$ 曲线如图 5-31 所示。可以发现，优化逆设计方法得到的 $C_P-\lambda$ 曲线除了在顶部略低，在其他区间均高于初始设计和传统逆设计。进一步发现在略小于 λ_{opt} 的 U_λ，三种设计方法得到的 C_P 数值高低排序与 P_{favg} 高低排序一致。这验证了来流风能最集中分布于略小于 λ_{opt} 的 U_λ，该 U_λ 对应 C_P 能够敏感影响 P_{favg}。

为了从叶素角度分析优化逆设计方法提升风力机风能捕获的原因，对平均风速5m/s的湍流风速下初始设计和优化逆设计风力机的 0.75R 叶素对应的 $P_E(U_\alpha)$ 进行统计，如图 5-32 所示。由图 5-32 可见，初始设计风力机 $P_E(U_\alpha)$ 最大值对应的 α_{ope} 大于 α_{opt}；优化逆设计风力机 $P_E(U_\alpha)$ 最大值对应的 α_{ope} 接近 α_{opt}。因此，优化逆设计风力机在来流风能最集中分布的运行攻角区间，叶素的升阻比处于峰值附近，其气动效率也接近最大。

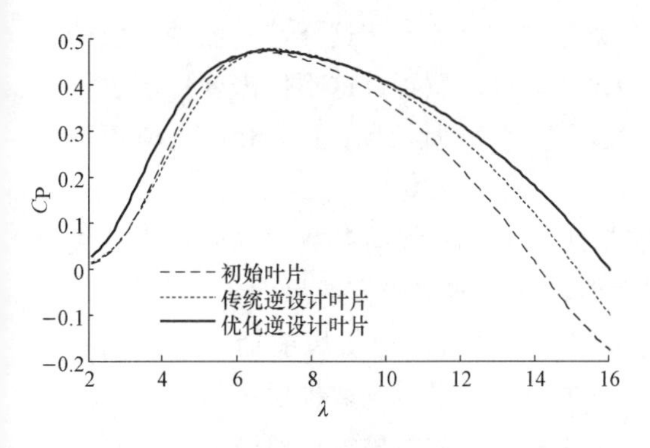

图 5-31　初始叶片与两种逆设计叶片的 $C_P-\lambda$ 曲线对比

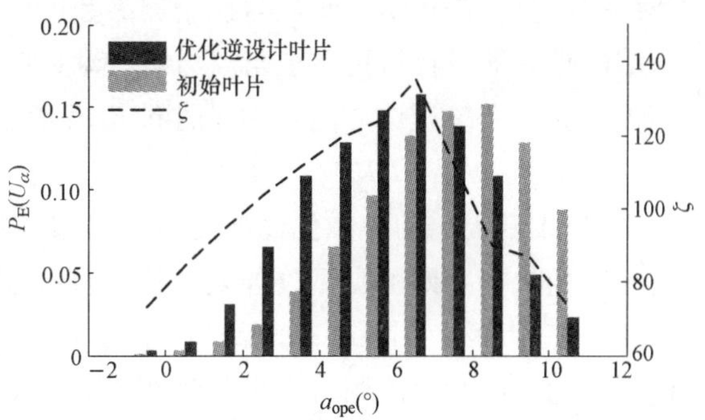

图 5-32　叶素运行攻角对应的来流风能分布对比

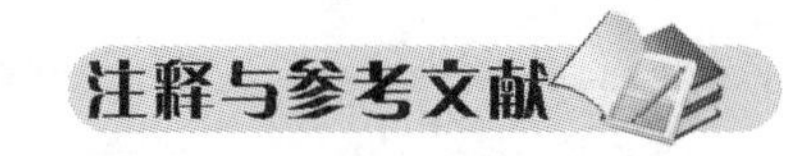

(1) 多运行工况存在工况重要程度的刻画问题。现有研究工作已经提出了多设计工况气动设计的思想和方法。对于定速风力机，由于转速固定而风速变化，风力机经常运行在非最佳叶尖速比，气动设计应兼顾其他叶尖速比处的气动效率，为此文献［2，5］提出了以年发电量（即不同风速下风力机输出功率的加权和）为目标函数的气动设计方法；对于变速风力机，已有学者在气动设计时考虑到风力机并非保持运行在单一设计工况下。例如，Hansen[31] 和 Burton[32] 等概念性地指出 MPPT 控制性能的有效提升需要顶部平缓的而非传统的只一味增大 C_P^{max} 但顶端较陡的 $C_P-\lambda$ 曲线；类似的思想还体现在叶片翼型的多工况设计[24,33-34]，以获得顶部平缓的升阻比曲线。

然而，多工况设计方法的优化效果非常依赖于目标函数中运行工况点及其权重系数的选择，现有工作还主要依靠工程经验来确定。为此，本章工作对于多工况设计的基础贡献在于引入来流风能分布比率来定量刻画多个运行工况的重要程度。该定量指标的提出不仅为多目标优化的权重设定提供了依据，而且使运行工况变化特性的探索成为可能，进而为研究气动参数对风能捕获的影响与考虑气动参数变化的目标函数更新奠定了基础。

(2) 本章考虑控制的气动设计与多学科设计优化的区别。本章讨论的多工况气动设计考虑了风力机的跟踪控制性能，可以看作是一种气动参数与跟踪控制的一体化设计。它与当前较为流行的多学科设计优化（Multidisciplinary Design Optimization，MDO）的主要区别在于：

1) 本章提出的一体化设计保留了经典的受控对象与控制器分离设计思想中的合理精粹："控制服务于对象、而非相反"。亦即，该一体化设计在形式上非常类似于原有的气动设计，没有增加与控制器有关的设计变量，只是通过修正目标函数中的某些参量来表达控制对气动设计的内在需要，进而保持了经典分离设计原则。然而，风电工程中应用的多学科设计优化方法，实质上就是将多学科模型及设计指标与控制器构架在一起，依靠智能算法进行结构参数与控制器参数的联合数值寻优[4,35-37]。这样，一般处于设计末端的控制器设计将提升至与风力机气动、结构设计的等同位置。这不仅需要控制工程师提前介入系统设计，而且为了性能提升而去大幅修改气动设计在工程上也是值得商榷的。

2）本章提出的一体化设计发力于对跟踪控制性能敏感的气动参数，以期较小的气动参数变化幅度即可明显改善风力机闭环控制性能，这将增加研究成果的工程可行性。为此，第5章第2节专门分析比较了多种气动参数对慢动态风力机风能捕获的影响程度，并为后续章节协调风力机跟踪性能的气动设计的待优化参数选取提供了依据。然而查阅文献所及，目前含控制的多学科设计优化大都未重视受控对象结构参数的选择，这可能导致不尽合理的设计结果。一方面，并非所有结构参数都会影响闭环系统的控制性能；另一方面，一体化设计可能导致控制效应非敏感的结构参数的大幅调整，从而影响工程可行性。

从本章研究可以看出，对于一般受控对象而言，其与控制器的一体化设计并非只能是涵盖受控对象结构参数和控制器参数的联合优化；由受控对象结构参数（不涉及控制器参数）描述控制诉求，并对受控对象设计优化模型稍作修改，同样是可行的。这样，不仅保持了分离设计蕴含的控制服务于对象的原则，又能避免常规一体化设计的多学科耦合的复杂性。后面，本书进一步发展这种一体化设计思想，提出了基于能控度的风力机结构参数优化方法，详见第七章。

（3）关于风力机广义跟踪控制一些思考。从跟踪控制性能优化的视角来看，本章研究突破了改进控制策略的常规技术路径，将风力机风能捕获跟踪控制的内涵拓展到风力机气动参数协调优化，因此可视作一种广义跟踪控制方法。换句话说，面对大惯量风力机无法缩短跟踪过程的事实和诸多工程约束，不能再局限于控制律设计本身，而是所有能提升风能捕获效率的可调手段，都应该充分利用起来。

本章的内容主要源自杨志强博士攻读学位期间的工作[9]。他在文献［6］提出的风力机气动参数优化与跟踪控制协调配合的研究思路框架下，从风力机气动优化出发，取得了较好的研究进展，提出了虑及控制性设计特性的一类风力机气动设计方法。此外，本章在编写过程中也补充进同一研究小组硕士研究生沈力和高一帆的最新进展。具体地，第5章第2节所述设计攻角对风能捕获的影响分析为沈力完成的工作[19]；第5章第5节所述叶片气动外形逆设计方法则是高一帆对杨志强博士和沈力研究成果的消化融合。

［1］Kim B，Kim W，Bae S，et al. Aerodynamic design and performance analysis of multi-MW class wind turbine blade［J］. Journal of Mechanical Science and Technology，2011，25（8）：1995-2002.

［2］Wang X，Wen Z，Wei J，et al. Shape optimization of wind turbine blades［J］. Wind Energy，2009，12（8）：781-803.

［3］Johansen J，Madsen H A，Gaunaa M，et al. Design of a wind turbine rotor for maximum aerodynamic efficiency［J］. Wind Energy，2009，12（3）：261-273.

［4］Bottasso C L，Campagnolo F，Croce A. Multi-disciplinary constrained optimization of wind turbines

[J]. Multibody System Dynamics，2012，27（1）：21-53.

[5] Liu X，Wang L，Tang X. Optimized linearization of chord and twist angle profiles for fixed-pitch fixed-speed wind turbine blades [J]. Renewable Energy，2013，57：111-119.

[6] Yang Z，Yin M，Xu Y，et al. A multi-point method considering the maximum power point tracking dynamic process for aerodynamic optimization of variable-speed wind turbine blades [J]. Energies，2016，9（6）：425.

[7] Yang Z，Yin M，Chen X，et al. Multi-AOA optimization of variable-speed wind turbine airfoils [C] //2016 IEEE Region 10 Conference（TENCON）. Singapore：IEEE，2016：1674-1677.

[8] Yin M，Yang Z，Xu Y，et al. Aerodynamic optimization for variable-speed wind turbines based on wind energy capture efficiency [J]. Applied Energy，2018，221：508-521.

[9] 杨志强. 面向低风速风力机的风轮气动参数与最大功率点跟踪控制的一体化设计 [D]. 南京：南京理工大学，2018.

[10] Bossanyi E A. The design of closed loop controllers for wind turbines [J]. Wind Energy，2000，3（3）：149-163.

[11] 张小莲，殷明慧，周连俊，等. 风电机组最大功率点跟踪控制的影响因素分析 [J]. 电力系统自动化，2013，37（22）：15-21.

[12] Yang Z，Yin M，Xu Y，et al. Inverse aerodynamic optimization considering impacts of design tip speed ratio for variable-speed wind turbines [J]. Energies，2016，9（12）：1023.

[13] Ninham C，Selig M S. An interactive windows 95/NT version of PROPID for the aerodynamic design of horizontal axis wind turbines [C] //American Wind Energy Association WINDPOWER 1997 Conference. Texas，America：AWEA，1997：407-416.

[14] Bossanyi E A. GH bladed theory manual [M]. London：Garrad Hassan and Partners，2005.

[15] Manwell J F，Mcgowan J G，Rogers A L. Wind energy explained：theory，design and application [M]. 2nd ed. New York：John Wiley and Sons，2006.

[16] 廖明夫，Gasch R，Twele J. 风力发电技术 [M]. 西安：西北工业大学出版社，2009.

[17] Lanzafame R，Messina M. Optimal wind turbine design to maximize energy production [J]. Proceedings of the Institution of Mechanical Engineers，Part A：Journal of Power and Energy，2009，223（2）：93-101.

[18] Wilson R E，Lissaman P B S，Walker S N. Aerodynamic performance of wind turbines [M]. Corvallis，Oregon：Oregon State University，1976.

[19] 沈力. 考虑MPPT跟踪动态过程的变速风机叶片的设计攻角优化 [D]. 南京：南京理工大学，2019.

[20] Fuglsang P，Bak C. Development of the Risø wind turbine airfoils [J]. Wind Energy，2004，7（2）：145-162.

[21] Ju Y，Zhang C. Multi-point robust design optimization of wind turbine airfoil under geometric uncertainty [J]. Proceedings of the Institution of Mechanical Engineers，Part A：Journal of Power and Energy，2012，226（2）：245-261.

[22] 汪泉，陈进，王君，等. 基于连续攻角的风力机翼型整体气动性能提高的优化设计 [J]. 机械工程学报，2017，53（13）：143-149.

[23] Cheng J，Zhu W，Fischer A，et al. Design and validation of the high performance and low noise CQU-DTU-LN1 airfoils [J]. Wind Energy，2014，17（12）：1817-1833.

[24] 程江涛，陈进，沈文忠，等．基于最大风能利用系数的风力机翼型设计 [J]．机械工程学报，2010，46 (24)：111-117.

[25] Ram K R，Lal S，Ahmed M R. Low Reynolds number airfoil optimization for wind turbine applications using genetic algorithm [J] . Journal of Renewable and Sustainable Energy，2013，5 (5)：052007.

[26] Drela M. XFOIL：An analysis and design system for low Reynolds number airfoils [M] . Berlin，Germany：Springer，1989.

[27] Winter G，Periaux J，Galan M，et al. Genetic algorithms in engineering and computer science [M]. London：John Wiley and Sons，1996.

[28] Méndez J，Greiner D. Wind blade chord and twist angle optimization by using genetic algorithms [C] //Proceedings of the Fifth International Conference on Engineering Computational Technology. Stirlingshire，UK：Civil-Comp Press，2006.

[29] Pishgar-Komleh S H，Keyhani A，Sefeedpari P. Wind speed and power density analysis based on Weibull and Rayleigh distributions (a case study：Firouzkooh county of Iran) [J] . Renewable and Sustainable Energy Reviews，2015，42：313-322.

[30] Bavanish B，Thyagarajan K. Optimization of power coefficient on a horizontal axis wind turbine using bem theory [J] . Renewable and Sustainable Energy Reviews，2013，26：169-182.

[31] Hansen M O L. Aerodynamics of wind turbines [M] . Abingdon，UK：Routledge，2015.

[32] Burton T，Jenkins N，Sharpe D，et al. Wind energy handbook [M] . 2nd ed. New York：John Wiley and Sons，2011.

[33] Fuglsang P，Bak C，Gaunaa M，et al. Design and verification of the Risø-B1 airfoil family for wind turbines [J] . Journal of Solar Energy Engineering，2004，126 (4)：1002-1010.

[34] 邓磊，乔志德，杨旭东，等．高升阻比自然层流翼型多点/多目标优化设计 [J]．空气动力学学报，2011，29 (3)：330-335.

[35] Ashuri T，Zaayer M B，van Bussel G J W，et al. Controller design automation for aeroservoelastic design optimization of wind turbines [C] //3rd EWEA Conference-Torque 2010：The Science of making Torque from Wind. Crete，Greece：EWEA，2010：1-7.

[36] Deshmukh A P，Allisony J T. Simultaneous structural and control system design for horizontal axis wind turbines [C] //54th AIAA/ASME/ASCE/AHS/ASC Structures，Structural Dynamics，and Materials Conference. Boston，USA，2013：1533.

[37] Shirazi F A，Grigoriadis K M，Viassolo D. Wind turbine integrated structural and LPV control design for improved closed-loop performance [J] . International Journal of Control，2012，85 (8)：1178-1196.

第 6 章

基于参考输入与风力机跟踪关联协调的风能捕获跟踪控制技术

如第 3 章第 4 节中所述，给定一个变化频率和变化幅值较低的参考转速，使其与风力机跟踪性能相匹配，有助于提升湍流风速下大型风力机的风能捕获效率。基于这一思想，本章首先阐述了收缩跟踪区间、减小跟踪路程的改进思路，分析了湍流风速和风力机动态性能对收缩跟踪区间的影响。在此基础上，提出了合理收缩、优化设定跟踪区间的有效跟踪区间的概念，设计了应用有效跟踪区间的最优转矩法控制框架，并进一步给出了有效跟踪区间的三种估计方法。

相较于前述通过优化控制策略和优化叶片气动两种途径，基于匹配风力机跟踪性能的参考输入优化仅涉及跟踪控制器的参考输入，无需对风力机气动外形和控制器进行修改，因此更加便于工程实现与应用。而与此同时，该途径综合考虑了风力机的慢动态特性和湍流风速对风能捕获的影响，因此同样有助于提升风力机的风能捕获。

第 1 节 收缩跟踪区间[1]

湍流风速下大型风力机慢动态特性与风速快速变化二者之间的矛盾凸显，使得精确跟踪最优转速往往难以实现，而收缩跟踪区间则有助于缓解这一矛盾。简言之，收缩跟踪区间即是将传统 MPPT 控制对全风速段最优转速的跟踪，修改为仅在风能分布集中的风速区间进行转速跟踪，进而在不改变原有缓慢转速跟踪性能的情况下提升风力机的风能捕获总量。本节将详细阐述收缩跟踪区间的机理和实现方式。

一、收缩跟踪区间的机理

湍流风速下大型风力机受限于其转速跟踪性能，难以对大范围变化的最优转速进行精确跟踪，并因此造成跟踪损失。在此情况下，若是能够缩小风力机的转速跟踪范围，无疑可以缓解转速跟踪的压力，提升转速跟踪效果。

然而，最优转速实际上是由风速决定的，人为缩小风力机的转速跟踪范围，事实上仅能够保证设定范围内的风能捕获，对于设定范围外的部分反而会因放弃跟踪而带来较大的风能捕获损失。因此，收缩跟踪区间能否真正提升风力机的风能捕获，主要取决于转速跟踪范围内的风能捕获提升量和转速跟踪范围外的风能捕获损失量之间的大小关系。

由式（2-39）可知，风力机所捕获的功率不仅与风能利用系数 C_P 相关，更与风速 v 的三次方成正比，即低风速时段蕴含的风能要远小于等长的高风速时段。因此，偏重于较高风速下的转速跟踪更有利于提升风力机的风能捕获。为进一步解释这一问题，本节构造了一个仅含 2 个风速幅值的波动风速序列，对比不同跟踪范围对应的转速轨迹和风能利用系数，仿真结果如图 6-1 所示。其中，虚线表示对应风速的最优转速，粗/细实线分别表示高/低起始转速对应的转速轨迹。

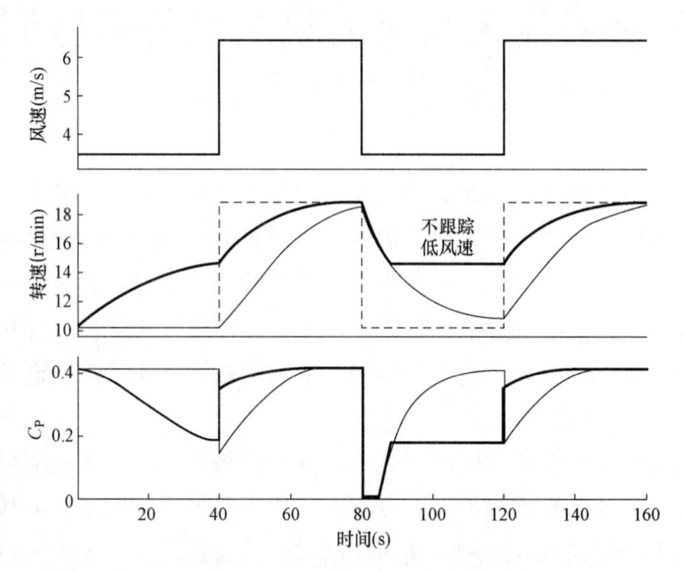

图 6-1　不同转速跟踪范围对应的风力机仿真轨迹[1]

从图 6-1 中可以看出，对比最优转速轨迹，收缩跟踪区间后的转速轨迹在低风速段的风能利用系数较低，但却因较大的初始转速而可以迅速调整至高风速所对应的最优转速；相较而言，常规方式下的转速轨迹却因跟踪较低的最优转速而无法在风速升高时及时增大转速，反而影响了较高风速下的风能捕获效率。而从整体上看，收缩跟踪区间后的风能捕获效率要高于常规方式下的风能捕获效率。

从结果上看，考虑到湍流风速下大型风力机很难同时兼顾实际风速序列中的低/高风速段的转速跟踪，收缩跟踪区间是通过放弃部分低风速段的最大功率点跟踪，以换取跟踪渐强阵风时的路程减小以及跟踪效果的改善，进而从整体上提高捕获风能总量。

二、收缩跟踪区间的实现——起始转速调整

由前一节的分析可知，对于大型风力机收缩跟踪区间主要是为了偏重较高风速的转速跟踪。因此，上述收缩转速跟踪区间，可以经由上调风力机 MPPT 阶段的起始发电转速 ω_{bgn}（以下简称起始转速）来实现。

实现收缩跟踪区间的起始发电转速调整方法的原理如图 6-2 所示，传统 MPPT 控

制的起始发电转速位于 A 点，对应的跟踪区间为 BC 段，如果将起始发电转速调整至 A'，则其对应的跟踪区间调整至 $B'C$ 段，缩短了跟踪区间的长度，舍弃了部分低风速段对应的最优转速的跟踪区域，进而实现收缩跟踪区间，提高风能捕获效率。

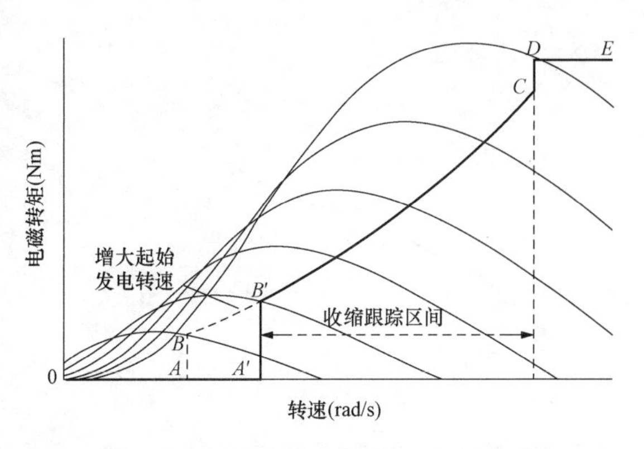

图 6-2 基于起始发电转速调整的最优转矩法[2]

除了起始转速的调整，改进后的MPPT控制的其他部分与传统方法完全相同。与前文所述的风能捕获跟踪控制改进方法相比，该方法更加简单易行，无需改变风力机结构和控制器，具有良好的工程实用性。

第2节 收缩跟踪区间的影响因素分析

收缩跟踪区间有助于提高风力机的风能捕获，并且这一改进思路的实现主要是依靠上调MPPT控制的起始转速。然而，不同的跟踪区间和起始转速会影响风力机的运行动态和风能捕获，因此需要解决的一个重要问题便是如何设定最优的起始转速。即使对于某一给定的风力机，面对不同的风速序列同样存在起始转速的最优设定问题。

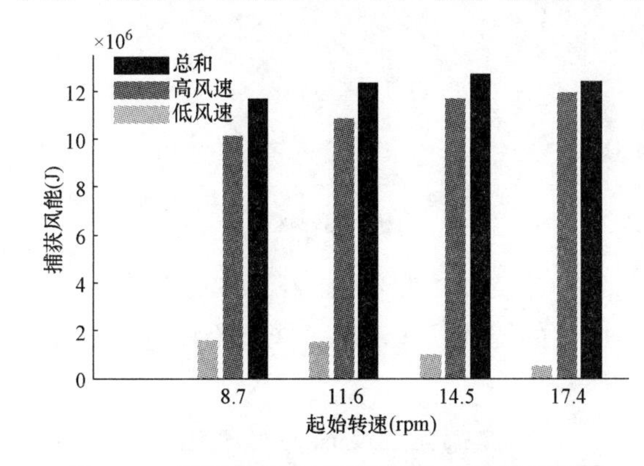

图 6-3 不同起始转速下的风力机风能捕获[1]

如图 6-3 所示，随着起始转速的不断升高，风力机高风速段的风能捕获总量不断提升。与之相对的是低风速段，由于部分放弃转速跟踪，风能捕获总量会随起始转速的升高而下降。总体上看，全风速段的风能捕获总量呈先上升后下降的趋势，过高或过低的起始转速均不利于最大化风能捕获。为此，本节将首先分析不同湍流风速特征和风力机参数对应的最佳起始转速，以观察湍流风速和风力机动态性能对收缩跟踪区间的影响。

一、湍流风速对收缩跟踪区间的影响

如第2章所述，描述湍流风速特征的指标主要包括平均风速、湍流强度和湍流频率。本节将通过这三个指标分析湍流风速对收缩跟踪区间的影响。

1. 平均风速和湍流强度对收缩跟踪区间的影响

首先构造不同湍流强度、不同平均风速的风速序列，通过仿真遍历的方式得到不同湍流风速下的最佳起始转速，并统计相同湍流风速特征对应的最佳起始转速的平均值，结果如图 6-4 所示。

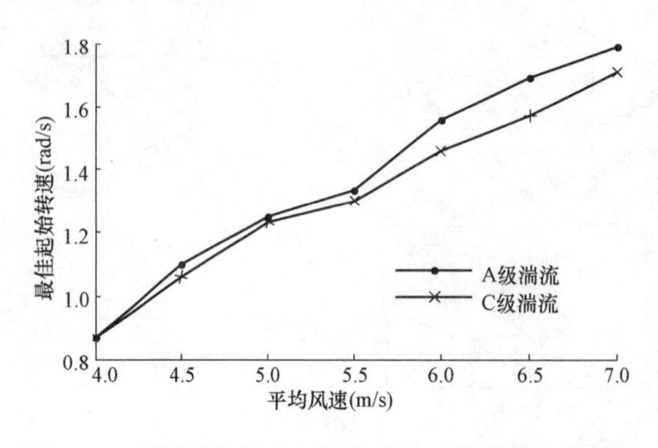

图 6-4 不同平均风速和湍流强度下的最佳起始转速

从图 6-4 中可以看出：在湍流强度相同时，最佳起始转速与平均风速的关系是单调递增的，平均风速越大，最佳起始转速也越大，表现出最佳的转速跟踪区间会随平均风速的增大而整体上移；另一方面，当平均风速相同时，最佳起始转速会随着湍流强度的增大而增大，反映出最佳的转速跟踪区间会随风速波动范围的增大而进一步收缩。

2. 湍流频率对收缩跟踪区间的影响

图 6-5 展示了三条具有相同平均风速和湍流强度、不同湍流频率的风速下起始转速与风能捕获效率的关系[3]。由图 6-5 可以看出，即使平均风速和湍流强度相同，最佳起始转速（标记为□）也会随着湍流频率的降低而逐渐减小。同时，不合理的起始转速设定（标记为＊）会使得收缩跟踪区间方法的风能捕获效率不仅达不到最优，甚至可能出现明显的降低。

为了进一步分析湍流频率对起始转速的影响，通过构造大量的平均风速、湍流强度相同但湍流频率变化的 20min 风速序列，仿真得到最佳起始转速的平均值随湍流频率变化的统计关系。其中，每条风速序列对应的最佳起始转速同样通过遍历搜索获得。

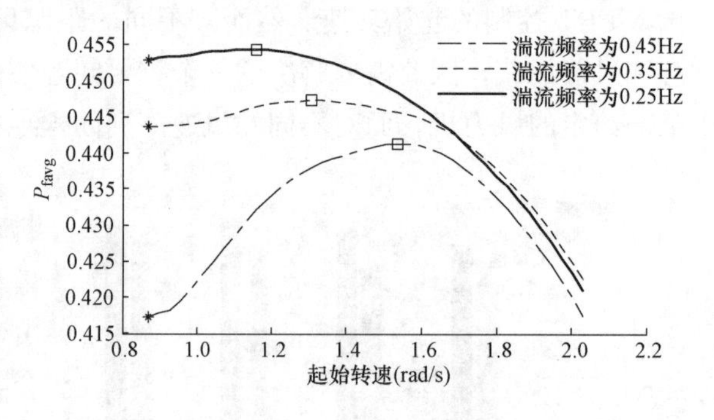

图 6-5 起始转速与风能捕获效率的关系[3]

图 6-6 画出了 3 种不同平均风速和湍流强度下的最佳起始转速平均值随湍流频率的变化曲线。可见，两者具有明显的统计规律，即最佳起始转速随湍流频率的增大而增大。

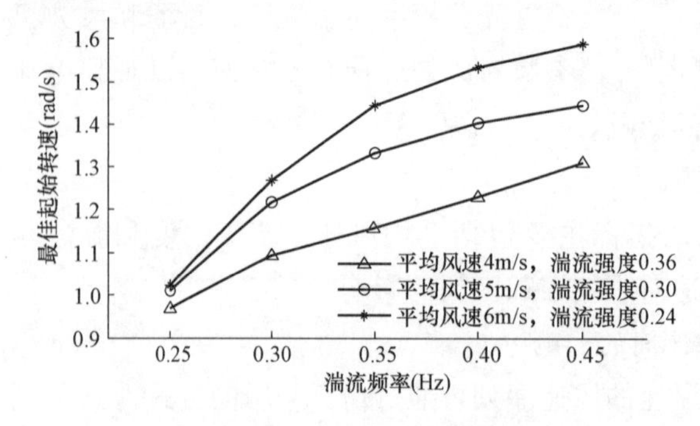

图 6-6 最佳起始转速随湍流频率的变化关系[3]

湍流强度描述了风速波动范围的大小，而湍流频率则描述了风速变化的快慢。越大的湍流强度和湍流频率意味着越难以被跟踪的最优转速，即对风力机提出了更高的跟踪要求。此时，需要更大限度地收缩跟踪区间，缩短跟踪路程，以减小大范围快速波动的湍流风速对转速跟踪带来的负面影响[1,4]。

二、风力机动态性能对收缩跟踪区间的影响

风力机的动态性能主要由其转动惯量决定，即风力机的转动惯量越大，其动态性能也越差。图 6-7 展示了在不同起始转速下风能捕获效率与转动惯量的关系。

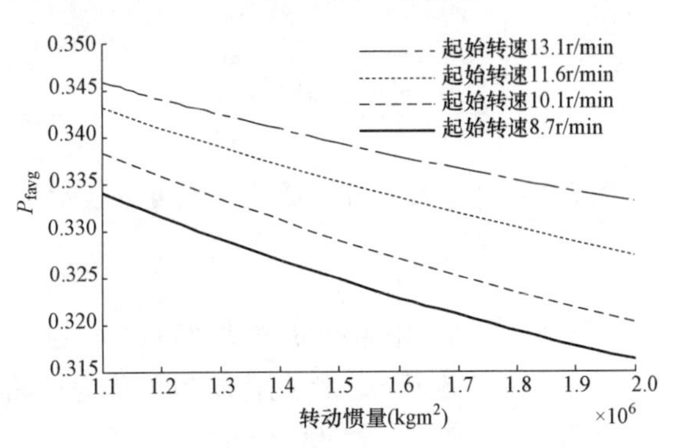

图 6-7　不同起始转速下风能捕获效率与转动惯量的关系

由图 6-7 可知：在起始发电转速相同时，随着风力机转动惯量的增大，风力机的风能捕获效率会逐渐降低；而当风力机的转动惯量相同时，起始发电转速的增大会提高风能捕获效率。所以，为了提高风能捕获效率，风力机转动惯量越大（即风力机的动态性能越差），起始发电转速应该越高（即收缩跟踪区间越小）。

第 3 节　收缩跟踪区间的优化确定——有效跟踪区间

通过分析湍流风速和风力机动态性能对收缩跟踪区间的影响后可以发现，并不存在唯一确定的最佳起始转速使得任何条件下都能使风能捕获最大化，湍流风况与风力机的动态性能均对风力机的最优转速跟踪区间有较大的影响，需要针对不同的风力机设定随湍流风况变化的起始转速。

考虑到最优转速跟踪区间与风能分布间存在相关性，本节在收缩跟踪区间的基础上定义了与风能集中分布区间相对应的有效跟踪区间，以此更为全面地考虑湍流风况特征对最优跟踪范围的影响，实现收缩跟踪区间的优化确定，从而使风力机能够最大限度地捕获风能。

一、有效跟踪区间的定义[2]

在 MPPT 控制中，风力机可捕获风功率与风速的立方成正比，可表示为

$$P_{\mathrm{a}}^{\mathrm{opt}} = 0.5\rho\pi R^2 v^3 C_{\mathrm{P}}^{\max} \tag{6-1}$$

由此定义可捕获风功率的概率密度

$$f_{\mathrm{Pa}}(v) = \frac{P_{\mathrm{a}}^{\mathrm{opt}}(v) f_{\mathrm{v}}(v)}{\overline{P}_{\mathrm{a}}^{\mathrm{opt}}} = \frac{v^3 f_{\mathrm{v}}(v)}{\int_0^{\infty} v^3 f_{\mathrm{v}}(v)\mathrm{d}v} \tag{6-2}$$

其中，$f_{\mathrm{v}}(v)$ 是风速的概率密度；$\overline{P}_{\mathrm{a}}^{\mathrm{opt}}$ 是可捕获风功率的平均值，其定义如下

$$\overline{P}_{\mathrm{a}}^{\mathrm{opt}} = \int_0^{\infty} P_{\mathrm{a}}^{\mathrm{opt}}(v) f_{\mathrm{v}}(v)\mathrm{d}v = 0.5\pi\rho R^2 C_{\mathrm{P}}^{\max} \int_0^{\infty} v^3 f_{\mathrm{v}}(v)\mathrm{d}v \tag{6-3}$$

显然，若不考虑空气密度，$f_{\mathrm{Pa}}(v)$ 与风功率密度分布非常类似[5-6]。$f_{\mathrm{Pa}}(v)$ 描述了风力机所能利用的最大风功率随风速的分布。然而，由于跟踪损失问题，实际上风力机只能获得上述最大风功率的一部分。

根据文献［6］提出的风功率密度分布模型，风速区间 $U_v=(v_l, v_u)$ 内可捕获风功率占比可表示为

$$r_p=\int_{v_l}^{v_u} f_{Pa}(v)\mathrm{d}v=\frac{\int_{v_l}^{v_u} P_a^{opt}(v)f_v(v)\mathrm{d}v}{\bar{P}_a^{opt}}=\frac{\int_{v_l}^{v_u} v^3 f_v(v)\mathrm{d}v}{\int_0^{\infty} v^3 f_v(v)\mathrm{d}v} \tag{6-4}$$

在一段时间 t 内，风力机可捕获风能可以表示为

$$\bar{E}_a=t\int_0^{\infty} P_a^{opt}(v)f_v(v)\mathrm{d}v=\bar{P}_a^{opt}\cdot t \tag{6-5}$$

因此，风速区间 U_v 中可捕获风功率占比 r_p 也可由式（6-6）计算求得。它从可捕获风能的视角重新定义了 r_p。因此，r_p 也可称为可捕获风能占比。

$$r_p=\frac{E_a(U_v)}{\bar{E}_a}=\frac{\int_{v_l}^{v_u} P_a^{opt}(v)\cdot t\cdot f_v(v)\mathrm{d}v}{\bar{P}_a^{opt}\cdot t} \tag{6-6}$$

式中：$E_a(U_v)$ 为在时间段 t 内风速区间 U_v 中可捕获的风能。

根据可捕获风能占比 r 的定义，最大风能蕴含量风速区间 $U_v^m=(v_l^m, v_u^m)$ 可定义为具有相同可捕获风能占比的最小风速区间。如图 6-8 所示，该定义可以理解为最大风能蕴含量风速点（标记为 Δ）的扩展，表示风能最集中分布的风速区间。

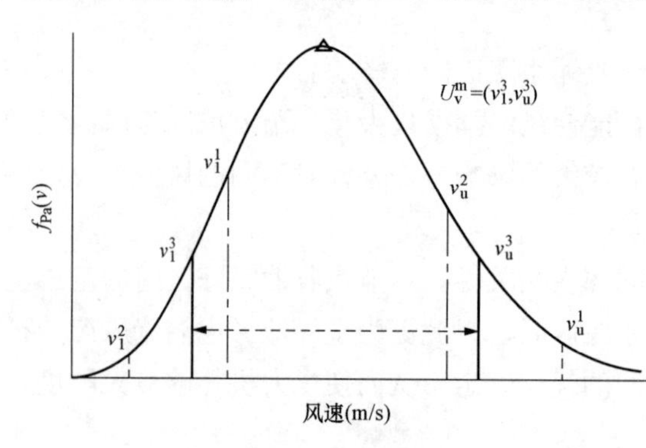

图 6-8　最大风能蕴含量风速区间 $U_v^m=(v_l^m, v_u^m)$[2]

根据最大风能蕴含量风速区间的定义，可以证明其边界对应于相同的 f_{Pa} 值，即

$$f_{Pa}(v_l^m)=f_{Pa}(v_u^m) \tag{6-7}$$

这个证明等价于求解一个带约束的极值问题，如式（6-8）所示，可以由拉格朗日乘数法进行求解。

$$\min F(v_l^m, v_u^m)=v_u^m-v_l^m$$
$$\text{s.t.}\int_{v_l^m}^{v_u^m} f_{Pa}(v)\mathrm{d}v=\text{const} \tag{6-8}$$

同时考虑风能分布和风力机跟踪性能，通过将最大风能蕴含量风速区间转化为相应的转速跟踪区间，可获得给定风力机的有效跟踪区间

$$U_\omega^m=\{(\omega_l^m,\omega_u^m)\mid \omega_l^m=\lambda_{opt}v_l^m(r_t)/R,\omega_u^m=\lambda_{opt}v_u^m(r_t)/R\} \tag{6-9}$$

其中，ω_l^m 和 ω_u^m 分别为有效跟踪区间的下边界和上边界，v_l^m 和 v_u^m 为其对应风速区间的下边界和上边界。实际捕获风能占比 r_t 的取值取决于风力机的跟踪性能，估算方法和风能捕获效率的定义相似，具体表示如下

$$r_t\approx\frac{\sum_{i=1}^{N} P_{cap}(i)}{\sum_{i=1}^{N} P_a^{opt}(i)\cos^3\psi(i)} \tag{6-10}$$

式中：$P_{cap}(i)$ 和 $P_a^{opt}(i)$ 分别为第 i 步时，风力机实际捕获功率的估计值和可捕获

风功率。

综上所述，有效跟踪区间的定义不仅反映了风能分布最为集中的风速区间，而且和风力机的慢动态特性相匹配，因此适合用于收缩跟踪区间的优化设定，以估算风力机的最佳起始转速，从而提升风力机的风能捕获。

二、有效跟踪区间的特点

总的来说，有效跟踪区间会随湍流风况和风力机的动态性能的改变而变化，能够体现两者对最优转速跟踪区间的影响。

1. 有效跟踪区间随湍流风况的改变

不同湍流强度与不同平均风速下的有效跟踪区间如图6-9和图6-10所示。从图中可以看出：在平均风速相同的情况下，有效跟踪区间会随着湍流强度的变化而变化，湍流强度越大，有效跟踪区间的范围越大；在湍流强度相同时，有效跟踪区间会随着平均风速的变化而变化，平均风速越大，有效跟踪区间的范围也越大。需要指出的是，由于风能分布没有包含湍流频率信息，所以有效跟踪区间不能响应湍流频率的变化。

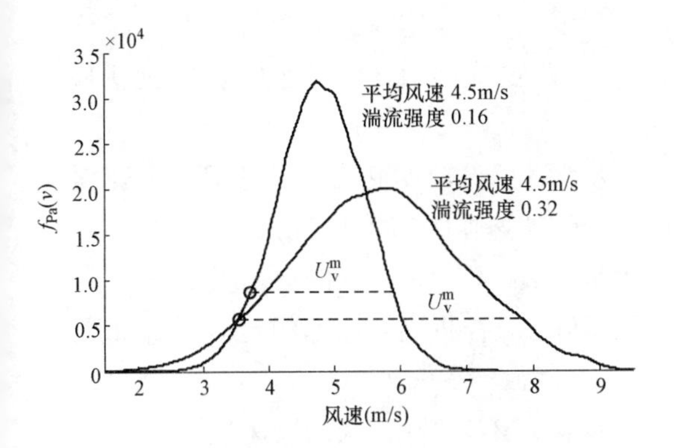

图6-9 不同湍流强度下的有效跟踪区间

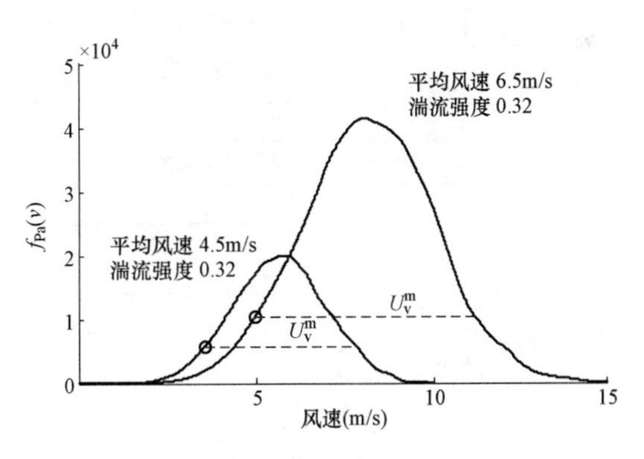

图6-10 不同平均风速下的有效跟踪区间

2. 有效跟踪区间随风力机动态性能的改变

有效跟踪区间不仅对应于风能集中分布的风速区间，也和风力机的动态性能有关。通过本节第一部分中的分析可知，r_t 反映风力机的动态性能，因此对于具有不同动态性能的风力机，即使在相同湍流风况下其有效跟踪区间也不同。图6-11为不同 r_t 下的有效跟踪区间下边界与平均风速的关系。

从图中可以看出，当 r_t 越大（即风力机的动态特性越好）时，有效跟踪区间下边界越小，有效跟踪区间的范围也越大。说明有效跟踪区间能根据风力

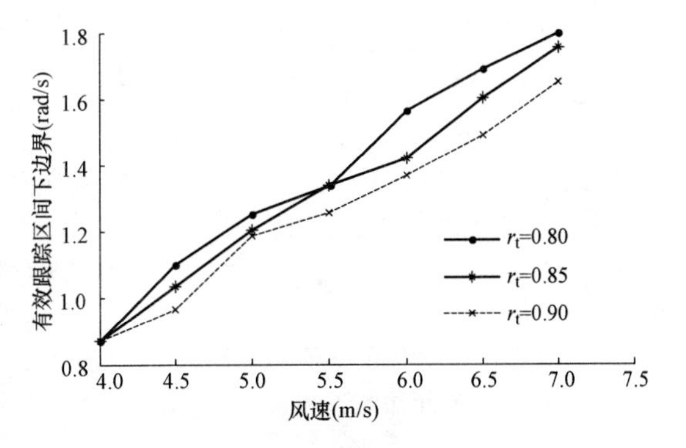

图6-11 不同 r_t 下的有效跟踪区间下边界与平均风速的关系

机的动态特性来调整具体的转速跟踪区间，在相同的风能分布条件下，r_t 越大，风力机跟踪性能越好，则有效跟踪区间应更大，以发挥风力机更优的跟踪性能。

三、应用有效跟踪区间的最优转矩法控制框架

为了将有效跟踪区间应用到 MPPT 控制中，本节以最优转矩法为基础，设计了应用有效跟踪区间的最优转矩法控制框架。在该框架中：

（1）直接测量或采用基于 Newton - Raphson 算法的风速观测器来获取实时风速。观测器由两部分组成，分别是气动转矩估计和风速估计模块。

（2）以有效跟踪区间的下边界 ω_l^m 作为起始转速 ω_{bgn} 并周期性刷新。在每个刷新周期结束时，U_ω^m 仅根据当前周期中收集的近期风速数据计算，并且 ω_{bgn} 根据其下边界 ω_l^m 更新。

（3）刷新周期通常设定为 20min 到数个小时，主要取决于湍流风况变化的时间尺度。

具体的控制步骤如下[2]（见图 6 - 12）：

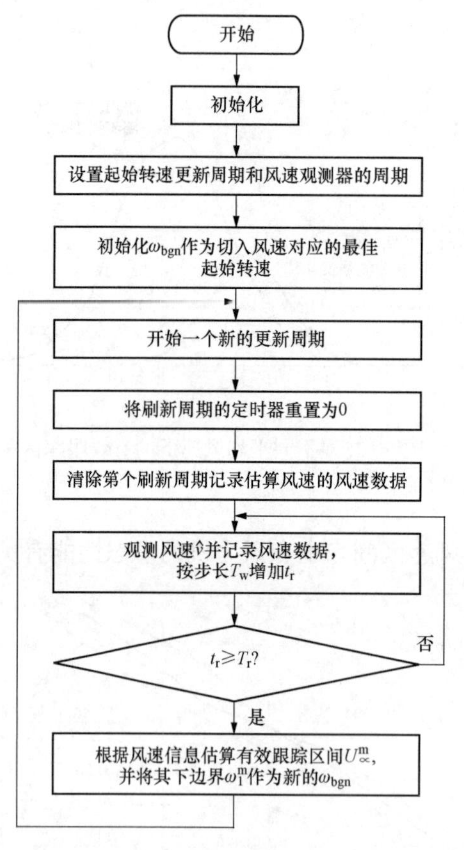

图 6 - 12　基于有效跟踪区间的最优转矩法流程图

步骤 1：初始化；

步骤 1.1：设定风速采样周期 T_w（采样频率一般为 1～10Hz）和起始转速更新周期 T_r；

步骤 1.2：初始化 ω_{bgn}，将切入风速对应的最优转速作为初始的 ω_{bgn}；

步骤 2：开始一个新的更新周期；

步骤 2.1：将刷新周期的定时器 t_r 重置为 0；

步骤 2.2：清除记录的风速数据；

步骤 3：观测风速 $\hat{v}$ 并记录，同时按步长 T_w 增加 t_r；

步骤 4：检查当前更新周期是否结束，若 $t_r > T_r$，跳至步骤 5，否则跳至步骤 3；

步骤 5：根据记录的风速信息估算有效跟踪区间 U_ω^m，并将其下边界 ω_l^m 作为新的 ω_{bgn}，然后跳至步骤 2。

应用有效跟踪区间的最优转矩法控制框图如图 6 - 13 所示，其主体部分与传统的最优转矩法完全相同，唯一不同的地方在于起始转速的设定。改进方法会根据采样的风速值，周期性的计算并更新起始转速，从而实现了转速跟踪区间的收缩及其随湍流风况变化的动态调整。

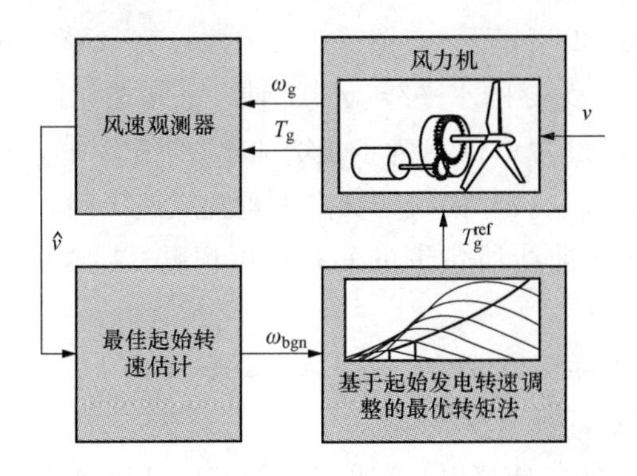

图 6-13　应用有效跟踪区间的最优转矩法的控制框图

第 4 节　基于风能分布的有效跟踪区间估计[2]

应用有效跟踪区间的最优转矩法实现了对跟踪区间的动态优化，有助于提升风力机的风能捕获，而有效跟踪区间的估计则在很大程度上决定了该方法的改进效果。为此，本节根据有效跟踪区间的定义，首先给出了两种基于风能分布估算有效跟踪区间和最佳起始转速的方法。

一、基于可捕获风功率概率密度的有效跟踪区间估计

本节根据测量或估计得到的风速数据，基于 $f_{Pa}(v)$ 并采用核方法来估计最大风能蕴含量风速区间 U_v^m，进而确定出有效跟踪区间 U_ω^m。基于 $f_{Pa}(v)$ 的有效跟踪区间搜索过程如图 6-14 所示。在 v—$f_{Pa}(v)$ 平面上，用一簇平行于 x 轴并与 $f_{Pa}(v)$ 曲线相交的辅助线逼近 U_v^m。由于风功率密度分布函数一般呈现近高斯型[5]，$f_{Pa}(v)$ 通常是单峰的，因此可以认为辅助线与 $f_{Pa}(v)$ 曲线应该有且只有两个交点。对于一个给定的风力机并已知其 r_t，有效跟踪区间 U_ω^m 搜索的具体步骤如下：

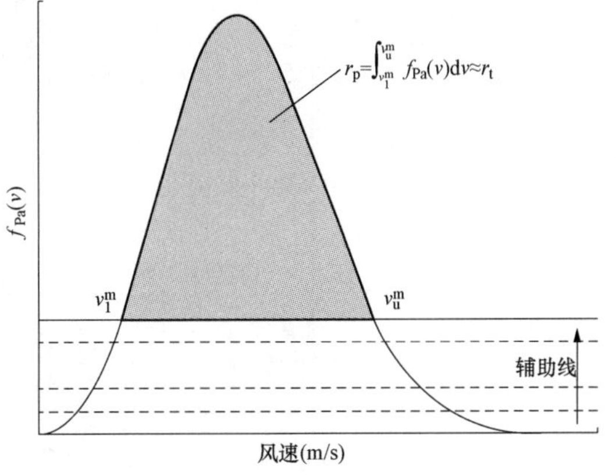

图 6-14　基于 $f_{Pa}(v)$ 估计方法的 U_v^m 搜索过程[2]

步骤 1：将观测到的风速数据作为样本，用核方法估计其 $f_v(v)$

$$f_v(v)=\frac{1}{Nh_w}\sum_{i=1}^{N}K\left(\frac{v-v_i}{h}\right) \tag{6-11}$$

$$K(v)=\frac{1}{\sqrt{2\pi}}e^{-(v^2/2)},h=1.06\sigma N^{-1/5} \tag{6-12}$$

式中：$K(v)$ 为高斯核函数；N 为风速数据的样本数，σ 为风速分布的标准差，h_w 为核平滑窗口的带宽。

步骤2：根据式（6-2）计算 $f_{Pa}(v)$。用二分法计算水平线与曲线 $f_{Pa}(v)$ 的交点。

步骤3：选择 $f_{Pa}(v)$ 为零的水平线，即 x 轴，来初始化风速区间 U_v。

步骤4：以 Δf_{Pa}（可设为0.01）为步长增加 f_{Pa}的值，并将水平线移动到 f_{Pa}的新值处。相应地，用水平线与 $f_{Pa}(v)$ 曲线的交点来重置风速区间 U_v。

步骤5：计算 $f_{Pa}(v)$ 曲线所包围的面积，再根据式（6-4）计算与 U_v 相关的占比 r_p。

步骤6：判断逼近条件是否满足：若 $r_p < r_t$，定义最大风能蕴含量风速区间 U_v^m 为 U_v，并跳至步骤7。否则，跳至步骤4。

步骤7：利用式（6-9）计算出与 U_v^m 对应的 U_ω^m，以 U_ω^m 的下边界 ω_l^m 估算 ω_{bgn}^{opt}。

二、基于风速间隔的有效跟踪区间估计

考虑到估算 $f_v(v)$ 的计算量过大，本节提出了利用风速间隔来近似确定有效跟踪区间 U_ω^m 和最佳起始转速 ω_{bgn}的估计方法。如图6-15所示，首先将风速范围分为 N_A 个等宽区间 $U_v^j=(v_l^j, v_u^j)$，$j=1, 2, \cdots, N_A$（称为“风速间隔”），利用式（6-13）计算出每个风速间隔 U_v^j 对应的可捕获风能占比 r_p^j

$$r_p^j = \frac{E_a(U_v^j)}{\bar{E}_a} \approx \frac{\sum\limits_{v_l^j \leqslant v_i < v_u^j} P_a(v_i)}{\sum\limits_{i=1}^{N} P_a(v_i)}, i=1,\cdots,N, j=1,\cdots,N_A \tag{6-13}$$

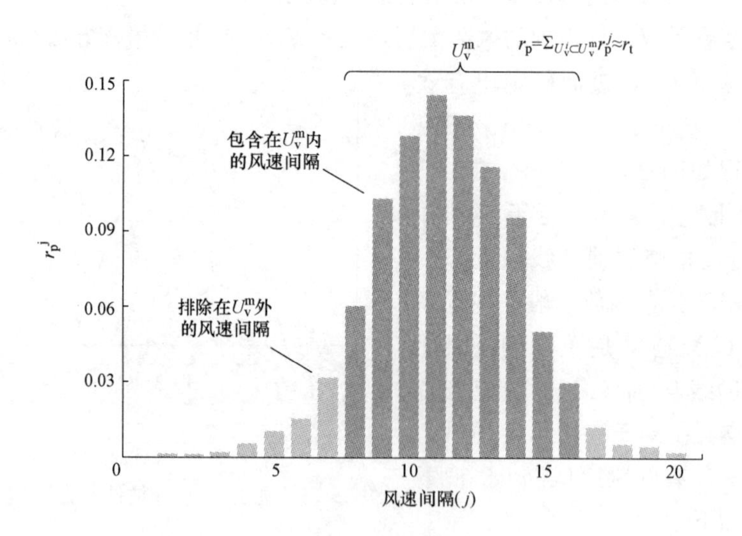

图6-15　基于风速间隔的有效跟踪区间估计原理[2]

U_v^m 可以近似认为是由连续的多个风速间隔组成。一般可假设 r_p^j 呈单峰分布，将位于边界的 r_p^j 较小的风速间隔依次从总风速区间（即 $\bigcup_{j=1}^{N_B} U_v^j$）中移除，直到剩余风速间隔的 r_p^j 之和接近 r_t 为止，则此时的风速区间即为估计的 U_v^m。估计有效跟踪区间的具体步骤如下：

步骤1：初始化，将总风速区间划分为 N_A 个等宽区间（均为0.10m/s）。根据风速数据的大小将它们分配到各个风速间隔中，并根据式（6-13）计算每个风速间隔的占

比 r_p^j。将初始风速区间 U_v 设置为总风速区间，即 $U_v=\bigcup_{j=1}^{N_B}U_v^j$。

步骤 2：从两个边界风速间隔中确定 r_p^j 较小的风速间隔，然后把它从 U_v 中取出。

步骤 3：将 U_v 中所包含风速间隔的 r_p^j 求和，得到对应于风速区间 U_v 的占比 r_p。

步骤 4：判断逼近条件是否满足：若 $r_p<r_t$，将最大风能蕴含量风速区间 U_v^m 定义为 U_v，跳至步骤 5。否则，跳至步骤 2。

步骤 5：根据有效跟踪区间公式确定与 U_v^m 对应的 U_ω^m，以 U_ω^m 的下边界 ω_l^m 估算 ω_{bgn}^{opt}。

第 5 节　基于神经网络的有效跟踪区间估计

上述基于风能分布的有效跟踪区间估计，仅能考虑平均风速和湍流强度的影响因素。由于在有效跟踪区间的定义中，湍流频率的影响只能依靠 r_t 的估算间接反映，因此在第 6 章第 4 节方法中难以随湍流频率变化动态修正有效跟踪区间。

文献［7］在运用神经网络优化跟踪区间时，尚未发现湍流频率对风能捕获的影响。为此，本节综合考虑平均风速、湍流强度和湍流频率对有效跟踪区间的影响，将基于径向基函数（Radial Basis Function，RBF）神经网络应用于如图 6 - 13 所示控制框架中的最佳起始转速估计模块，并通过样本数据对 RBF 神经网络进行训练，实现了在不同湍流风况下起始转速的动态优化。

一、神经网络结构的设定

考虑到转速跟踪区间的优化与风速湍流特性之间缺乏明确的解析表达式，而且风力机具有复杂的非线性特性，寻找有效跟踪区间的代数表达式并非是最可行的选择。在这种情况下，RBF 神经网络的应用能够通过一定数量的样本学习，建立输入与输出变量之间的映射关系，在不了解变量间确切关系的前提下能获得良好的优化效果。

通常，RBF 神经网络采用三层结构，包括输入层、隐含层和输出层。其中，隐含层的基函数多采用高斯函数，输出层为简单的线性函数[8]。本节采用具有三层结构、以高斯函数为基函数的 RBF 神经网络对有效跟踪区间进行估计。

二、输入和输出变量的选取

输入和输出变量的选取关系着神经网络的精确度和有效跟踪区间估计的有效性。因此，本节首先确定 RBF 神经网络的输入变量和输出变量。

1. 输出变量

由收缩跟踪区间和风能捕获效率的关系可知，转速跟踪区间设置的不合理，不仅难以实现最大化风能捕获，甚至会降低风能捕获效率。对于风力机来说收缩跟踪区间的实现主要是依靠提高起始转速，而估计有效跟踪区间的目的最终是获得合理的起始转速。因此，本节直接选取最佳起始转速作为神经网络的输出变量，而不再经由估计有效跟踪区间来计算起始转速。

2. 输入变量

一般而言，神经网络的输入应选取与输出变量具有明确关系的变量，且以典型、易取为原则，这样才能保证神经网络的泛化能力和预测的精度。相对于湍流风速特征的影响，空气密度、风力机半径、转动惯量等因素具有变化周期长、变化程度小的特点。同时，由风速决定的最优转速是 MPPT 控制的跟踪目标，在优化 MPPT 性能时更加需要关注湍流风况影响因素。因此，选取平均风速、湍流强度和湍流频率作为神经网络的输入变量。

三、神经网络的训练

为得到湍流风况与最佳起始转速的映射关系，需要对神经网络进行训练，其过程主要可分为训练数据的获取、样本数据的预处理和训练结果的误差分析。

1. 训练数据的获取

运用风力机模型，在不同的平均风速、湍流强度和湍流频率下，对起始转速进行遍历计算，获得使风能捕获效率达到最大的最佳起始转速，并以此作为 RBF 神经网络的样本数据。将其中的大部分数据作为训练样本，另一部分数据作为测试样本。

2. 样本数据的预处理

当神经网络的输入变量具有不同量纲时，为了使神经网络不出现饱和现象并保证较高精度，需要对原始数据进行归一化处理，也称为无量纲处理[9]。本书采用式（6 - 14）对平均风速和最佳起始转速进行归一化[9]，使样本数据转化为（0，1）区间的数据。设 X 为 n 维样本，则归一化后为

$$X'(i)=\frac{X(i)-\min(X)}{\max(X)-\min(X)},i=1,2,\cdots n \tag{6 - 14}$$

3. 训练结果的误差分析

应用训练样本数据对 RBF 神经网络进行训练，训练结束后，利用已完成的神经网络分析训练样本的逼近误差。然后，采用测试样本对神经网络进行测试，若测试样本的绝对误差低于预设值则训练结束，否则继续增加训练样本。借助预先训练得到的神经网络，能够在风力机运行过程中根据平均风速、湍流强度和湍流频率的变化对起始转速进行调整，将有助于进一步提高风力机的风能捕获效率。

第 6 节 基于响应面模型的有效跟踪区间估计[3]

除神经网络外，应用响应面模型同样可以预先构建湍流风速特征和最佳起始转速之间的复杂映射关系，进而在实际应用过程中依据实时湍流风况动态调整起始转速。基于响应面模型的有效跟踪区间估计分为两个环节：①离线构建最佳起始转速与湍流风速特征指标（平均风速、湍流强度和湍流频率）的函数关系；②根据上述函数关系与运行时的湍流风速特征指标，在线调整起始转速。与基于神经网络的有效跟踪区间估计类似，该方法依旧将最佳起始转速作为响应面模型的输出，并且同样需要事先长时间训练获得响应面，以便获得准确的最佳起始转速。

响应面分析方法是以试验分析为基础的一套统计方法，需要通过试验或者仿真获得一组用于确定响应面函数的样本数据点，通过这些样本点拟合出响应面模型。具体地，本节采用二阶多项式响应面模型，拟合出最佳起始转速和平均风速、湍流强度以及湍流

频率的统计关系，其表达式为

$$\begin{aligned}\omega_{\mathrm{bgn}}^{\mathrm{opt}} &= f(\bar{v}, TI, \omega_{\mathrm{eff}}) \\ &= q_0 + q_1\bar{v} + q_2 TI + q_3\omega_{\mathrm{eff}} + q_4\bar{v}TI + q_5\bar{v}\omega_{\mathrm{eff}} \\ &\quad + q_6 TI\omega_{\mathrm{eff}} + q_7\bar{v}^2 + q_8 TI^2 + q_9\omega_{\mathrm{eff}}^2\end{aligned} \tag{6-15}$$

针对具体的风力机参数，通过构建具有不同特征指标的湍流风速，可仿真得到相应的最佳起始转速，以构成样本数据；再根据大量样本，拟合求解出式中的 $q_0 \sim q_9$，从而完成二阶多项式响应面模型的构建。具体构建步骤及采用的计算参数如下：

步骤1：获取具体风力机的气动、结构参数，并构建风力机模型。

步骤2：生成对应于不同风速特征指标的湍流风速。

步骤3：计算每条风速序列的平均风速 $\bar{v}$、湍流强度 TI 和湍流频率 ω_{eff}，并通过仿真遍历得到对应的最佳起始转速 $\omega_{\mathrm{bgn}}^{\mathrm{opt}}$。

步骤4：针对每种参数组合，求取 $\bar{v}$、TI、ω_{eff} 的平均值以及对应的 $\omega_{\mathrm{bgn}}^{\mathrm{opt}}$ 的平均值，构成一个样本数据。

步骤5：根据样本数据，通过最小二乘法求出式中的 $q_0 \sim q_9$。

在完成响应面模型的离线构建后，便可将其应用于如图6-13所示控制框架中的最佳起始转速估计模块，进而确定起始转速。综上，基于响应面模型优化起始转速的流程如图6-16所示。

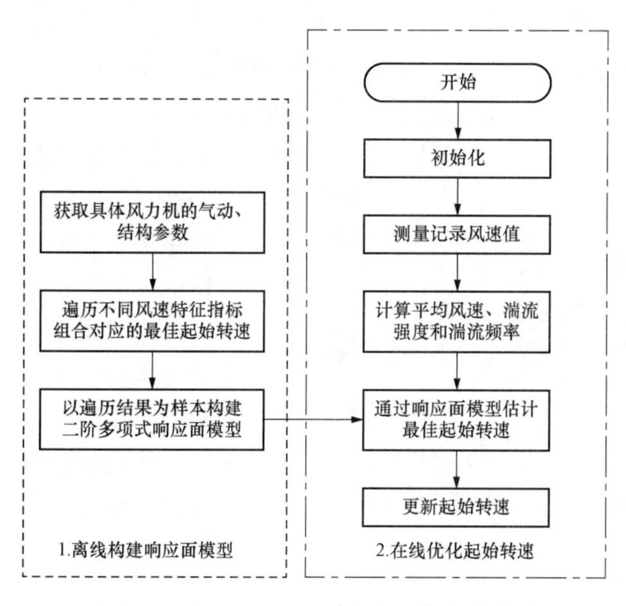

图6-16　基于响应面模型优化起始转速的流程[3]

第7节　基于有效跟踪区间的最优转矩法的性能分析

本章从匹配风力机跟踪性能的参考输入优化这一途径入手，阐述了收缩跟踪区间的改进思路，定义了用于合理优化跟踪区间的有效跟踪区间，并提出不同算法对其进行估计，得到基于有效跟踪区间的最优转矩法改进方法。该方法能够根据实时湍流风速特征在线优化风力机的转速跟踪区间，使其与风力机跟踪性能相匹配，进而提升风力机的风能捕获效率。本节将通过仿真验证本章所提方法的有效性。

一、风速序列的构造

为验证湍流风速下本章所提改进方法的有效性，本节构造了三组湍流频率不同、平均风速和湍流强度随时间变化的风速序列（每组各 100 条风速序列）。每条风速序列的持续时长均为 4h（共包含 12 个 20min 风速时段），三组风速的湍流频率 ω_{eff} 分别为 0.25、0.35、0.45Hz（因指定湍流频率的风速序列难以直接构造，实际湍流频率存在 ±0.05Hz 误差）。

二、不同估计方法的参数设定

1. 基于风能分布的有效跟踪区间估计

根据经验估算，取 $r_{\text{t}}=0.9$。

2. 基于神经网络的有效跟踪区间估计

采用第 6 章第 5 节所述方法对神经网络进行训练，训练样本和测试样本的绝对误差均低于 0.02，已完成的 RBF 神经网络具有较高的预测精度。

3. 基于响应面模型的有效跟踪区间估计

根据图 6-17 给出的 343 个样本点数据，利用最小二乘法得到风力机最佳起始转速的二阶响应面模型，可表示为

$$\begin{aligned}\omega_{\text{bgn}}^{\text{opt}} &= 0.24+0.166\bar{v}-1.046TI-0.986\omega_{\text{eff}}+0.17\bar{v}TI+0.27\bar{v}\omega_{\text{eff}} \\ &\quad +4.457TI\omega_{\text{eff}}-0.01\bar{v}^2-0.265TI^2\end{aligned} \tag{6-16}$$

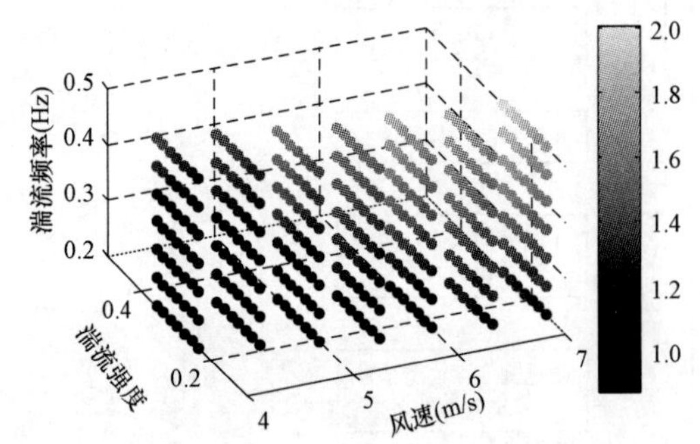

图 6-17　最佳起始转速与风速特征指标的统计关系[3]

三、风能捕获效率的对比分析

针对三组风速序列，比较传统最优转矩法和应用有效跟踪区间的改进方法的风能捕获效率，其中有效跟踪区间通过三种方法分别估计得到。对应每条风速序列，计算采用不同有效跟踪区间估计方法的改进方法相对于传统最优转矩法的 P_{favg} 提高百分比，并将每组各 100 条序列所得结果的统计平均值列入表 6-1。

表 6-1　应用有效跟踪区间的改进最优转矩法的效率比较

有效跟踪区间估计方法	相对于传统最优转矩法的 P_{favg} 提高百分比（%）		
	$\omega_{\text{eff}}=0.25$Hz	$\omega_{\text{eff}}=0.35$Hz	$\omega_{\text{eff}}=0.45$Hz
基于风能分布的估计方法	0.132	0.817	1.935
基于神经网络的估计方法	0.209	0.843	2.145
基于响应面模型的估计方法	0.226	0.964	2.330

为更加直观地比较不同有效跟踪区间估计方法的改进效果，进一步从算例中选取2条具有不同湍流频率（ω_{eff}分别为0.25，0.45Hz）的风速序列，详细比较了两条风速下各方法估计得到的起始转速ω_{bgn}及其对风能捕获效率P_{favg}的影响，结果如图6-18和图6-19所示。

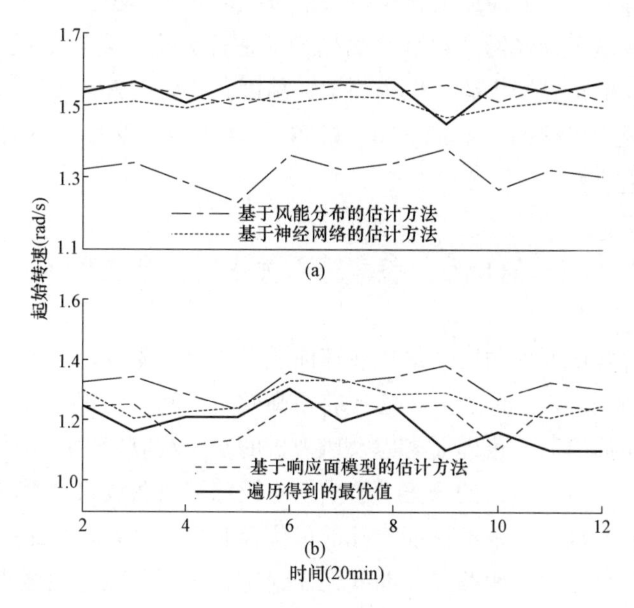

图6-18　不同方法估计得到的ω_r^{bgn}

（a）湍流频率为0.45Hz；（b）湍流频率为0.25Hz

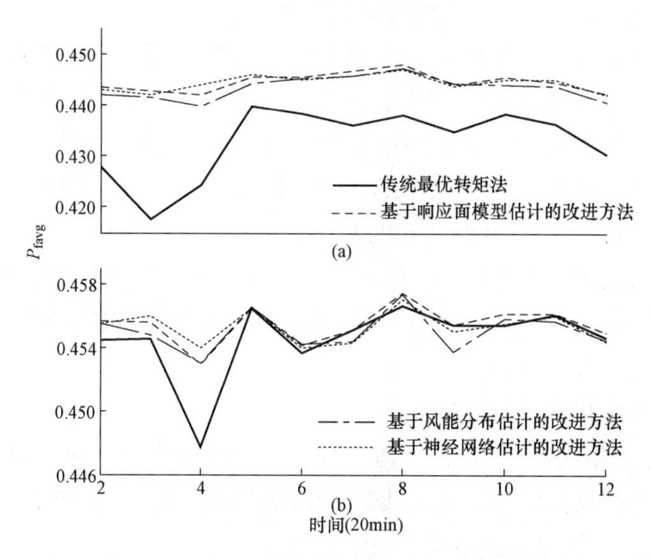

图6-19　不同方法在各风速时段内的风能捕获效率

（a）湍流频率为0.45Hz；（b）湍流频率为0.25Hz

从仿真结果中可以看出，相较于传统最优转矩法，应用有效跟踪区间的改进方法能够有效提升风力机的风能捕获效率，并且适用于不同湍流风况。对比三种有效跟踪区间估计方法可以发现，基于神经网络和响应面模型的估计方法能够更好地估计有效跟踪区间并进而得到更为合理的起始转速。究其原因在于，这两种方法通过预先建立湍流风速特征与最佳起始转速的关系获得了更为准确的估计结果，并且相较于基于风能分布的估计方法，能够更加充分地考虑湍流频率对收缩跟踪区间的影响。

但另一方面，基于神经网络和响应面模型的估计方法需要获取风力机的详细模型，且需要事先长时间的仿真与训练，以提高估计精度。相较而言，基于风能分布的估计方法仅需要对表征风力机跟踪性能的 r_t 加以估算，实现更为简单，且对不同型号的风力机均具有良好的适应性。

第 8 节　参考输入优化设计方法[1]

前面从有效跟踪区间的角度对最优转速曲线做了恰当截取，以舍弃低效率区段的跟踪促成风力机相对动态性能的提升，达成获得高效率区间上的跟踪效果从而获得更好的风能捕获效果。本质而言，也即对未虑及风力机的动态响应特性的最优转速曲线，依据效益极大化原则做了有针对性的修正。事实上，跟踪转速曲线只是手段，效益最大化才是最终目的。因此从极大化效益性能指标的最优控制角度来看，被跟踪什么转速曲线完全可以作为控制设计参量：跟踪什么曲线无需给定，只要跟踪它能够使得效益最大化即可。这样，作为参考输入的转速曲线可被视为一种控制变量，将它与控制器参数联合作为广义控制变量，然后直接从最优控制理论和方法得到能够反映风场特性和风力机动态特性的发电效益最优转速曲线和最优控制器参数。

这样的广义控制方法，与有效跟踪区间法一样无需调整风电系统的任何硬件结构和参数就可提高捕获效率，但比后者更具一般性。事实上，后者可以作为一类广义控制方法的特例：将参考输入的设计限制在跟踪区间的设定值。由于一般意义下的最优控制无论是庞特里亚金原理还是动态规划方法，求解过程都非常复杂，同时也很难获得全局最优解。为此，本节仅以基于 PI 调节器的叶尖速比控制方法分析为例，给出一种低风速情形下基于传统最优转速曲线幅值最优修正的跟踪控制方法。如何将幅值最优修正与有效区间最优修正结合，以及如何得到不再拘泥于对传统最优转速曲线修正方式的更为一般的理论和方法仍待进一步的研究。

一、参考输入优化设计的控制策略

TSR 方法主要依据反馈控制的原理，设计思想较为直接，通过对实际转速与最优转速的跟踪误差进行反馈调节，从而实现 MPPT 控制。叶尖速比法的控制策略可以用下式描述。

---

[1] 部分内容已整理成论文《Optimization of reference input of maximum power point tracking control for wind turbine》，已投稿 2020 年国际自动控制联合会世界大会（21st. IFAC · World · Congress，德国柏林，2020.7）。

$$T_g^* = f_{TSR}(e) \tag{6-17}$$

其中 $f_{TSR}(e)$ 表示基于误差设计的反馈控制律。叶尖速比法的控制器设计较为灵活，没有固定的形式，一般针对不同的情况设计不同的反馈控制律，也易于先进控制策略的应用。本节以经典的 PI 调节器为例，介绍参考输入优化设计策略。

基于 PI 调节器的叶尖速比法首先需要通过测量或估计获得实时风速，然后通过风速计算参考转速，最后根据当前转速和参考转速之间的误差通过 PI 调节器进行反馈调节，令风力机转速跟踪最优转速（见图 6-20）。

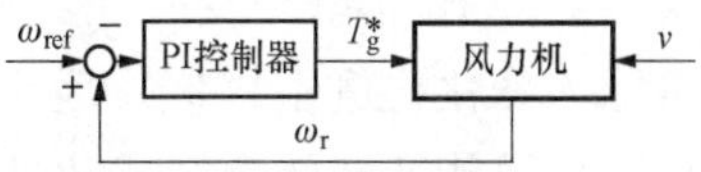

图 6-20　基于 PI 反馈的叶尖速比法 MPPT 控制

PI 调节器的控制律可以由下式表示

$$T_g^* = K_P e - \frac{1}{T_I}\int_0^t e \mathrm{d}\tau \tag{6-18}$$

如第 3 章第 3 节所述，在剧烈的风速波动下，由于风力机具有较大的转动惯量，低风速风力机的机械转矩难以实时响应最优转速跟踪下理想的最佳转矩，其固有的慢动态特性决定了最优转速无法被精确跟踪，这就导致叶尖速比 λ 不可能实时处于最佳叶尖速比 λ_{opt}，风能捕获效率也随湍流风况的剧烈变化而不断下降。

本节的做法是基于现有的控制律，放弃跟踪由实时风速计算的最优参考转速 ω_{ref}，而将一个虚拟的设计转速 ω_{rep} 作为替代的参考转速指令与当前转速的误差作为当前控制律的输入，对风力机进行调节，以达到获取更大风能效益的目的（见图 6-21）。

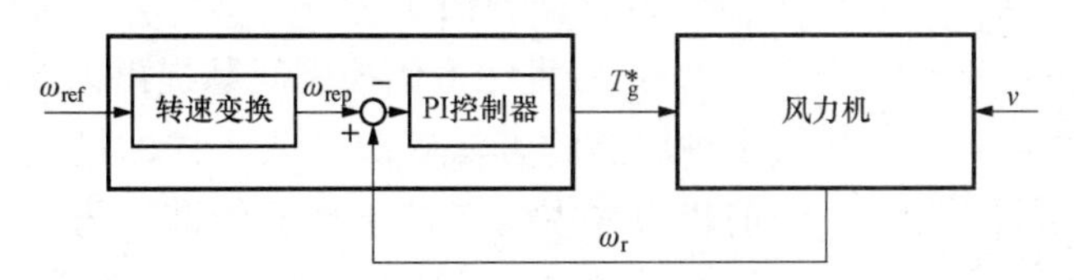

图 6-21　改进后的基于 PI 反馈的叶尖速比法 MPPT 控制

此时，改进后的 PI 调节器的控制律由下式表示

$$T_g^* = K_P e^* - \frac{1}{T_I}\int_0^t e^* \mathrm{d}\tau \tag{6-19}$$

$$e^* = \omega_r - \omega_{rep}$$

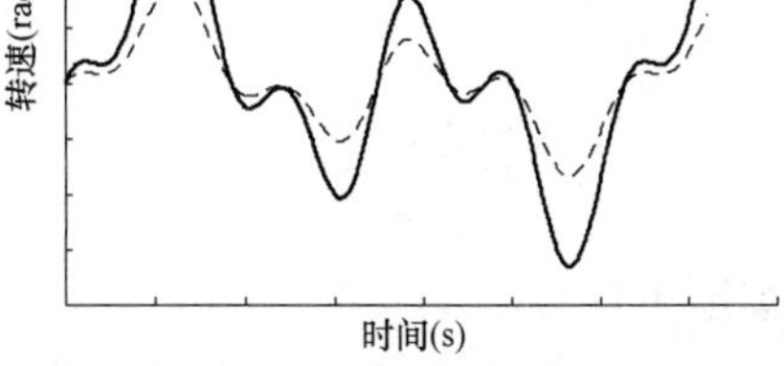

在实际系统中，PI 控制器的参数大多是基于经验进行调节。替代参考输入基于最优转速的曲线，通过改变幅值以及变化率来设计，能够较大地保留最优转速曲线的基本特征（见图 6-22），进而研究参考输入变化带来的影响。

图 6-22　$t_i = t_0$ 时 ω_{rep}（t）与 ω_{ref}（t）关系示意图

令

$$\omega_{rep}(t) = \alpha_0(\omega_{ref}(t) - \omega_{ref}(t_i)) + \omega_{ref}(t_i),$$
$$t_i \in [t_0, t_f], \alpha_0 \in R \tag{6-20}$$

当 $\alpha_0 = 1$ 时 $\omega_{rep}(t) = \omega_{ref}(t)$

二、优化问题描述与求解

对于固定风力机，固定时间段的最大风能捕获仅与风速信号有关，在假设一段时间风速已知的情况下，风力机的最大风能捕获量是已知的。实际风能捕获由空气密度 ρ、风速 v 和风能利用系数 C_P 所共同决定。而 C_P 由实时转速状态 ω_r 与风速参考输入 v 计算得到，当 PI 参数不变时，实际的控制输入形式不变，其实质的控制输入变为式中的参考输入变化比例系数 α_0。因此，优化参考输入的 MPPT 控制可以写为一个优化问题：以最大化风能捕获效率为优化性能指标，在 $[t_0, t_f]$ 时间段内，终端状态自由，控制律形式固定，寻求式（6-20）中最优的参考输入变化比例系数，其实质上是一个终端状态自由，控制输入受约束，Lagrange 型性能指标的最优控制问题。

（1）性能指标。

$$obj = \min_u \{E_{\max} - \int_0^T P_a \mathrm{d}t\} \tag{6-21}$$

（2）状态方程。

$$\dot{\omega}_r = \frac{1}{J}(T_a - T_{g,rep}) \tag{6-22}$$

（3）控制变量约束。控制变量为常量约束

$$u = \alpha_0, \alpha_0 \in R \tag{6-23}$$

（4）初始、终端状态。

$$\omega_r(t_0) = \omega_{ref}(t_0) \tag{6-24}$$

$$\omega_r(t_f) \text{ 自由}$$

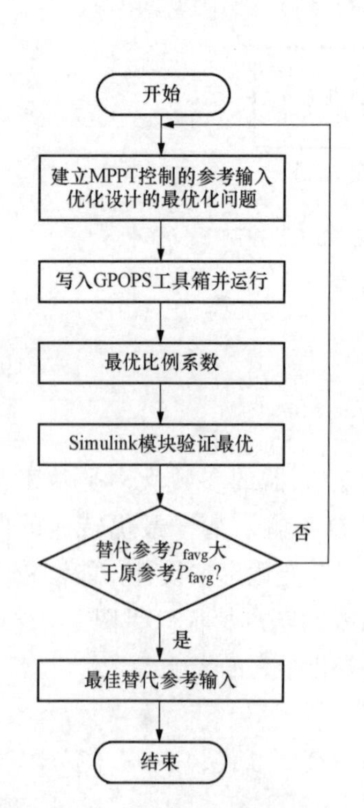

图 6-23　参考输入设计最优控制求解流程

自 20 世纪最优控制问题提出以来，发展至今已有多种成熟的方法解决各式各样的最优控制问题。而目前较为常用的是基于高斯伪谱法的直接法，其主要思路是通过在一系列 Legendre-Gauss 点上构造 Lagrange 插值多项式来近似系统的状态变量和控制变量，进而用解决非线性规划问题的方法求取原最优控制问题的解[10-11]。高斯伪谱法收敛速度快，收敛半径大，求解精度相对较高。由于其这种优良性，基于该方法的相关软件[12]也被陆续开发。GPOPS-Ⅱ利用新一类可变阶的高斯积分伪谱方法，将原连续时间的最优控制问题离散化并进一步转换为非线性规划问题，具有较强的适用性，被广泛应用。

对于上文建立的最优控制问题，可通过图 6-23 方式进行求解。

三、简化系统模型仿真验证

本节基于如第 2 章第 5 节中所述的简化系统模型，对参考输入优化设计的控制策略进行仿真验证。在仿真中，实际的控制器参数 K_P、T_I 不做改动，只观察跟踪参考输入与跟踪替代参考输入下的实际风力机转速与风能捕获效率的比较。输入风速信号为阶跃信号。图 6－24 为不加饱和机制的风力机运行转速比较。从图 6－24（b）中可以看出，跟踪替代参考输入的风力机实际运行轨迹由于风力机缓慢动态特性引起的迟滞响应，反而更接近最优转速，使得风能利用系数维持在更接近最大风能利用系数附近，风能捕获效率从而得到提升。然而，电磁指令未加饱和机制的不考虑载荷与实际运行限制，在理论上可以通过调节 PI 参数使得风能捕获效率接近 100%，显然是不符合实际的。因此，图 6－24 只是说明跟踪替代参考输入方法的有效性，由于未加限制，其风能捕获效率提升较高。

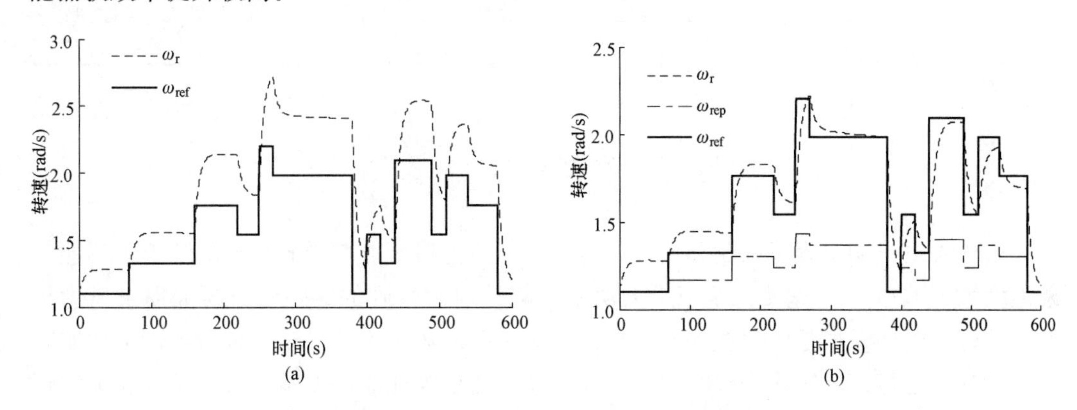

图 6－24　不加饱和机制的风力机运行转速比较

（a）无饱和机制的跟踪参考输入下的风力机转速；（b）无饱和机制的跟踪替代参考输入下的风力机转速

图 6－25 给出了具有电磁饱和机制的风力机运行转速比较，风力机的转速加速能力得到制约，此时的最佳替代参考输入与图 6－24 中的最佳替代参考已不相同。计算与仿真结果显示，相较于跟踪参考输入，此时跟踪恒转速参考反而获得了更高的效益。且该参考为式（6－20）中的最优替代参考。

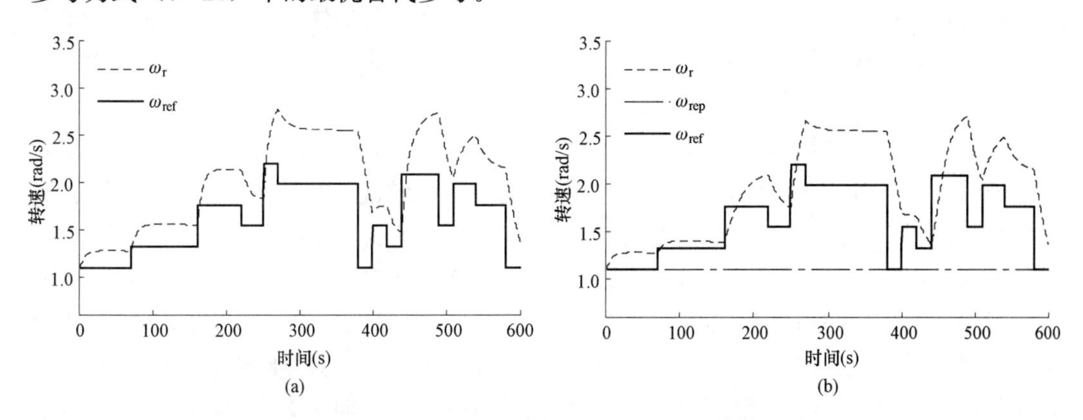

图 6－25　具有电磁饱和机制的风力机运行转速比较

（a）具有饱和机制的跟踪参考输入下的风力机转速；（b）具有饱和机制的跟踪替代参考输入下的风力机转速

从表 6－2 可以看出，应用本节方法能够有效地提高风能发电效率。风能发电效率提高的程度与实时风速、风力机控制参数均有关系。此外，该方法可以自行判断参考输入是否需要进行变换，若判断原参考输入不需进行设计，风能捕获效率不变。

实际上，在风力机系统中 PI 参数一旦确定，一般不做改动。因此，在基于 PI 调节器的伺服控制问题中，优化变量可仅用于参考输入即可。而对于与参考输入有关的控制器，可与参考输入进行联合优化，应用至下一步工作。

表 6-2　　风能捕获效率比较

参数	无饱和机制	具有饱和机制
跟踪参考输入的 P_{favg}	0.3516	0.3191
跟踪替代参考输入的 P_{favg}	0.4000	0.3318
最优比例系数 α_0^*	0.3	0

由于发电机额定容量限制和结构载荷限制，风力机所能承受的不平衡转矩不可能任意地增大或减小[13]，这使得基于最大功率点跟踪原理得到的跟踪要求与大惯量风力机跟踪性能之间的矛盾是难以调和的。可见，对于湍流风速下的慢动态风力机，不切实际地以理论上的最优转速作为跟踪控制目标，并一味地为此改进控制策略，反倒成为实现最大化风能捕获的最大阻碍。相反，应该在承认接受慢动态风力机跟不上快速波动风速的前提下，将有限的跟踪性能用于跟踪效益最大的风能集中分布的风速区间，进而从整体上提高风力机的风能捕获效率。

基于此，在文献提出的收缩跟踪区间改进思路和有效跟踪区间改进方法的基础上，张小莲博士[14]和周连俊博士[15]围绕跟踪区间优化设定问题进行了深入研究，并进一步完善了基于有效跟踪区间的最优转矩方法，具体包括本章介绍的基于神经网络和响应面模型的有效跟踪区间估计方法。由于有效跟踪区间的估计与最优转矩法相对独立（二者间仅通过起始转速设定相关联），因此基于有效跟踪区间的 MPPT 方法工程实用性强，易于移植到现有风力机的主控策略中，便于大规模推广。

随着研究的不断深入，文献［16］发现，有效跟踪区间本质上就是对闭环反馈控制的参考输入的一种优化，优化的目的是为了提高跟踪的效益。实质上，风力机的风能捕获跟踪控制可以抽象为一类跟踪效益控制。它实际上并不关心跟踪精度，而是以跟踪获得的效益最大化为最终目标。此时，转速跟踪只是实现该最终目标的手段。因此，从最大化效益性能指标的最优控制角度来看，被跟踪的参考输入完全可以作为控制设计参量。也就是说，参考输入是不是理论上的最优转速并不重要，只要跟踪它能够最大化跟踪效益即可。这样，传统跟踪控制的参考输入就可以作为一种广义控制手段，它与控制器的联合设计优化将能更有效地提升跟踪效益。

这一发现不仅从控制理论上阐释了作者团队前期考虑湍流风速的跟踪区间优化研究[2,14-15]的学术意义，更由此发展出通过参考输入与跟踪控制的关联协调以提升风能捕获的新技术路径。同时这也将一体化设计从受控对象参数—控制器参数拓展到控制工艺参数—控制器参数层面。由于参考输入与受控对象无关，也与控制器参数无关，完全可由控制工程师以极大化风能捕获效率为目的自主虚拟设计，因此从工程可行性角度来看，该一体化设计天然具有很强的发展潜力和工程实用性。

进一步地，若是将视角扩展到风力发电以外，同样能够找到优化参考输入以协调跟踪控制这一思想的适用对象和适用场景。例如，在智能体的导航与控制领域，相应的跟踪问题被划分为路径规划和轨迹跟踪两部分[17-20]，其中路径规划即是在考虑智能体动态特性的前提下设计合理的轨迹跟踪参考输入。试想当要求一架无人飞行器以最短时间绕某一存在多个棱角的障碍物一周时，最优路径可能并非最短路径（因为在棱角处停下来转向可能花费更多的时间）。这亦可视为参考输入与跟踪控制关联协调的一种体现。

对于考虑参考输入优化的广义跟踪控制的理论研究，还需将其抽象为一个一般性的优化问题，但建模和求解的难度是显而易见的。首先，对于湍流风速，求解最优参考转速可视作一个非常复杂的泛函极值问题；此外，风速的随机波动性、最优参考的不确定性、控制对象和性能指标的强非线性以及状态和控制输入的复杂约束均在很大程度上阻碍了对此类问题的抽象和解决。针对该问题的探索仍在持续中，本书仅给出了由博士研究生郭连松具体完成的基于最优控制视角优化参考输入的部分阶段性研究结果，参见第6章第8节。此项工作以PI控制这一常见的反馈控制方法为基础，从最优控制的角度讨论了参考输入的优化设定问题。为保证有效跟踪区间内容的连贯性，该部分被置于本章的最后。但从整体上看，第6章第8节的内容与本章主要讨论的转速跟踪区间优化是一脉相承的，揭示了关于跟踪效益控制研究的一个很有潜力的新思想和新方向，可视为一种尚未成型的前瞻性研究。作者团队关于该问题的探索仍在持续中，这里给出的是部分最新结果。尽管尚未获得正式发表，仍加以部分介绍，以抛砖引玉，引介前瞻。如有错漏，欢迎批评指正。

[1] 殷明慧，张小莲，叶星，等．一种基于收缩跟踪区间的改进最大功率点跟踪控制［J］．中国电机工程学报，2012，32（27）：24-31.

[2] Yin M，Li W，Chung C，et al. An optimal torque control based on effective tracking range for maximum power point tracking of wind turbines under varying wind conditions［J］. IET Renewable Power Generation，2017，11（4）：501-510.

[3] 周连俊，殷明慧，陈载宇，等．考虑湍流频率因素的风力机最大功率点跟踪控制［J］．中国电机工程学报，2016，3（9）：2381-2388.

[4] Hand M M，Johnson K E，Fingersh L J，et al. Advanced control design and field testing for wind turbines at the national renewable energy laboratory［R］. Colorado：National Renewable Energy Laboratory，2004.

[5] Morrissey M L，Cook W E，Greene J S. An improved method for estimating the wind power density distribution function［J］. J. atmos. oceanic Technol，2009，27（7）：1153-1164.

[6] Carta J A，Mentado D. A continuous bivariate model for wind power density and wind turbine energy output estimations［J］. Energy Conversion and Management，2007，48（2）：420-432.

[7] 殷明慧，张小莲，邹云，等．跟踪区间优化的风力机最大功率点跟踪控制［J］．电网技术，2014，

38（8）：2180-2185.
[8] 夏长亮，修杰．基于RBF神经网络非线性预测模型的开关磁阻电机自适应PID控制［J］．中国电机工程学报，2007，27（3）：57-62.
[9] 刘莉，彭长均，罗洋．基于BP神经网络的电力短期日负荷预测［J］．电工技术，2011（2）：15-17.
[10] Dethman，Herman A. Bearing arrangement for variable sweep wing aircraft：USA，3279721［P］. 1966-10-18.
[11] Rizk M，Jolly B. Aerodynamic simulation of bodies with moving components using CFD overset grid methods［C］//44th AIAA Aerospace Sciences Meeting and Exhibit. Norfolk，Virginia：AIAA，2006：1252.
[12] Rao A V. A survey of numerical methods for optimal control［J］. Astrodynamics，2009，135：497-528.
[13] Bossanyi E A. Wind turbine control for load reduction［J］. Wind Energy，2003，6（3）：229-244.
[14] 张小莲．风力机最大功率点跟踪的湍流影响机理研究与性能优化［D］．南京：南京理工大学，2014.
[15] 周连俊．考虑湍流频率影响的风电机组最大功率点跟踪的性能优化［D］．南京：南京理工大学，2017.
[16] Chen Z，Yin M，Zou Y，et al. Maximum wind energy extraction for variable speed wind turbines with slow dynamic behavior［J］. IEEE Transactions on Power Systems，2017，32（4）：3321-3322.
[17] Repoulias F，Papadopoulos E. Planar trajectory planning and tracking control design for underactuated AUVs［J］. Ocean Engineering，2007，34（11）：1650-1667.
[18] 刘松国．六自由度串联机器人运动优化与轨迹跟踪控制研究［D］．浙江：浙江大学，2009.
[19] 李适．空间机器人路径优化与鲁棒跟踪控制［D］．哈尔滨：哈尔滨工业大学，2013.
[20] Li X，Sun Z，Cao D，et al. Development of a new integrated local trajectory planning and tracking control framework for autonomous ground vehicles［J］. Mechanical Systems and Signal Processing，2017，87：118-137.

第 7 章

基于能控度优化风力机结构参数的风能捕获跟踪控制技术

为了提高风力机的 MPPT 性能，通常是在结构参数不变的情况下，通过优化设计控制器来达到目的。前面的章节已经指出：由于不利风速环境的影响，仅通过优化设计 MPPT 控制器来提升低风速风力机的发电效率面临严峻挑战，通过优化结构参数和调整优化控制器最优转速曲线的参考输入来提升风力机 MPPT 控制性能是一种行之有效的方式。本章将介绍一种基于能控度的风力机结构参数优化新方法。

第 1 节 基于能控度的受控对象结构参数优化方法[1]

本节主要介绍基于能控度的受控对象结构参数优化方法的由来与优点，并给出了基于能控度的受控对象结构参数优化模型。

一、基于能控度的受控对象结构参数优化方法

目前，控制系统设计方法有三种，即传统的分离设计如图 7-1 所示，结构—控制器一体化设计如图 7-2 所示，以及基于控制性设计指标的优化设计如图 7-3 所示。

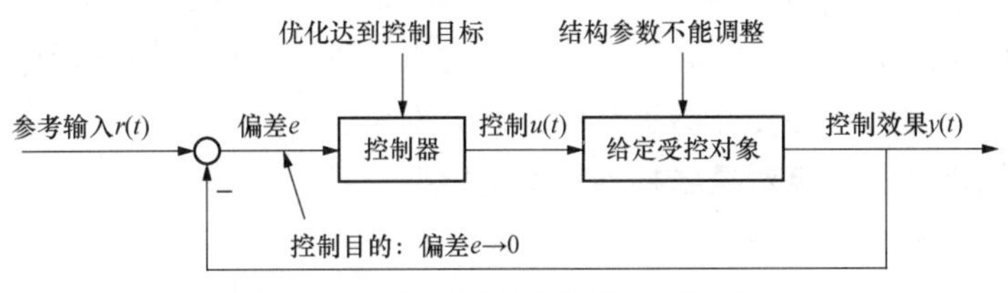

图 7-1 传统的分离设计示意图[1]

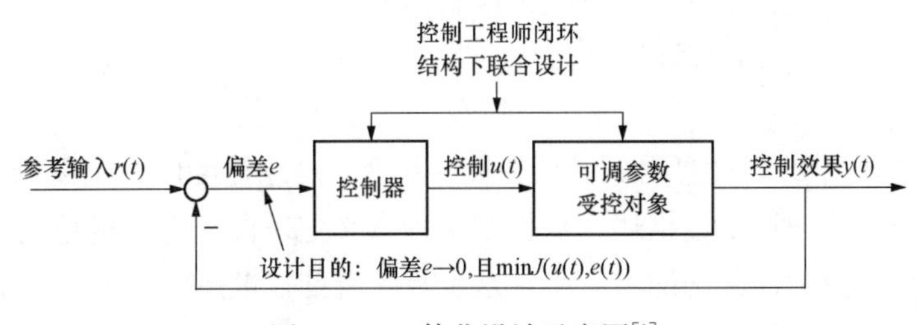

图 7-2 一体化设计示意图[1]

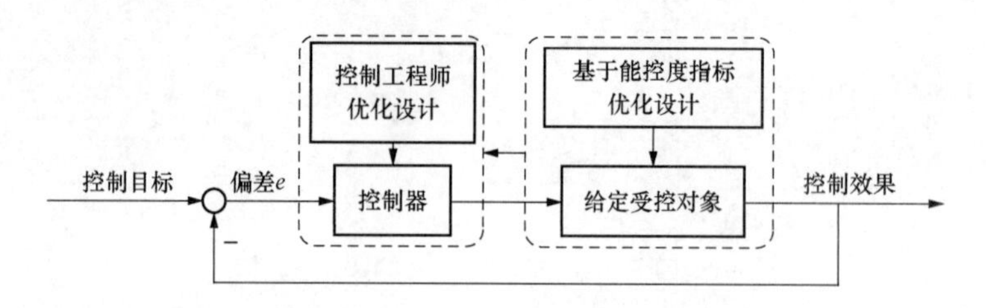

图 7-3 基于控制性设计指标的优化设计示意图[1]

从图 7-1 可以看出，传统的分离设计是不改变受控对象的结构参数的，只是在给定的结构参数下，优化设计控制器来达到控制的目标。这种分离设计方法简单且可行性高，极大地推动了控制理论与方法的发展[2-3]。然而，随着自动化技术的发展，这一设计方法逐渐显现出一些问题。有研究表明，采用这种分离设计方法，在某些情况下，无论怎样设计控制器都不能使闭环系统满足性能要求[4-5]。

于是如图 7-2 的一体化设计应运而生，这种设计方法是将系统总体结构与控制器进行二次联合优化设计，一定程度上可以提高系统的控制效果。但是，它是针对不同控制器的具体设计方法，设计出不同的系统结构的受控对象，通用性和经济性也较差。另外，建模极其困难，其具体可操作性值得商榷[6-7]。

因此，综合上述两种方法，文献［8］提出了一种基于控制性设计指标的优化设计方法（见图 7-3）。从图 7-3 可以看出：基于能控度的优化设计方法首先根据能控度指标优化得到有利于控制器设计的受控对象结构，然后控制工程师再根据需求设计控制器。

对比图 7-1 和图 7-3 发现：这种优化设计方案与传统的分离设计方法唯一的区别在于受控对象总体结构设计中考虑了“控制学科设计的要求”。从控制设计角度出发，提出了受控对象开环结构需要满足的性质或指标。也就是说：它依然满足“在受控对象结构参数给定的情形下，再设计控制器参数”的传统分离设计原则，只是在受控对象总体结构设计的阶段提前考虑了控制工程师的设计共性要求，这里表现形式为“能控度指标”。

对于基于能控度的优化设计方法来说，关键点在于：验证能控度指标用于优化受控对象可调结构参数的可行性，并给出具体的研究框架。

二、基于能控度的受控对象结构参数优化模型

假设一般的系统被表示为

$$\dot{x}(t) = f(x(t), u(t)) \tag{7-1}$$

式中：$x \in \mathrm{R}^n$ 为状态向量；$u \in \mathrm{R}^m$ 为控制输入向量。

假设系统式（7-1）能被线性化为

$$\dot{x}(t) = Ax(t) + Bu(t) \tag{7-2}$$

基于系统式（7-2），计算得到其能控度，设为 μ。能控度作为受控对象能控程度的度量，是对能控性的一种定量描述。从控制工程意义上来说，它定量地反映了一个受控对象能够完成给定控制任务的能力大小。这也意味着能控度越大，完成控制任务的能力越强，控制任务的完成效果就相应越好。

于是，可建立基于能控度的受控对象结构参数优化设计模型为

$$\max \quad \mu$$

满足

$$g(\zeta_1,\zeta_2,\cdots,\zeta_l)\leqslant 0$$
$$h(\zeta_1,\zeta_2,\cdots,\zeta_l)=0$$
$$\zeta_{i\min}\leqslant\zeta_i\leqslant\zeta_{i\max},1\leqslant i\leqslant l.$$

式中：ζ_1，ζ_2，…，ζ_l 为可调结构参数；$\zeta_{i\min}$ 和 $\zeta_{i\max}$ 分别为结构参数的上下界。$g(\cdot)$和 $h(\cdot)$ 分别为要满足的不等式和等式约束。很显然，该优化问题属于单目标非线性有约束优化问题。

注 7.1 因为能控度指标的定义一般是基于系统简化模型的，即状态空间模型。因此，上述优化模型中的结构参数 ζ_1，ζ_2，…，ζ_l 大多为集总参数，在实际中一般来说不能直接调节。因此，在建立上述优化模型时，结构参数的选取及约束必须符合一定的实际工程设计要求，一般通过更详细的工程实际模型确定，并且假设它们是可通过调节实际工程的某些参数得到的，也就是说，视它们为可调参数。

第2节 状态能控度与闭环控制效果

从第7章第1节可以看出，要将基于能控度的优化方法应用到风力机系统，需要验证基于能控度设计出来的结构参数是可以提高控制效果的。因此，本节主要介绍能控度的相关定义，风力机控制效果的衡量指标，以及能控度与闭环控制效果的内在关系，为将能控度用于优化设计风力机结构参数奠定基础。

一、状态能控度的定义

目前，能控度并没有统一的定义，这里重点介绍两种能控度，即参数摄动裕度能控度和能量能控度。

1. 参数摄动裕度能控度定义

考虑如下线性时不变系统

$$\dot{x}(t)=Ax(t)+Bu(t) \tag{7-3}$$

式中：$x\in \mathrm{R}^n$ 为系统的状态向量；$u\in \mathrm{R}^m$ 为系统控制输入；A，B 分别为相应维数的状态矩阵和输入矩阵。

定义 7.1[9] 设（A，B）能控，定义系统式（7-3）的能控度为

$$\mu_{\mathrm{d}}(A,B)=\min_{E,F}\{\|[E\quad F]\|:(A+E,B+F)\text{ 不能控}\}$$

它表示能控系统（A，B）到不能控系统集合之间的距离。为方便计，这里称之为参数摄动裕度能控度。定义7.1只是从数学上定义的一个距离，可被视为反映了系统能控性对系统结构参数摄动或结构参数不确定性的保持能力或鲁棒性。显然，这个定义几何意义是清晰的，但并不具有特别直观的工程物理意义。

引理 7.1[10-12]

$$\mu_{\mathrm{d}}(A,B)=\min_{s\in\mathrm{C}}\sigma_{\min}([sI-A,B]) \tag{7-4}$$

其中$\sigma_{\min}$（$[sI-A, B]$）是矩阵$[sI-A, B]$的最小奇异值。这里，矩阵A奇异值的定义为

$$\sigma(A)=\sqrt{\lambda(A^{H}A)}$$

2. 能量能控度定义

定义 7.2[13] 设（A，B）能控，定义系统式（7-3）的能量能控度为

$$\mu_{e}=\frac{1}{\|W_{c}^{-1}(t_{f},t_{0})\|}=\lambda_{\min}(W_{c}(t_{f},t_{0})) \tag{7-5}$$

这里，$W_{c}(t_{f},t_{0})=\int_{t_0}^{t_f}e^{-A(\tau-t_0)}BB^{T}e^{-A^{T}(\tau-t_0)}d\tau$为Grammian矩阵，$e^{A(t_0-\tau)}$是$A$的状态转移矩阵。注意，若系统能控，则上述矩阵是非奇异的，因而能量能控度大于0。

该定义具有较强的物理意义。由文献［14］知，系统式（7-3）在有限时间内从任意状态x_0控制到平衡点（原点）所需要的最小能量的最大上界为

$$\max_{x_0}\min_{u}\int_{t_0}^{t_f}\|u(t)\|^{2}d\tau=\max_{x_0}\{x_0^{T}W_{c}^{-1}(t_0,t_f)x_0\}=\mu_{e}^{-1}\|x_0\|^{2}$$

因而在给定的时间段内，对任意的x_0，上述定义的能量能控度μ_e越大，系统越容易被控制到平衡点。

3. 考虑干扰的能量能控度定义

考虑如下的线性有干扰时不变系统

$$\begin{aligned}\dot{x}(t)&=Ax(t)+Bu(t)+Dw(t)\\y(t)&=Cx(t)\end{aligned} \tag{7-6}$$

其中$x(t)\in R^{n}$是系统的状态向量；$u(t)\in R^{m}$是系统控制输入；$w(t)\in R^{r}$是系统的外部干扰，A、B、C、D分别为相应维数的矩阵。假设$w(t)$为高斯白噪声，且自相关函数为

$$R_{w}(\tau)=E[w(t)w^{T}(t+\tau)]=S_{w}\delta(\tau) \tag{7-7}$$

期望为

$$E[w(t)]=0 \tag{7-8}$$

方差满足

$$E[w(t)^{2}]<\infty$$

其中$\delta(\tau)$为狄拉克δ函数。

令$e^{A(t-t_0)}$为A的状态转移矩阵，能控性Grammian矩阵为

$$W(t)=\int_{t_0}^{t}e^{-A(\tau-t_0)}BB^{T}e^{-A^{T}(\tau-t_0)}d\tau \tag{7-9}$$

类似的，干扰灵敏度Grammian矩阵为

$$\Sigma(t)=\int_{t_0}^{t}e^{-A(\tau-t_0)}DS_{w}D^{T}e^{-A^{T}(\tau-t_0)}d\tau \tag{7-10}$$

定义 7.3[15] 设（A，B）能控，定义系统式（7-6）的能控度指标为

$$k_{c}=\mathrm{tr}(W(t_f)^{-1}\Sigma(t_f)) \tag{7-11}$$

该定义为系统抗干扰能力的度量，反映了系统抗干扰所需耗费的控制能量。但是

忽略了系统镇定所需要的能量，这可能导致该定义下的指标在某些系统中不适用。另外，当系统退化成一般的线性定常系统，该指标变为0，失去物理意义，这就意味着系统能量能控度变为0，但是根据定义7.2，能量能控度仍然存在且不为0。而且在这种情况下，该能量能控度指标也不能再用于优化受控对象的结构参数。因此，为了提高现有考虑干扰能量能控度指标的适用性，综合考虑系统抗干扰能量和镇定能量，针对线性有干扰定常系统，文献［16］给出了两种新的考虑干扰的能量能控度指标。

考虑下述最小能量控制问题

$$\sigma_e = \min_{u(t)} E\left[\int_{t_0}^{t_f} u^T(t)u(t)\mathrm{d}t\right] \\ s.t.\ x(t_0)=x_0, x(t_f)=0 \tag{7-12}$$

若式（7-12）的最优解存在，则可得考虑干扰的能量能控度的定义如下：

定义7.4[1]　对于线性有干扰时不变系统式（7-6），假设x_0是可估计的。则定义系统式（7-6）的能量能控度指标为

$$\widetilde{\mu}^{-1} = \max_{\|x_0\|=1} \min_{u(t)} E\left[\int_{t_0}^{t_f} u^T(t)u(t)\mathrm{d}t\right]$$

定义7.5[16]对于线性有干扰时不变系统式（7-6），假设x_0为随机向量，则定义系统式（7-6）的能量能控度指标为

$$\widetilde{\mu}^{-1} = \min_{u(t)} E\left[\int_{t_0}^{t_f} u^T(t)u(t)\mathrm{d}t\right]$$

根据上述定义7.4和定义7.5可得到两种新的能量能控度指标。

定理7.1[1]　假设式（7-12）的最小能量问题是可解的，初值条件x_0是可估计的，则系统式（7-6）的能量能控度指标可定义为

$$\widetilde{\mu} = \frac{1}{1/\lambda_{\min}(W(t_f)) + \mathrm{tr}(W(t_f)^{-1}\Sigma(t_f))} \tag{7-13}$$

证明：假设式（7-12）的最小能量问题对于任意的初始条件x_0都是可解的，则对于任意$t_0 \leqslant t \leqslant t_f$，可得到最优解为

$$\mu^*(t) = -B^T e^{A^T(t_0-t)} W(t_f)^{-1}\left(x_0 + \int_{t_0}^{t_f} e^{A(t_0-\tau)} Dw(\tau)\mathrm{d}\tau\right) \tag{7-14}$$

推导过程见文献［17-18］。由此，可计算得到$u^*(t)$的协方差矩阵为

$$\begin{aligned}\boldsymbol{R}_{u^*}(t) = E[u^*(t)(u^*(t))^T] = E[B^T e^{A^T(t_0-t)} W(t_f)^{-1}(x_0 + \int_{t_0}^{t_f} e^{A(t_0-\tau)} \\ Dw(\tau)\mathrm{d}\tau)\cdot(x_0^T + \int_{t_0}^{t_f} w(s)D^T e^{A^T(t_0-s)}\mathrm{d}s)W(t_f)^{-1}e^{A(t_0-t)}B]\end{aligned} \tag{7-15}$$

根据式（7-7）和式（7-8），式（7-15）可被改写为

$$\begin{aligned}\boldsymbol{R}_{u^*}(t) = B^T e^{A^T(t_0-t)} W(t_f)^{-1} x_0 x_0^T W(t_f)^{-1} e^{A(t_0-t)} B + B^T e^{A^T(t_0-t)} W(t_f)^{-1} \\ \int_{t_0}^{t_f} e^{A(t_0-\tau)} DS_w D^T e^{A^T(t_0-\tau)}\mathrm{d}\tau W(t_f)^{-1} e^{A(t_0-t)} B\end{aligned} \tag{7-16}$$

再根据式（7-10）

$$\begin{aligned} \boldsymbol{R}_{u^*}(t) =& B^{\mathrm{T}} e^{A^{\mathrm{T}}(t_0-t)} W(t_f)^{-1} x_0 x_0^{\mathrm{T}} W(t_f)^{-1} e^{A(t_0-t)} B + \\ & B^{\mathrm{T}} e^{A^{\mathrm{T}}(t_0-t)} W(t_f)^{-1} \Sigma(t_f) W(t_f)^{-1} e^{A(t_0-t)} B \end{aligned} \tag{7-17}$$

因此，通过计算可得最小能量为

$$\begin{aligned} \sigma_e =& \int_{t_0}^{t_f} E[(u^*(t))^{\mathrm{T}} u^*(t)] \mathrm{d}t = \mathrm{tr}\{\int_{t_0}^{t_f} E[(u^*(t) u^*(t))^{\mathrm{T}}] \mathrm{d}t\} \\ =& \mathrm{tr}\{\int_{t_0}^{t_f} [B^{\mathrm{T}} e^{A^{\mathrm{T}}(t_0-t)} W(t_f)^{-1} x_0 x_0^{\mathrm{T}} W(t_f)^{-1} e^{A(t_0-t)} B \\ & + B^{\mathrm{T}} e^{A^{\mathrm{T}}(t_0-t)} W(t_f)^{-1} \Sigma(t_f) W(t_f)^{-1} e^{A(t_0-t)} B] \mathrm{d}t\} \end{aligned} \tag{7-18}$$

因为矩的阵迹满足一定的规律，式（7 - 18）可改写为

$$\begin{aligned} \sigma_e =& \mathrm{tr}\{\int_{t_0}^{t_f} [x_0^{\mathrm{T}} W(t_f)^{-1} e^{A(t_0-t)} B B^{\mathrm{T}} e^{A^{\mathrm{T}}(t_0-t)} W(t_f)^{-1} x_0 + \\ & W(t_f)^{-1} \Sigma(t_f) W(t_f)^{-1} e^{A(t_0-t)} B B^{\mathrm{T}} e^{A^{\mathrm{T}}(t_0-t)}] \mathrm{d}t\} \\ =& \mathrm{tr}\{x_0^{\mathrm{T}} W(t_f)^{-1} x_0\} + \mathrm{tr}\{W(t_f)^{-1} \Sigma(t_f)\} \end{aligned} \tag{7-19}$$

上述 σ_e 提供了一个依赖于 $[t_0, t_f]$ 和 x_0 的能控性量化指标。很显然，从式（7 - 19）可以看出，最小能量消耗越小的系统具有更高的能控度。为了让新的能量能控度指标不依赖于初始条件 x_0，考虑以下的操作[13]

$$\begin{aligned} & \max_{\|x_0\|_2=1} \min_{u(t)} E[\int_{t_0}^{t_f} u^{\mathrm{T}}(t) u(t) \mathrm{d}t] \\ =& \max_{\|x_0\|_2=1} \{\mathrm{tr}(x_0^{\mathrm{T}} W(t_f)^{-1} x_0) + \mathrm{tr}(W(t_f)^{-1} \sum(t_f))\} \\ =& \lambda_{\max}(W(t_f)^{-1}) + \mathrm{tr}(W(t_f)^{-1} \sum(t_f)) \\ =& \frac{1}{\lambda_{\min}(W(t_f))} + \mathrm{tr}(W(t_f)^{-1} \sum(t_f)) \end{aligned} \tag{7-20}$$

其中 $\sigma_1 = 1/\lambda_{\min}(W(t_f))$ 为系统镇定所需要的能量，$\sigma_2 = \mathrm{tr}(W(t_f)^{-1}\Sigma(t_f))$ 为系统抗干扰所消耗的能量。从式（7 - 20）可得新的能控度指标为

$$\tilde{\mu} = \frac{1}{\dfrac{1}{\lambda_{\min}(W(t_f))} + \mathrm{tr}(W(t_f)^{-1}\Sigma(t_f))} \tag{7-21}$$

注 7.2 在定义能控度指标时，之所以用式（7 - 21）代替式（7 - 20），是因为一般来说，如果系统退化成不可控的系统时，能控度将变为 0，而在式（7 - 20）中，系统不能控时，取值为∞，这意味着要想将系统在 $[t_0, t_f]$ 内控制到指定状态消耗的能量为无穷大，即不可控。而能控度是能控性的量化，因此，式（7 - 21）的指标更适合能量能控度的定义。另外，$\{x_0: \|x_0\| = 1\}$ 相当于对初始条件的归一化，对于定理 7.1 的证明至关重要，引入它的目的是为了使能量能控度指标不依赖于初始条件，为了更好地指导受控对象的结构参数优化设计。但是它仍然存在一定的局限性。

从定理 7.1 的证明可以看出，该指标是从控制能量的角度提出的，它反映了从初始状态 $\{x_0: \|x_0\| = 1\}$ 转移到平衡点所需要的最小能量。其中包括镇定系统所需能量

和系统抗干扰所消耗的能量，特别的，当系统退化成线性无干扰定常系统时，该指标将退化为定义 7.2。这使得该指标相对于定义 7.3 更具有适用性。

在上述的能控度定义中，假设 x_0 是可估计的且满足 $\{x_0:\ \|x_0\|=1\}$。事实上，对于有外部干扰的系统，初始状态 x_0 应该是随机向量，例如风力机系统，它的初始状态主要由风速决定。因此，为了使新的考虑干扰的能量能控度指标更符合事实，下面假设初始状态 x_0 为随机向量。

定理 7.2[16]　假设式（7-12）的最小能量问题是可解的，初始状态 x_0 为随机向量，且与 $w(t)$ 相互独立，则系统式（7-6）的能量能控度指标可定义为

$$\underline{\mu}=\frac{1}{\mathrm{tr}(W(t_f)^{-1}\Sigma(t_f))+\mathrm{tr}(W(t_f)^{-1}E(x_0x_0^{\mathrm{T}}))} \tag{7-22}$$

证明：假设式（7-12）的最小能量问题对于任意的初始条件 x_0 都是可解的，则对于任意 $t_0\leqslant t\leqslant t_f$，可得到最优解为

$$\mu^*(t)=-B^{\mathrm{T}}e^{A^{\mathrm{T}}(t_0-t)}W(t_f)^{-1}\left(x_0+\int_{t_0}^{t_f}e^{A(t_0-\tau)}Dw(\tau)\mathrm{d}\tau\right) \tag{7-23}$$

推导过程见文献 [17-18]。由此，可计算得 $u^*(t)$ 的协方差矩阵

$$\begin{aligned}\boldsymbol{R}_{u^*}(t)&=E[u^*(t)(u^*(t))^{\mathrm{T}}]=E[B^{\mathrm{T}}e^{A^{\mathrm{T}}(t_0-t)}W(t_f)^{-1}(x_0+\int_{t_0}^{t_f}e^{A(t_0-\tau)}\\&Dw(\tau)\mathrm{d}\tau)\cdot(x_0^{\mathrm{T}}+\int_{t_0}^{t_f}w(s)D^{\mathrm{T}}e^{A^{\mathrm{T}}(t_0-s)}\mathrm{d}s)W(t_f)^{-1}e^{A(t_0-t)}B]\end{aligned} \tag{7-24}$$

根据式（7-7）和式（7-8），式（7-24）可被改写为

$$\begin{aligned}\boldsymbol{R}_{u^*}(t)=&B^{\mathrm{T}}e^{A^{\mathrm{T}}(t_0-t)}W(t_f)^{-1}E(x_0x_0^{\mathrm{T}})W(t_f)^{-1}e^{A(t_0-t)}B+B^{\mathrm{T}}e^{A^{\mathrm{T}}(t_0-t)}W(t_f)^{-1}\\&\int_{t_0}^{t_f}e^{A(t_0-\tau)}DS_wD^{\mathrm{T}}e^{A^{\mathrm{T}}(t_0-\tau)}\mathrm{d}\tau W(t_f)^{-1}e^{A(t_0-t)}B\end{aligned} \tag{7-25}$$

再根据式（7-10）可得

$$\begin{aligned}\boldsymbol{R}_{u^*}(t)=&B^{\mathrm{T}}e^{A^{\mathrm{T}}(t_0-t)}W(t_f)^{-1}E(x_0x_0^{\mathrm{T}})W(t_f)^{-1}e^{A(t_0-t)}B\\&+B^{\mathrm{T}}e^{A^{\mathrm{T}}(t_0-t)}W(t_f)^{-1}\Sigma(t_f)W(t_f)^{-1}e^{A(t_0-t)}B\end{aligned} \tag{7-26}$$

因此，通过计算可得最小能量为

$$\begin{aligned}\sigma_e&=\int_{t_0}^{t_f}E[(u^*(t))^{\mathrm{T}}u^*(t)]\mathrm{d}t=\mathrm{tr}\{\int_{t_0}^{t_f}E[(u^*(t)u^*(t))^{\mathrm{T}}]\mathrm{d}t\}\\&=\mathrm{tr}\{\int_{t_0}^{t_f}B^{\mathrm{T}}e^{A^{\mathrm{T}}(t_0-t)}W(t_f)^{-1}E(x_0x_0^{\mathrm{T}})W(t_f)^{-1}e^{A(t_0-t)}B+\\&B^{\mathrm{T}}e^{A^{\mathrm{T}}(t_0-t)}W(t_f)^{-1}\Sigma(t_f)W(t_f)^{-1}e^{A(t_0-t)}B\}\end{aligned} \tag{7-27}$$

因为矩阵迹满足一定的规律，式（7-27）可改写为

$$\begin{aligned}\sigma_e=&\mathrm{tr}\{\int_{t_0}^{t_f}E(x_0x_0^{\mathrm{T}})W(t_f)^{-1}e^{A(t_0-t)}BB^{\mathrm{T}}e^{A^{\mathrm{T}}(t_0-t)}W(t_f)^{-1}+\\&W(t_f)^{-1}\Sigma(t_f)W(t_f)^{-1}e^{A(t_0-t)}BB^{\mathrm{T}}e^{A^{\mathrm{T}}(t_0-t)}\mathrm{d}t\}\\=&\mathrm{tr}\{E(x_0x_0^{\mathrm{T}})W(t_f)^{-1}+W(t_f)^{-1}\Sigma(t_f)\}\end{aligned} \tag{7-28}$$

上述 σ_e 提供了一个依赖于 $[t_0,\ t_f]$ 和 x_0 的能控性量化指标。很显然，从式（7-28）

可以看出，最小能量消耗越小的系统具有更高的能控度。因此

$$\begin{aligned}&\min_{u(t)} E\left[\int_{t_0}^{t_f} u^{\mathrm{T}}(t)u(t)\mathrm{d}t\right]\\&=\mathrm{tr}\{E(x_0x_0^{\mathrm{T}})W(t_f)^{-1}+W(t_f)^{-1}\sum(t_f)\}\\&=\mathrm{tr}(E(x_0x_0^{\mathrm{T}})W(t_f)^{-1})+\mathrm{tr}(W(t_f)^{-1}\Sigma(t_f))\end{aligned} \tag{7-29}$$

其中，$\sigma_1=\mathrm{tr}[E(x_0x_0^{\mathrm{T}})W(t_f)^{-1}]$为系统镇定所需要的能量，$\sigma_2=\mathrm{tr}(W(t_f)^{-1}\Sigma(t_f))$为系统抗干扰所消耗的能量。从式（7-29）可得新的考虑干扰的能量能控度指标为

$$\underline{\mu}=\frac{1}{\mathrm{tr}(W(t_f)^{-1}\Sigma(t_f))+\mathrm{tr}(E(x_0x_0^{\mathrm{T}})W(t_f)^{-1})} \tag{7-30}$$

注 7.3 在定理 7.2 中，虽然新的能控度指标依赖于初始条件，但是它只依赖于初始状态的分布，不依赖于具体的值。相较于文献［19－20］，新的指标已经减少了对初值的依赖性。新的考虑干扰的能量能控度指标提出的目的是用于指导受控对象的结构优化设计，如果过分依赖于初始条件，这使得优化设计结果不具有普遍适用性。也就是说，当初始条件变化时，就要重新进行优化设计。因此，定理 7.1 对初始条件的限制是有必要的，它使得新的能控度指标独立于初始条件的具体值。

二、风力机闭环控制效果衡量指标介绍

风力机的控制性能主要体现在风力机的转速跟踪和 MPPT 效率两方面，下面给出其定义。

1. MPPT 效率的定义

将实际的功率与最大功率的比值定义为 MPPT 效率，其计算公式为[19-20]

$$\eta(\%)=\frac{\int_0^t P_a \mathrm{d}t}{\int_0^t P_{max}\mathrm{d}t}=\frac{\int_0^t T_a\cdot\omega_r\mathrm{d}t}{\int_0^t 0.5\rho\pi R^2 v^3 C_p^{max}\mathrm{d}t} \tag{7-31}$$

式中：P_a 为实际捕获的功率；P_{max}为基于贝茨理论最大能捕获的功率；t 为仿真时间。

2. 转速跟踪误差

平均转速误差计算公式为

$$\omega_{error}^i=|\omega_{ref}^i-\omega_r^i| \tag{7-32}$$

$$\omega_{ave-error}=\frac{\sum_{i=1}^N\omega_{error}^i}{N} \tag{7-33}$$

式中：ω_{error}^i为第 i 个采样点的转速误差；ω_{ref}^i为第 i 个采样点的参考转速；ω_r^i 为第 i 个采样点的实际转速；N 为转速采样点的总个数。

三、状态能控度与闭环控制效果结果分析[16,21-22]

本节主要介绍了开环能控度与闭环控制效果的内在关系，两者结果分析为能控度用于优化风力机结构参数奠定了基础。

1. 参数摄动裕度能控度与 LQR 控制的理论结果分析及在风力机系统中的应用

事实上，研究参数摄动裕度能控度与线性二次型控制（Linear Quadratic Regulator，LQR）的内在关系，等价于研究它与黎卡提（Riccati）方程解的关系。因此，本小

节给出了参数摄动裕度能控度与黎卡提方程解的充要关系。

（1）问题描述。考虑两个线性定常系统如下

$$\begin{cases}\dot{x}_1(t)=A_1x_1(t)+B_1u_1(t)\\ y_1(t)=Cx_1(t)\end{cases} \tag{7-34}$$

$$\begin{cases}\dot{x}_2(t)=A_2x_2(t)+B_2u_2(t)\\ y_2(t)=Cx_2(t)\end{cases} \tag{7-35}$$

其中，$x_1(t)$，$x_2(t)\in R^n$，$y_1(t)$，$y_2(t)\in \mathrm{R}^m$ 分别为系统的状态向量和输出向量；$u_1(t)$，$u_2(t)\in \mathrm{R}^r$ 为控制输入向量；A_1，A_2，B_1，B_2，C 为适当维数的常矩阵。对上述式（7-34）和式（7-35）分别设计LQR控制器，即，分别求最优控制 $u_1^*(t)$，$u_2^*(t)$，使得下列性能指标 J_1，J_2 最小

$$J_1=\int_0^{\infty}(y_1^{\mathrm{T}}(t)y_1(t)+u_1^{\mathrm{T}}(t)R_1u_1(t))\mathrm{d}t$$

$$J_2=\int_0^{\infty}(y_2^{\mathrm{T}}(t)y_2(t)+u_2^{\mathrm{T}}(t)R_2u_2(t))\mathrm{d}t$$

引理7.2[23] 假设（A_1，B_1）是可镇定的，（A_1，C）是可观的且 $R_1=R_1^{\mathrm{T}}>0$。则存在 $u_1^*(t)=-R_1^{-1}B_1^{\mathrm{T}}P_1x_1$，使得性能指标 J_1 最小。其中 P_1 为下列连续的代数黎卡提方程（CARE）的唯一正定解

$$P_1A_1+A_1^{\mathrm{T}}P_1+Q-P_1B_1R_1^{-1}B_1^{\mathrm{T}}P_1=0 \tag{7-36}$$

最小性能指标 $J_1=x_0^{\mathrm{T}}P_1x_0$，$x_0$ 为式（7-34）的初始条件。类似的，假设（A_2，B_2）是可镇定的，（A_2，C）是可观的且 $R_2=R_2^{\mathrm{T}}>0$，对于系统式（7-35），$u_2^*(t)=-R_2^{-1}B_2^{\mathrm{T}}P_2x_2$，其中 P_2 为下列连续的CARE的唯一正定解

$$P_2A_2+A_2^{\mathrm{T}}P_2+Q-P_2B_2R_2^{-1}B_2^{\mathrm{T}}P_2=0 \tag{7-37}$$

其中 $Q=C^{\mathrm{T}}C$。

另外，令 μ_{d_1} 和 μ_{d_2} 分别为系统式（7-34）和式（7-35）的参数摄动裕度能控度，则

$$\mu_{\mathrm{d}_1}(A_1,B_1)=\sigma_{\min}([sI-A_1,B_1]) \tag{7-38}$$

$$\mu_{\mathrm{d}_2}(A_2,B_2)=\sigma_{\min}([sI-A_2,B_2]) \tag{7-39}$$

（2）参数摄动裕度能控度与LQR性能指标的内在关系。假设系统式（7-34）和式（7-35）满足 $A_1=kA_2$，$B_1=kB_2$，k 为正常数。则有

$$\begin{cases}\dot{x}_1(t)=kA_2x_1(t)+kB_2u_1(t)\\ y_1(t)=Cx_1(t)\end{cases} \tag{7-40}$$

$$\begin{cases}\dot{x}_2(t)=A_2x_2(t)+B_2u_2(t)\\ y_2(t)=Cx_2(t)\end{cases} \tag{7-41}$$

另外，假设系统式（7-40）和式（7-41）具有相同的LQR控制器，即 $R_1=R_2=\bar{R}$。于是式（7-36）和式（7-37）变为

$$P_1A_2+A_2^{\mathrm{T}}P_1+\frac{1}{k}Q-kP_1B_2\bar{R}^{-1}B_2^{\mathrm{T}}P_1=0 \tag{7-42}$$

$$P_2A_2+A_2^{\mathrm{T}}P_2+Q-P_2B_2\bar{R}^{-1}B_2^{\mathrm{T}}P_2=0 \tag{7-43}$$

定理 7.3 假设（A_2，B_2）是可镇定的，（A_2，C）是可观的。P_1 和 P_2 分别为黎卡提方程式（7-42）和式（7-43）的解。μ_{d_1} 和 μ_{d_2} 分别为系统式（7-40）和式（7-41）的参数摄动裕度能控度。则 $\mu_{d_1} \leqslant \mu_{d_2}$ 成立当且仅当 $P_1 \geqslant P_2$。

证明：一方面，将式（7-42）减去式（7-43），则有

$$\begin{aligned}&(P_1 - P_2)A_2 + A_2^{\mathrm{T}}(P_1 - P_2) - kP_1B_2\bar{R}^{-1}B_2^{\mathrm{T}}P_1\\&+P_2B_2\bar{R}^{-1}B_2^{\mathrm{T}}P_2 + \left(\frac{1}{k} - 1\right)\boldsymbol{Q} = 0\end{aligned} \tag{7-44}$$

改写式（7-44）可得

$$\begin{aligned}&(P_1 - P_2)(A_2 - B_2\bar{R}^{-1}B_2^{\mathrm{T}}P_2) + (A_2 - B_2\bar{R}^{-1}P_2)^{\mathrm{T}}(P_1 - P_2) - (P_1 - P_2)\\&B_2\bar{R}^{-1}B_2^{\mathrm{T}}(P_1 - P_2) + (1-k)P_1B_2\bar{R}^{-1}B_2^{\mathrm{T}}P_1 + \left(\frac{1}{k} - 1\right)\boldsymbol{Q} = 0\end{aligned} \tag{7-45}$$

根据式（7-43）和引理 7.2 可知，$A_2 - B_2\bar{\mathrm{R}}^{-1}B_2^{\mathrm{T}}P_2$ 是稳定的。因此，通过式（7-45）可知，如果 $k \leqslant 1$，则 $P_1 - P_2$ 是半正定的。下面证明当 $\mu_{d_1} \leqslant \mu_{d_2}$ 时，$k \leqslant 1$ 成立。

根据参数摄动裕度能控度的定义，μ_{d_1} 和 μ_{d_2} 分别表示为

$$\begin{aligned}\mu_{d_1} &= \min_{s \in C}\sigma_{\min}([sI - A_1, B_1]) = \sigma_{\min}([s_1I - A_1, B_1])\\&= \sqrt{\lambda_{\min}((s_1I - A_1)(s_1I - A_1)^{\mathrm{T}} + B_1B_1^{\mathrm{T}})}\\&= \sqrt{\lambda_{\min}((s_1I - kA_2)(s_1I - kA_2)^{\mathrm{T}} + k^2B_2B_2^{\mathrm{T}})}\end{aligned} \tag{7-46}$$

$$\begin{aligned}\mu_{d_2} &= \min_{s \in C}\sigma_{\min}([sI - A_2, B_2]) = \sigma_{\min}([s_2I - A_2, B_2])\\&= \sqrt{\lambda_{\min}((s_2I - A_2)(s_2I - A_2)^{\mathrm{T}} + B_2B_2^{\mathrm{T}})}\end{aligned} \tag{7-47}$$

下面证明当 $\mu_{d_1} \leqslant \mu_{d_2}$ 时，$k \leqslant 1$ 成立。改写式（7-46）为

$$\begin{aligned}\mu_{d_1} &= \sqrt{\lambda_{\min}((s_1I - kA_2)(s_1I - kA_2)^{\mathrm{T}} + k^2B_2B_2^{\mathrm{T}})}\\&= \sqrt{\lambda_{\min}\left(k^2\left(\frac{s_1}{k}I - A_2\right)\left(\frac{s_1}{k}I - A_2\right)^{\mathrm{T}} + k^2B_2B_2^{\mathrm{T}}\right)}\\&= k\sqrt{\lambda_{\min}\left(\left(\frac{s_1}{k}I - A_2\right)\left(\frac{s_1}{k}I - A_2\right)^{\mathrm{T}} + B_2B_2^{\mathrm{T}}\right)}\end{aligned} \tag{7-48}$$

$$\begin{aligned}\mu_{d_2} &= \sqrt{\lambda_{\min}((s_2I - A_2)(s_2I - A_2)^{\mathrm{T}} + B_2B_2^{\mathrm{T}})}\\&\leqslant \sqrt{\lambda_{\min}\left(\left(\frac{s_1}{k}I - A_2\right)\left(\frac{s_1}{k}I - A_2\right)^{\mathrm{T}} + B_2B_2^{\mathrm{T}}\right)}\end{aligned} \tag{7-49}$$

因此，如果 $\mu_{d_1} \leqslant \mu_{d_2}$ 成立，则

$$\begin{aligned}&\sqrt{\lambda_{\min}\left(\left(\frac{s_1}{k}I - A_2\right)\left(\frac{s_1}{k}I - A_2\right)^{\mathrm{T}} + B_2B_2^{\mathrm{T}}\right)}\\&\geqslant k\sqrt{\lambda_{\min}\left(\left(\frac{s_1}{k}I - A\right)\left(\frac{s_1}{k}I - A\right)^{\mathrm{T}} + B_2B_2^{\mathrm{T}}\right)}\end{aligned} \tag{7-50}$$

于是有 $k \leqslant 1$，进而有 $P_1 \geqslant P_2$。

另一方面，比较式（7-42）和式（7-43），可得 $P_2 = kP_1$。因此，如果 $P_1 \geqslant P_2$，

则 $k\leqslant 1$。根据参数摄动裕度能控度的定义可知 $\forall s\neq s_1$，$\sigma_{\min}([s_1 I-kA_2, kB_2])\leqslant\sigma_{\min}([sI-kA_2, kB_2])$ 成立。从而有

$$\begin{aligned}\mu_{d_1} &= \sqrt{\lambda_{\min}((s_1 I-kA_2)(s_1 I-kA_2)^{\mathrm{T}}+k^2 B_2 B_2^{\mathrm{T}})} \\ &\leqslant \sqrt{\lambda_{\min}((ks_2 I-kA_2)(ks_2 I-kA_2)^{\mathrm{T}}+k^2 B_2 B_2^{\mathrm{T}})} \\ &= k\sqrt{\lambda_{\min}((s_2 I-A_2)(s_2 I-A_2)^{\mathrm{T}}+B_2 B_2^{\mathrm{T}})}\end{aligned} \tag{7-51}$$

另外，因为 $k\leqslant 1$ 成立，于是

$$\begin{aligned}&k\sqrt{\lambda_{\min}((s_2 I-A_2)(s_2 I-A_2)^{\mathrm{T}}+B_2 B_2^{\mathrm{T}})} \\ &\leqslant \sqrt{\lambda_{\min}((s_2 I-A_2)(s_2 I-A_2)^{\mathrm{T}}+B_2 B_2^{\mathrm{T}})}=\mu_{d_2}\end{aligned} \tag{7-52}$$

联立式（7-51）和式（7-52）可知 $\mu_{d_1}\leqslant\mu_{d_2}$。从而定理得证。

定理 7.4 假设（A_2，B_2）是可镇定的，（A_2，C）是可观的，$B_2B_2^{\mathrm{T}}$ 或者 Q 是非奇异。P_1 和 P_2 分别为黎卡提方程式（7-42）和式（7-43）的解。μ_{d_1} 和 μ_{d_2} 分别为系统式（7-40）和式（7-41）的参数摄动裕度能控度。则 $\mu_{d_1}<\mu_{d_2}$ 成立当且仅当 $P_1>P_2$。

证明：因为定理 7.4 的证明类似于定理 7.3 的证明，因此在这里忽略了。

推论 对于系统式（7-40）和式（7-41），如果 $\mu_{d_1}\leqslant\mu_{d_2}$ 成立，则有 $J_1\geqslant J_2$。另外，假设 $B_2B_2^{\mathrm{T}}$ 是非奇异的，则如果 $\mu_{d_1}<\mu_{d_2}$ 成立，有 $J_1>J_2$。

（3）理论结果在风力机系统中的应用。在本书第 2 章第 4 节中，已经给出了风力机的双质量模型，这里就不再赘述，下面给出风力机的线性化模型。

假设风力机的平衡点为（$\bar{\omega}_{\mathrm{r}}$，$\bar{\omega}_{\mathrm{g}}$，$\bar{T}_{\mathrm{ls}}$），状态向量 $x=[\Delta\omega_{\mathrm{r}}, \Delta\omega_{\mathrm{g}}, \Delta T_{\mathrm{ls}}]^{\mathrm{T}}$，则风力机在平衡点处的线性化模型为

$$\begin{cases}\dot{x}(t)=Ax(t)+Bu(t)\\ y(t)=Cx(t)+Du(t)\end{cases} \tag{7-53}$$

其中

$$\begin{cases}A=\begin{bmatrix}a_{11} & 0 & -\dfrac{1}{J_{\mathrm{r}}}\\ 0 & -\dfrac{D_{\mathrm{g}}}{J_{\mathrm{g}}} & \dfrac{1}{n_{\mathrm{g}}J_{\mathrm{g}}}\\ a_{31} & \dfrac{D_{\mathrm{ls}}K_{\mathrm{g}}-J_{\mathrm{g}}K_{\mathrm{ls}}}{n_{\mathrm{g}}J_{\mathrm{g}}} & -\dfrac{J_{\mathrm{r}}D_{\mathrm{ls}}+n_{\mathrm{g}}^2 J_{\mathrm{g}}D_{\mathrm{ls}}}{n_{\mathrm{g}}^2 J_{\mathrm{g}}J_{\mathrm{r}}}\end{bmatrix}, B=\begin{bmatrix}0\\ -1/J_{\mathrm{g}}\\ D_{\mathrm{ls}}/n_{\mathrm{g}}J_{\mathrm{g}}\end{bmatrix}\\ C=[1\quad 0\quad 0], D=0\end{cases} \tag{7-54}$$

其中，$a_{11}=\dfrac{1}{2J_{\mathrm{r}}}\rho\pi R^4\bar{v}\dfrac{\partial C_{\mathrm{Q}}}{\partial\lambda}\Big|_{(\bar{\omega}_{\mathrm{r}},\bar{v})}-\dfrac{D_{\mathrm{r}}}{J_{\mathrm{r}}}$，$a_{31}=\dfrac{D_{\mathrm{ls}}}{2J_{\mathrm{r}}}\rho\pi R^4\bar{v}\dfrac{\partial C_{\mathrm{Q}}}{\partial\lambda}\Big|_{(\bar{\omega}_{\mathrm{r}},\bar{v})}+K_{\mathrm{ls}}-\dfrac{D_{\mathrm{r}}D_{\mathrm{ls}}}{J_{\mathrm{r}}}$，$C_{\mathrm{Q}}=\dfrac{C_{\mathrm{P}}}{\lambda}$。令 $\rho=1.225$，$R=20$，$C_{\mathrm{P}}^{\max}=0.467$，$\lambda_{\mathrm{opt}}=5.8$，$\bar{v}=7$，$n_{\mathrm{g}}=43.165$，$D_{\mathrm{ls}}=0$，$D_{\mathrm{r}}=0$，$D_{\mathrm{g}}=0$[24]，代入式（7-54）可得

$$A_1=\begin{bmatrix}-\dfrac{5.1288\times10^4}{J_{r_1}} & 0 & -\dfrac{1}{J_{r_1}}\\ 0 & 0 & \dfrac{1}{43.165J_{g_1}}\\ K_{ls_1} & -\dfrac{K_{ls_1}}{43.165} & 0\end{bmatrix},B_1=\begin{bmatrix}0\\ -\dfrac{1}{J_{g_1}}\\ 0\end{bmatrix} \tag{7-55}$$

$$A_2=\begin{bmatrix}-\dfrac{5.1288\times10^4}{J_{r_2}} & 0 & -\dfrac{1}{J_{r_2}}\\ 0 & 0 & \dfrac{1}{43.165J_{g_2}}\\ K_{ls_2} & -\dfrac{K_{ls_2}}{43.165} & 0\end{bmatrix},B_2=\begin{bmatrix}0\\ -\dfrac{1}{J_{g_2}}\\ 0\end{bmatrix} \tag{7-56}$$

令 $J_{r_2}=kJ_{r_1}$，$J_{g_2}=kJ_{g_1}$，$K_{ls_2}=\dfrac{1}{k}K_{ls_1}$，则式（7-55）和式（7-56）满足式（7-40）和式（7-41）。现令 $J_{r_2}=549206$，$J_{g_2}=34.4$，$K_{ls_2}=1.6043\times10^7$[25]，$k=0.5$，则可得系统式（7-55）和式（7-56）如下

$$A_1=\begin{bmatrix}-0.0467 & 0 & -9.104\times10^{-7}\\ 0 & 0 & 3.3673\times10^{-4}\\ 8.0215\times10^6 & -1.85835\times10^5 & 0\end{bmatrix},B_1=\begin{bmatrix}0\\ -0.014535\\ 0\end{bmatrix} \tag{7-57}$$

$$A_2=\begin{bmatrix}-0.0934 & 0 & -1.8208\times10^{-6}\\ 0 & 0 & 6.7346\times10^{-4}\\ 1.6043\times10^7 & -3.7167\times10^5 & 0\end{bmatrix},B_2=\begin{bmatrix}0\\ -0.02907\\ 0\end{bmatrix} \tag{7-58}$$

通过计算可得系统式（7-57）和式（7-58）的参数摄动裕度能控度分别为

$$\mu_{d_1}=\min_{s\in C}\sigma_{\min}([sI-A_1,B_1])=1.1699\times10^{-6} \tag{7-59}$$

$$\mu_{d_2}=\min_{s\in C}\sigma_{\min}([sI-A_2,B_2])=2.4568\times10^{-6} \tag{7-60}$$

令 $Q=C^TC$，$\bar{R}=1$，则可计算黎卡提方程式（7-42）和式（7-43）的解分别为

$$P_1=\begin{bmatrix}0.7439 & 0.0017 & -2.2412\times10^{-8}\\ 0.0017 & 1.0230\times10^{-5} & -5.9486\times10^{-11}\\ -2.2412\times10^{-8} & -5.9486\times10^{-11} & 1.0973\times10^{-14}\end{bmatrix} \tag{7-61}$$

$$P_2=\begin{bmatrix}0.37195 & 0.00085 & -1.1206\times10^{-8}\\ 0.00085 & 5.115\times10^{-6} & -2.9743\times10^{-11}\\ -1.1206\times10^{-8} & -2.9743\times10^{-11} & 5.4865\times10^{-15}\end{bmatrix} \tag{7-62}$$

因此通过计算可得系统式（7-57）和式（7-58）的 MPPT 效率分别为 82.84%和 90.23%，转速跟踪的结果如图 7-4 所示。

从式（7-59）～式（7-62）和图 7-4 可以验证定理 7.3 的有效性。进一步从 MPPT 效率和转速跟踪的结果可以看出：参数摄动裕度能控度更高的系统能获得更好的控制效果。

2. 能量能控度与 MPPT 效率的仿真结果分析

本节将研究实际风力机系统的能量能控度指标与闭环控制性能指标之间的关系。针对风力机系统，以只考虑风力机旋转轴系慢动态而忽略电气系统快动态的简化风力机的线性化模型为平台，通过探讨转动惯量、最佳叶尖速比与风力机能控度以及闭环控制性能指标之间的内在关系，得到风力机系统能量能控度与闭环控制性能指标之间的关系。

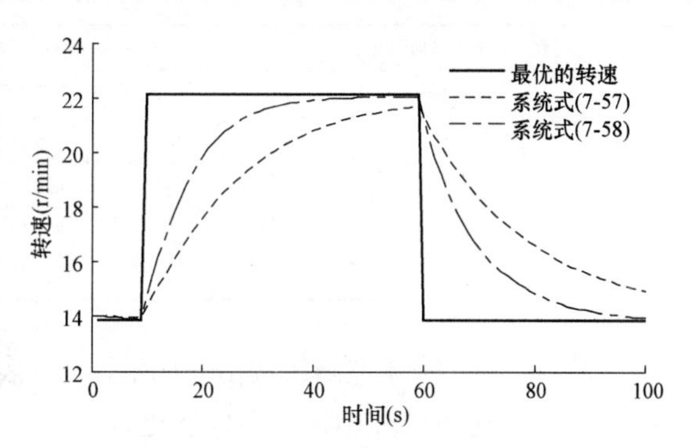

图 7-4　两系统的转速跟踪效果图[21]

在第 2 章第 4 节中，已经给出了风力机的单质量块模型，这里就不再赘述，为便于简化，忽略单质量块中的阻尼系数，下面给出其线性化模型。假设风力机的平衡点为 $\bar{\omega}_r$，该点处的变化量 $\Delta\omega_r=\omega_r-\bar{\omega}_r$。对风力机的非线性模型在平衡点附近进行线性化。假定在最优转速点附近风速 v 保持不变，不妨设为 $\bar{v}$。下面对 $T_a(v, \omega_r)$ 在 $\omega_r=\bar{\omega}_r$ 点进行线性化（Δ 表示较小的变化量）

$$\Delta T_a = \frac{1}{2}\rho\pi R^4 \bar{v} \frac{\partial C_Q}{\partial \lambda}\bigg|_{(\bar{\omega}_r, \bar{v})} \Delta\omega_r$$

于是得到风力机无干扰的线性化模型

$$\dot{x}(t) = Ax(t) + Bu(t) \tag{7-63}$$

其中，$x(t)=\Delta\omega_r$，$A=\frac{1}{2J}\rho\pi R^4\bar{v}\frac{\partial C_Q}{\partial \lambda}\mid_{(\bar{\omega}_r, \bar{v})}$，$B=-\frac{1}{J}$，$u(t)=\Delta T_g$。

根据定义 7.2，通过计算可知，风力机系统在 $[t_0, t_f]$ 时间段内的能量能控度为

$$\begin{aligned}\mu_e &= \lambda_{\min}\left(\int_{t_0}^{t_f} e^{A(t_0-t)} BB^T e^{A^T(t_0-t)} \mathrm{d}t\right) \\ &= \int_{t_0}^{t_f} B^2 e^{2A(t_0-t)} \mathrm{d}t \\ &= \frac{B^2}{2A}(1-e^{2A(t_0-t_f)})\end{aligned}$$

即

$$\mu_e = \frac{1}{J\rho\pi R^4 \bar{v} \frac{\partial C_Q}{\partial \lambda}\Big|_{\bar{\omega}_r}}(1-e^{\frac{1}{J}\rho\pi R^4 \bar{v}\frac{\partial C_Q}{\partial \lambda}|_{\bar{\omega}_r}(t_0-t_f)}) \tag{7-64}$$

假设仿真实验中风力机的转动惯量是可调整的，则根据转动惯量的变化，可得到相应的能量能控度和 MPPT 效率。

仿真实验采用最大功率点跟踪（MPPT）控制，运用最优转矩法，针对湍流风速，选取 5 组不同的转动惯量对风力机系统进行系统仿真实验。实验参数设置为：$\rho=1.225$，$J=0.3274R^{4.6}$[26]，转动惯量的取值如表 7-1 所示，设定桨距角 β 取值恒定为 0，$C_p-\lambda$ 的数值通过查表获得（见附录 B3）。其中，λ_{opt} 为 8.0 时，C_p^{max} 为 0.4109。

MPPT 效率的计算公式见第 7 章第 2 节。

表 7-1　　　　实验参数与结果[22]

风轮转动惯量 J（kg·m）	能量能控度 μ_e	MPPT 效率 η（%）
2.8010×10^5	0.7159	93.92
4.2015×10^5	0.1033	92.49
5.6020×10^5	0.0271	91.32
8.4030×10^5	0.0043	89.30
1.1204×10^6	0.0012	87.48

实验的数据与仿真结果如表 7-1 所示，从表 7-1 的结果可以看出：具有较大能控度的系统，转动惯量较小，动态性能更好。

3. 考虑干扰的能控度与 MPPT 效率以及转速跟踪误差的仿真结果分析

（1）考虑干扰的风力机线性化模型。风速具有随机性与波动性，其往往被处理为干扰。因此，假设风力机的平衡点为（$\bar{v}$，$\bar{\omega}_r$），该点处的变化量 $\Delta\omega_r=\omega_r-\bar{\omega}_r$，$\Delta v=v-\bar{v}$。$T_a$（$\bar{v}$，$\bar{\omega}_r$）在（$\bar{v}$，$\bar{\omega}_r$）点处的线性化为（Δ 表示较小的变化量）

$$\Delta T_a=\frac{1}{2}\rho\pi R^4\bar{v}\frac{\partial C_Q}{\partial\lambda}\bigg|_{(\bar{v},\bar{\omega}_r)}\Delta\omega_r+\frac{1}{2}\rho\pi R^3\bar{v}\left(2C_Q-\lambda\frac{\partial C_Q}{\partial\lambda}\right)\bigg|_{(\bar{v},\bar{\omega}_r)}\Delta v$$

于是得到风力机有干扰的线性化模型

$$\dot{x}(t)=A\cdot x(t)+B\cdot u(t)+D\cdot w(t) \tag{7-65}$$

其中：$x(t)=\Delta\omega_r$，$u(t)=\Delta T_g$，$w(t)=\Delta v$，$A=\rho\pi R^4\bar{v}\ (\partial C_Q/\partial\lambda)\big|_{(\bar{v},\bar{\omega}_r)}/2J$，$B=-1/J$，$D=\rho\pi R^3\bar{v}\ (2C_Q-\lambda\ (\partial C_Q/\partial\lambda))\big|_{(\bar{v},\bar{\omega}_r)}/2J$。

（2）风力机有干扰线性化模型的能控度计算。根据定义 7.3，令 μ_1 为风力机系统在 [t_0，t_f] 时间段内考虑干扰的能量能控度，则计算可得

$$\mu_1=\frac{4\lambda_{opt}^2}{9S_w\rho^2\pi^2R^6v^2(C_p^{max})^2} \tag{7-66}$$

根据定义 7.4，通过计算可知，风力机系统在 [t_0，t_f] 时间段内考虑干扰的能量能控度为

$$\tilde{\mu}=\left(1-e^{\frac{1}{J}\rho\pi R^4\bar{v}\frac{\partial C_Q}{\partial\lambda}\big|_{(\bar{v},\bar{\omega}_r)}(t_0-t_f)}\right)/\left(J\rho\pi R^4\bar{v}\frac{\partial C_Q}{\partial\lambda}\right)\bigg|_{(\bar{v},\bar{\omega}_r)}+0.25\rho^2\Big)$$
$$\pi^2R^6\bar{v}^2\left(2C_Q-\lambda\frac{\partial C_Q}{\partial\lambda}\right)\bigg|_{(\bar{v},\bar{\omega}_r)}S_w(1-e^{\frac{1}{J}\rho\pi R^4\frac{\partial C_Q}{\partial\lambda}\big|_{(\bar{v},\bar{\omega}_r)}(t_0-t_f)}) \tag{7-67}$$

（3）有干扰的风力机模型的能控度对结构参数的灵敏度分析。本小节将通过数值仿真对风力机结构参数进行灵敏度分析。仿真实验采用 NREL 600kW[24] 的风力机，详细参数见附录 B2。其中 $t_f-t_0=15s$ 表示转速在 15s 内跟踪上最优转速。

为了研究考虑干扰的能量能控度对结构参数的影响，现假设只有被研究的结构参数变化，其余参数均保持不变。根据风力机的结构设计要求，转动惯量 J 的变化范围为 [4×10^5，7×10^5]，最优叶尖速比 λ_{opt} 的变化范围为 [5，9]。仿真采用平均风速 6m/s，

湍流等级为 A 级的湍流风速，仿真时间为 600s。

另外，计算 MPPT 效率的公式见第 7 章第 2 节，该仿真实验中，能控度指标的计算由 MATLAB 得到，MPPT 效率的计算由风力机专业的仿真软件 FAST[27] 得到，其中对于风力机的控制仍采用 MPPT 控制（功率曲线法实现[28]）。

1）定义 7.3 中能量能控度指标的仿真结果。通过 MATLAB 和 FAST 仿真计算可得，定义 7.3 的能量能控度指标 μ_1 与风力机结构参数之间的变化关系，风力机 MPPT 效率与结构参数之间的变化关系，进而得到能量能控度与风力机 MPPT 效率之间的关系，仿真结果如图 7-5～图 7-7 所示。

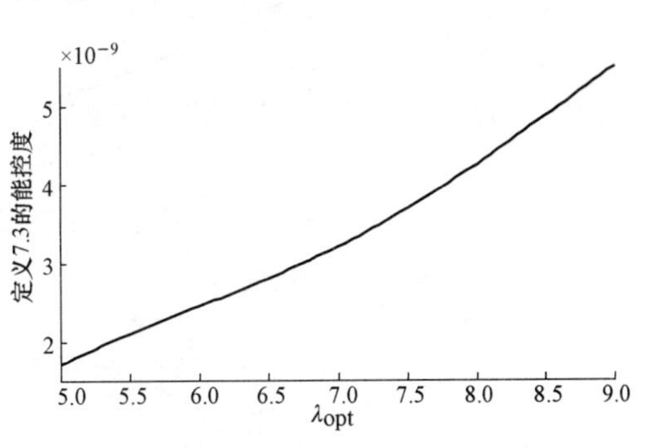

图 7-5　定义 7.3 的能控度与最佳叶尖速比之间的关系[16]

从图 7-5 中可以看出，随着风力机的最佳叶尖速比的增加，定义 7.3 的能量能控度单调增加。从图 7-6 中可以看出，随着风力机最佳叶尖速比的增加，MPPT 效率单调减小。综合图 7-5 和图 7-6 的结果，可知当风力机的最佳叶尖速比变化时，随着定义 7.3 的能量能控度增加，风力机的 MPPT 效率将减小，如图 7-7 所示。

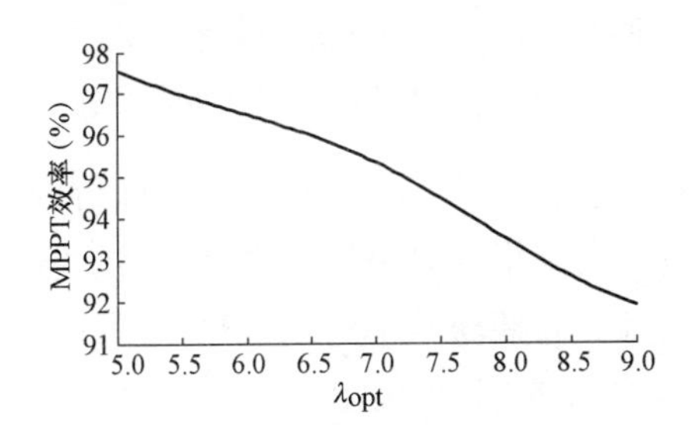

图 7-6　MPPT 效率与最佳叶尖速比之间的关系[16]

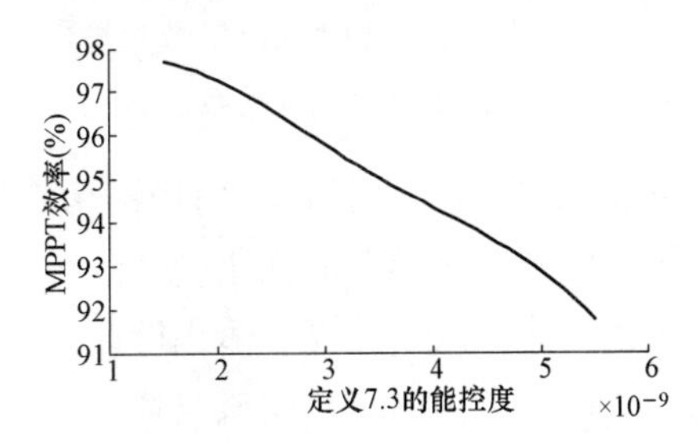

图 7-7　定义 7.3 的能控度与风力机 MPPT 效率之间的关系[16]

2）定义 7.4 的能控度指标的仿真结果。定义 7.4 的能控度指标与风力机结构参数以及 MPPT 效率之间的变化关系如图 7-8～图 7-13 所示。

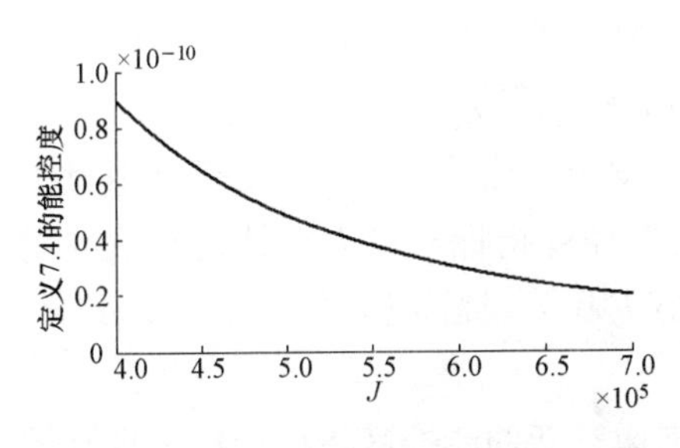

图7-8　定义 7.4 的能控度与风力机转动惯量之间的关系[16]

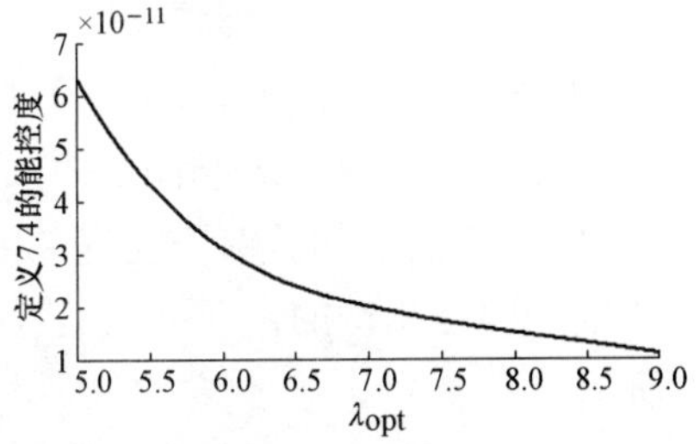

图 7-9　定义 7.4 的能控度与最佳叶尖速比之间的关系[16]

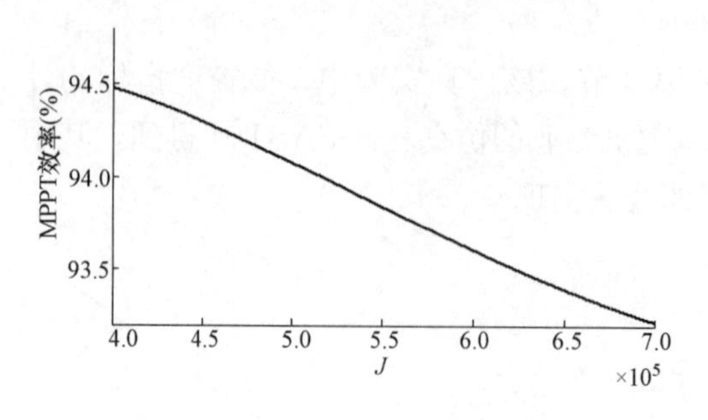

图 7-10　MPPT 效率与转动惯量之间的关系[16]

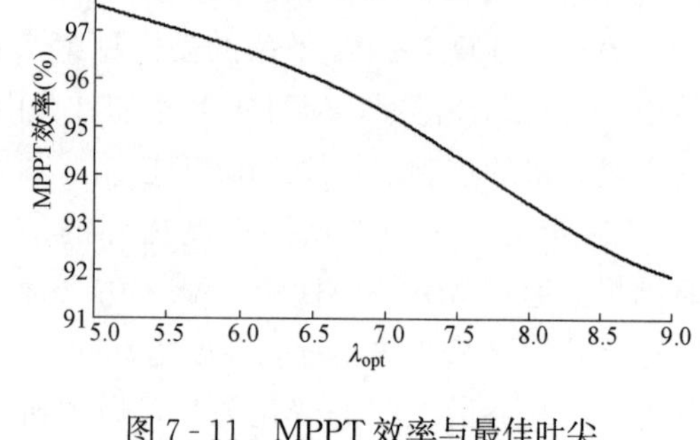

图 7-11　MPPT 效率与最佳叶尖速比之间的关系[16]

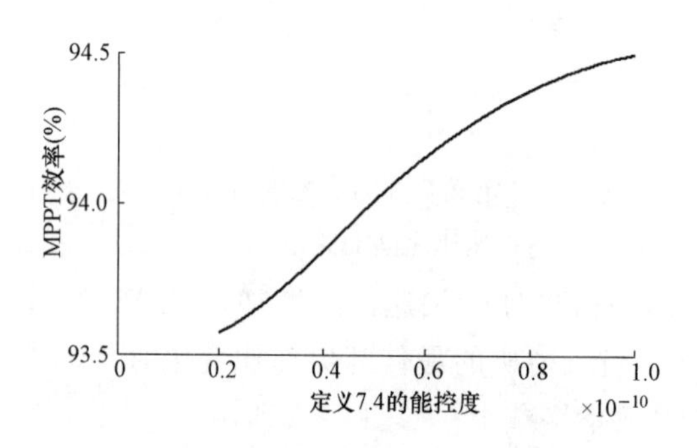

图 7-12　转动惯量变化时 MPPT 效率与定义 7.4 的能控度之间的关系[16]

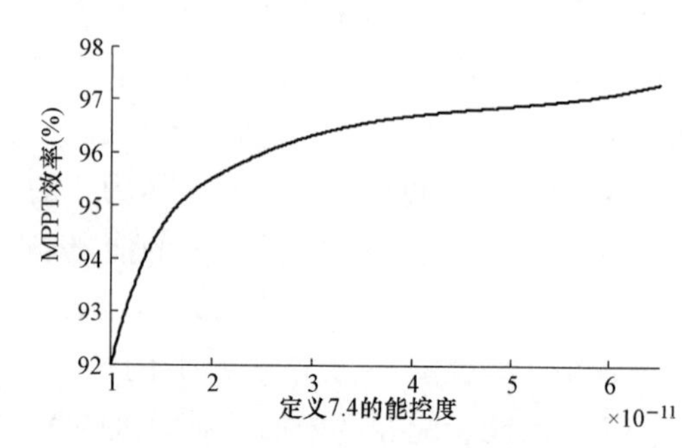

图 7-13　最佳叶尖速比变化时 MPPT 效率与定义 7.4 的能控度之间的关系[16]

3）现有指标与文献［16］的指标仿真结果对比分析。研究能控度指标目的在于将其用于指导系统结构参数的优化设计。特别地，用于指导风力机的结构参数、控制器参数的一体化设计，以期通过一体化设计得到具有更高捕获效率的风力机。因此，很自然地想到，能控度指标的变化应该与风力机的 MPPT 效率变化相对应。即较高能控度指标下的风力机结构具有较高的 MPPT 效率。

分析 1）和 2）的仿真结果可以看出：

图 7-5 中，风力机的 MPPT 效率随着能控度指标 μ_1 的增加而单调减少。图 7-6 中，能控度指标 μ_1 与最优叶尖速比 λ_{opt} 成正相关关系。而根据文献［15］中的描述，增加指标 μ_1 能带来更好的控制效果。而 1）中的仿真结果表明，增加指标反而使得风力机的捕获效率降低，这说明该指标不适用于指导风力机的结构设计。

从图 7-12 和图 7-13 中可以看出，新的能控度指标 $\tilde{\mu}$ 与风力机 MPPT 效率成正相关的变化。另外，通过图 7-8 和图 7-9，可以发现，能控度指标随着转动惯量 J 和最优叶尖速比 λ_{opt} 的减少而增加。综合发现，新的能控度指标与风力机结构参数的变化关系与风力机工程经验是相符的，即可以通过减小 J 和 λ_{opt} 提高 MPPT 效率，如图 7-10 和图 7-11 所示。

因此，通过对比发现，对于风力机系统来说，新的能控度指标相较于现有的考虑干扰的能控度指标更具有适用性。为进一步将该指标用于线性有干扰定常系统的结构控制一体化设计奠定了基础。

进一步分析如图 7 - 14 所示，对于风力机系统而言，系统镇定所消耗的能量占主要部分，也就是说风力机系统控制的主要目的为跟踪，即不停地逼近操作点。

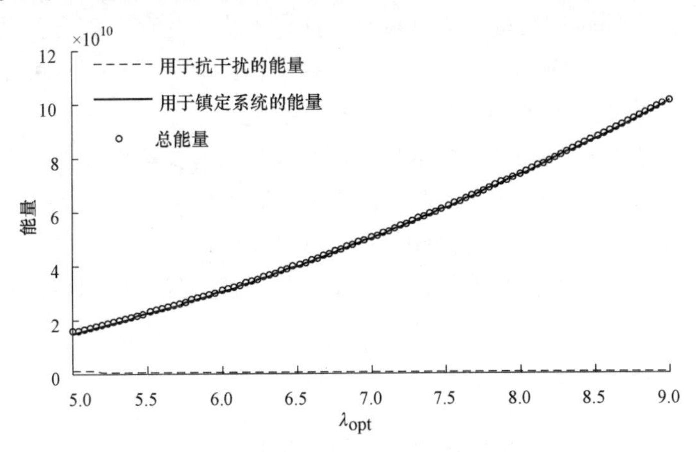

图 7 - 14　最佳叶尖速比与能量的变化关系[16]

注 7.4　因为定义 7.5 中的能控度指标，当 $E\ (x_0x_0^{\mathrm{T}})$ 为单位阵时，它等价于定义 7.4 中的能控度。进一步，当 $E\ (x_0x_0^{\mathrm{T}})$ 不为单位阵时，其仿真结果也与定义 7.4 中的能控度效果一致。因此，这里不再给出它的仿真结果。

第 3 节　基于状态能控度的风力机参数优化及其最大功率点控制

由于大部分时间运行于额定风速以下，高效率的 MPPT 成为提高风力机 MPPT 效率的关键环节。现有研究发现，保持结构不变的情况下，仅改进 MPPT 控制已难以有效提高 MPPT 效率[24]。为了设计出有助于提高 MPPT 控制性能的风力机结构参数，本节将上述两种基于能控度的结构优化设计方法应用于风力机。具体地，基于风力机单质量块模型定义的能控度作为目标函数，以风力机详细模型和经验数据统计形成关于结构参数的约束条件，从而构建出风力机的结构参数优化模型。

一、基于参数摄动裕度能控度的优化方法在风力机中的应用[1]

在第 7 章第 2 节中，已经给出了风力机的单质量块模型线性化过程，根据定义 7.1，通过计算可知，风力机系统的参数摄动裕度能控度为

$$\mu_{\mathrm{d}}=\min_{s\in C}\sigma_n([sI-A,B])=\min_{s\in C}\sqrt{\lambda_{\min}(s-A)^2+B^2}=\min_{s\in C}\sqrt{(s-A)^2+B^2}=-B$$

即

$$\mu_{\mathrm{d}}=\frac{1}{J}\tag{7-68}$$

1. 基于参数摄动裕度能控度的风力机结构优化设计模型

本小节将基于参数摄动裕度能控度指标的受控对象结构参数设计方法用于优化 NREL 600kW 的风力机。相应地，下面将给出风力机系统结构参数优化设计模型。

(1) 以参数摄动裕度能控度指标为目标函数。在优化模型中，风力机的参数摄动裕度能控度指标为目标函数，计算见式 (7 - 68)。根据第 7 章第 1 节的分析，发现能控度

指标应该越大越好。

(2) 基于单质量块模型选取优化参数。基于风力机的单质量块模型，确定结构参数 J 为优化变量。注意到转动惯量为集总参数，且与风轮半径存在耦合关系，这就意味着优化参数应该符合实际系统的设计要求，即支撑结构约束。而这个约束往往由风力机更加详细的工程实际模型决定或由统计经验数据所决定。

(3) 支撑结构约束。转动惯量的取值范围目前尚未有文献涉及，这里转动惯量 J 的取值范围选定原则是在 NREL 600kW 给定转动惯量 $J=549206.377$[29] 的基准值上，上下变化 20%。因而，可得 J 的变化范围为 [441246.29，663694.28]。

(4) 风力机的结构参数优化模型。综合上述的描述，风力机的结构参数优化模型为

$$\max \mu_{\mathrm{d}} = \frac{1}{J} \tag{7-69}$$

满足

$$441246.29 \leqslant J \leqslant 663694.28 \tag{7-70}$$

如式 (7-69) ～ (7-70) 所示，可得最优解为

$$J = 441246.29$$

2. 仿真验证

(1) 仿真实验准备。本节将采用 FAST 软件，验证通过第 7 章第 1 节提出的优化设计方法得到的 600kW 风力机的结构参数的优化结果。为了验证上述通过优化参数摄动裕度能控度指标得到的风力机结构参数能提高 MPPT 控制性能，随机选取 4 组满足优化模型约束条件的结构参数作为对比。优化后的结构参数和比较的结构参数如表 7-2 所示。

表 7-2　　优化结果和对比的设计参数[1]

方案编号	J (kg·m^2)	方案编号	J (kg·m^2)
设计方案 1 (优化结果)	4.4124629×10^5	设计方案 4	6.0372935×10^5
设计方案 2	4.8851256×10^5	设计方案 5	6.63692428×10^5
设计方案 3	5.3829819×10^5		

由于上述表 7-2 中的结构参数都为集总参数，为了应用 FAST 软件进行仿真实验，这里采用的方法是将转动惯量的变化转化为叶片每个叶素的质量的变化。因此，在初始叶素质量的基础上，所有叶素同乘以变化系数。即可得到表 7-2 中相应的转动惯量。

仿真采用平均风速 8m/s，湍流等级为 A 级的湍流风速，仿真时间为 600s。仿真实验采用 MPPT 控制，MPPT 效率的计算公式见第 7 章第 2 节。

(2) 仿真结果及分析。利用 FAST 进行仿真实验，对五组设计参数分别计算 MPPT 效率，结果如表 7-3 所示。从表 7-3 可以看出：

1) 设计方案 1 得到的风力机结构具有最高的 MPPT 效率，且具有最大的参数摄动能控度。这说明优化参数摄动裕度能控度指标设计出的风力机具有较好的 MPPT 控制性能。参数摄动能控度指标的增加能带来较好的控制效果。

2) 从表 7-3 中看出，随着能控度的增加，MPPT 效率单调增加。这表明基于参数摄动裕度能控度指标设计优化得到的风力机的结构参数是合理且有效的。

表7-3 MPPT效率与能控度的比较[1]

方案编号	MPPT效率(%)	能控度 μ_d	方案编号	MPPT效率(%)	能控度 μ_d
设计方案1(优化结果)	94.30	2.2663×10^{-6}	设计方案4	93.61	1.6564×10^{-6}
设计方案2	94.09	2.0470×10^{-6}	设计方案5	93.37	1.5067×10^{-6}
设计方案3	93.88	1.8577×10^{-6}			

二、基于能量能控度的优化设计方法在风力机中的应用[30]

类似地，根据定义7.2，可计算得到风力机在 $[t_0, t_f]$ 时间内的能量能控度为

$$\begin{aligned}\mu_e &= \lambda_{\min}\left(\int_{t_0}^{t_f} e^{A(t_0-t)BB^T e^{A^T(t_0-t)}}\mathrm{d}t\right)\\ &= \int_{t_0}^{t_f} B^2 e^{2A(t_0-t)}\mathrm{d}t\\ &= \frac{B^2}{2A}(1-e^{2A(t_0-t_f)})\end{aligned}$$

即

$$\mu_e = \frac{1}{J\rho\pi R^4 \bar{v}\frac{\partial C_Q}{\partial\lambda}|_{\bar{\omega}_r}}\left(1-e^{\frac{1}{J}\rho\pi R^4\frac{\partial C_Q}{\bar{v}\partial\lambda}|_{\bar{\omega}_r}(t_0-t_f)}\right) \tag{7-71}$$

1. 基于能量能控度的风力机结构优化设计模型

本小节将基于能量能控度指标的优化设计方法用于设计三叶片1.5MW水平轴风力机。相应地，下面将给出风力机系统的结构参数优化设计模型（见图7-15）。

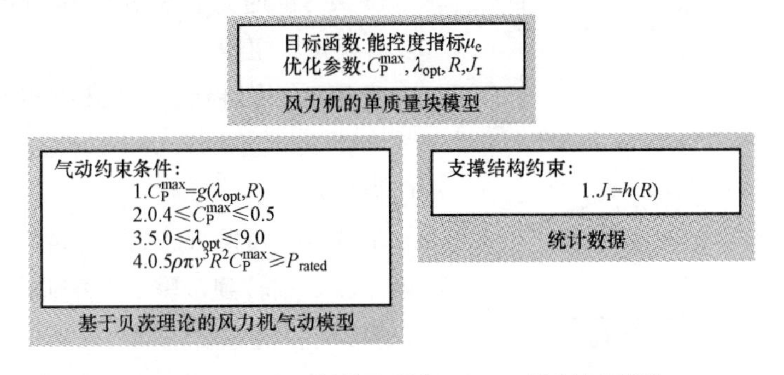

图7-15 风力机结构参数与MPPT控制框图[30]

如图7-15所示，风力机的结构参数优化设计模型描述如下：

(1) 以能量能控度指标为目标函数。在优化模型中，风力机的能量能控度指标为目标函数，计算如式(7-71)所示。根据第7章第1节的分析，能量能控度指标应该越大越好。

(2) 基于单质量块模型选取优化参数。基于风力机的单质量块模型，确定结构参数 C_p^{max}、λ_{opt}、R 和 J 为优化变量。注意到以上4个结构参数都是集总参数，且实际系统中相互存在耦合关系。这就意味着优化参数应该符合实际系统的设计要求，即气动约束和

支撑结构约束。而这些约束往往由风力机更加详细的工程实际模型决定或由统计经验数据所决定。

(3) 气动约束。基于贝茨理论，分析发现结构参数 C_P^{max}、λ_{opt} 和 R 之间存在着一定的耦合关系。根据一般风力机设计的原则，这些结构参数的设计范围具有一定的约束。在这里，利用逆设计软件 PROPID[31]（即在给定集总结构参数 λ_{opt}，R 的情况下，通过 PROPID 软件可逆设计出与该参数对应的叶片弦长和扭角），风力机专业仿真软件 Bladed，可得到三者之间的耦合关系。其中，选取 1.5MW 的三叶片水平轴风力机作为对象，叶片叶根、中间和叶尖处的翼型分别为 s818、s825 和 s826（来自 NREL[32]），具体参数详附录 B1。

得到气动约束的具体过程如下：

1）C_P^{max}，λ_{opt}，R 的耦合关系设为 $C_P^{max}=h(R，\lambda_{opt})$。为了更清楚地展示得到 $C_P^{max}=h(R，\lambda_{opt})$ 函数的过程，首先给出流程图来说明，如图 7-16，具体的步骤为：

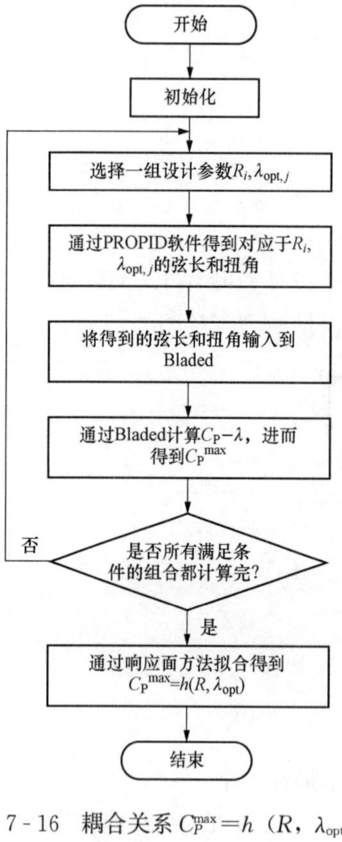

步骤 1：初始化，其中包括两部分。

步骤 1.1：初始化 Bladed 中 1.5MW 三叶片水平轴风力机模型。

步骤 1.2：R 的变化范围为［30，40］，步长为 1。λ_{opt} 的变化范围为［5.0，9.0］，步长为 0.1。因此，可得到由 R 和 λ_{opt} 组成的网格。

步骤 2：从网格中选择一组设计参数 R_i 和 $\lambda_{opt,j}$ 输入到 PROPID。

步骤 3：通过 PROPID 得到对应于 R_i 和 $\lambda_{opt,j}$ 的弦长和扭角。

步骤 4：将得到的弦长和扭角代入 Bladed。

步骤 5：通过 Bladed 软件计算得到 $C_p-\lambda$，进而得到 C_p^{max}。

步骤 6：如果 R_i 和 $\lambda_{opt,i}$ 对应的所有网格都计算完成，则转到步骤 7。否则，转至步骤 2。

步骤 7：通过响应面方法[33]，可拟合得到风力机关于 C_p^{max}、λ_{opt} 和 R 的多项式函数 $C_p^{max}=h(R，\lambda_{opt})$。

经过上述的程序，可得到 C_p^{max}、λ_{opt} 和 R 的多项式函数 $C_p^{max}=h(R，\lambda_{opt})$，如图 7-17 所示。

开始
初始化
选择一组设计参数 $R_i, \lambda_{opt,j}$
通过PROPID软件得到对应于 R_i，$\lambda_{opt,j}$ 的弦长和扭角
将得到的弦长和扭角输入到 Bladed
通过Bladed计算 $C_P-\lambda$，进而得到 C_P^{max}
是否所有满足条件的组合都计算完?
否
是
通过响应面方法拟合得到 $C_P^{max}=h(R, \lambda_{opt})$
结束

图 7-16 耦合关系 $C_P^{max}=h(R，\lambda_{opt})$ 得到的流程图[30]

2）λ_{opt} 的变化范围确定。对于三叶片水平轴风力机，λ_{opt} 的变化范围一般为［5.0，9.0］[34]。

3）C_p^{max} 的变化范围确定。根据经验数据[35]，三叶片水平轴风力机的 C_p^{max} 的变化范围一般为［0.4，0.5］。

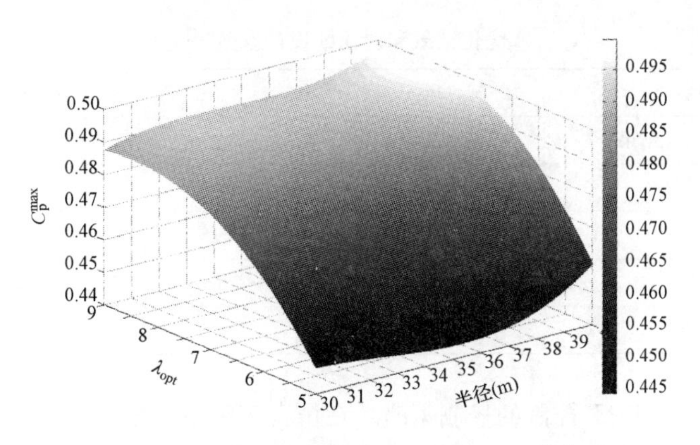

图 7-17 多项式函数 $C_p^{max}=h\ (R,\ \lambda_{opt})$[30]

4）额定功率 P_{rated}的约束。运行在额定风速下的风力机的最大功率应该大于或者等于额定功率。因此，可得到不等式约束 $0.5\rho\pi v_{rated}^3 R^2 C_p^{max} \geqslant P_{rated}$。

（4）支撑结构约束。根据统计数据，J 和 R 耦合关系可以表示为 $J=0.3274R^{4.6}$[26]。

（5）风力机的结构参数优化设计模型。综合上述的描述，风力机系统的结构参数优化设计模型为

$$\max \mu_e = \frac{1}{J\rho\pi R^4 \bar{v} \frac{\partial C_Q}{\partial \lambda}\big|_{\bar{\omega}_r}} \left(1 - e^{\frac{1}{J}\rho\pi R^4 \bar{v} \frac{\partial C_Q}{\partial \lambda}\big|_{\bar{\omega}_r}(t_0 - t_f)}\right) \tag{7-72}$$

满足

$$J = 0.3274R^{4.6} \tag{7-73}$$

$$\begin{aligned} C_p^{max} =& -0.812838 - 0.042818\lambda_{opt} + 0.116646R - 0.004468\lambda_{opt}^2 + \\ & 0.006410\lambda_{opt}R - 0.004174R^2 + 0.000154\lambda_{opt}^3 - 0.000074\lambda_{opt}^2 R \\ & - 0.000077\lambda_{opt}R^2 + 0.000047R^3 \end{aligned} \tag{7-74}$$

$$0.5\rho\pi v_{rated}^3 R^2 C_p^{max} \geqslant P_{rated} \tag{7-75}$$

$$0.4 \leqslant C_p^{max} \leqslant 0.5 \tag{7-76}$$

$$5.0 \leqslant \lambda_{opt} \leqslant 9.0 \tag{7-77}$$

如式（7-72）～式（7-77）所示，上述的优化模型为单目标非线性有约束优化问题。通过 MATLAB 里的“fminbnd”函数，可得最优解为

$$J = 4082540, R = 34.88, C_p^{max} = 0.4816, \lambda_{opt} = 6.89 \tag{7-78}$$

2. 仿真验证

（1）仿真实验准备。本节将基于 Bladed 软件采用最优转矩控制方法和基于 MATLAB 采用非线性控制方法，来验证通过第 7 章第 1 节的优化设计方法得到的 1.5MW 风力机的结构参数是能提高风力机控制性能的。为了验证上述通过优化能量能控度指标得到的风力机结构参数能提高 MPPT 控制性能，随机选取 4 组满足优化模型约束条件的结构参数作为对比。优化后的结构参数和比较的结构参数如表 7-4 所示。

表 7-4　　优化结果和对比的设计参数[30]

结构参数	J (kg·m^2)	R(m)	C_p^{max}	λ_{opt}
设计方案 1（优化结果）	4.082540×10^6	34.88	0.4816	6.9
设计方案 2	4.257698×10^6	35.20	0.4792	6.7
设计方案 3	4.427199×10^6	35.50	0.4841	7.1
设计方案 4	4.721393×10^6	36.00	0.4783	6.6
设计方案 5	5.030670×10^6	36.50	0.4774	6.5

1）用于实现 MPPT 控制的控制策略。在仿真实验中，分别使用最优转矩控制方法和非线性控制方法来实现风力机的 MPPT 控制。最优转矩控制方法已在第 3 章第 1 节中进行介绍。根据文献［25］，非线性静态状态反馈控制器为

$$T_g = T_a - J\dot{\omega}_{opt} + Ja_0\varepsilon$$

式中：$\varepsilon=\omega-\omega_{opt}$为跟踪误差；$a_0$ 为正常数，在仿真实验中，我们令 $a_0=1$。

由于上述表 7-4 中的结构参数都为集总参数，为了应用 Bladed 软件进行仿真实验，实验前将集总参数转化为 Bladed 可使用的分布参数。

2）将设计参数 R，λ_{opt} 转化为对应每个叶素的弦长和扭角。叶片的翼型仍采用 s818，s825，s826，具体参数见附录 B1。进而将指定的集总结构参数 λ_{opt}，R 代入 PROPID 软件，可逆设计出与该参数对应的参数弦长和扭角。

3）将相应的转动惯量转化为每个叶素的质量。转动惯量作为集总参数，不能直接变化。在这里，采用的方法是将转动惯量转化为叶片每个叶素的质量。通过改变每个叶素的质量，以达到所要求的转动惯量。假设叶片总质量的变化率与每个叶素质量的变化率是一致的。在初始叶素质量的基础上，所有叶素同乘以叶片总质量的变化系数，即可得到相应的转动惯量。

4）实验风速的产生。仿真采用平均风速 6m/s，湍流等级为 A 级的湍流风速，仿真时间为 600s。

5）MPPT 效率的计算公式。类似的，MPPT 效率的计算公式见第 7 章第 2 节。

（2）MPPT 效率及平均跟踪误差的计算。对于风力机系统来说，MPPT 控制性能主要体现在两个方面：一方面是 MPPT 效率，即它体现了风力机在运行过程中捕获风能的能力。另一方面为平均跟踪误差，它反映了风力机在运行过程中，转速跟踪的好坏。因此，本文主要从这两方面来验证优化结果。下面给出示意图（见图 7-18）和具体计算 MPPT 效率和平均跟踪误差的步骤。

步骤 1：针对表 7-4 中的设计参数，以 Bladed 中 1.5MW 风力机作为基础设计对象（只改动设计参数 J，R，C_p^{max}，λ_{opt}及与之相关的参数）。

步骤 2：通过逆设计软件 PROPID，将集总参数 R 和 λ_{opt} 转化为每个叶素对应的弦长和扭角。

步骤 3：通过计算得到设计转动惯量与初始风力机转动惯量的比值，然后在叶片每个叶素初始质量的基础上，同乘以该比值，从而可得到要设计的转动惯量（一般来说，

假设叶片总质量的变化率与每个叶素质量的变化率是一致的)。

步骤 4：将步骤 2 和 3 中的弦长、扭角和叶素的质量代入 Bladed，并计算得到实现 MPPT 控制的最优转矩法的转矩增益系数 k_{opt}。

步骤 5：在 Bladed 中进行仿真实验，得到相应的仿真结果。

步骤 6：通过 Bladed 中相应的仿真结果计算得到风力机捕获的 MPPT 效率及转速的平均跟踪误差。

(3) 仿真结果及分析。根据上述 (1) 和 (2)，对五组设计参数计算 MPPT 效率和转速平均跟踪误差，结果如表 7 - 5、图 7 - 19～图 7 - 20 所示。其中 MPPT 效率与能量能控度的关系如表 7 - 5 所示，转速平均跟踪误差如图 7 - 19 和图 7 - 20 所示。从表 7 - 5 和图 7 - 19～图 7 - 20 可以看出：

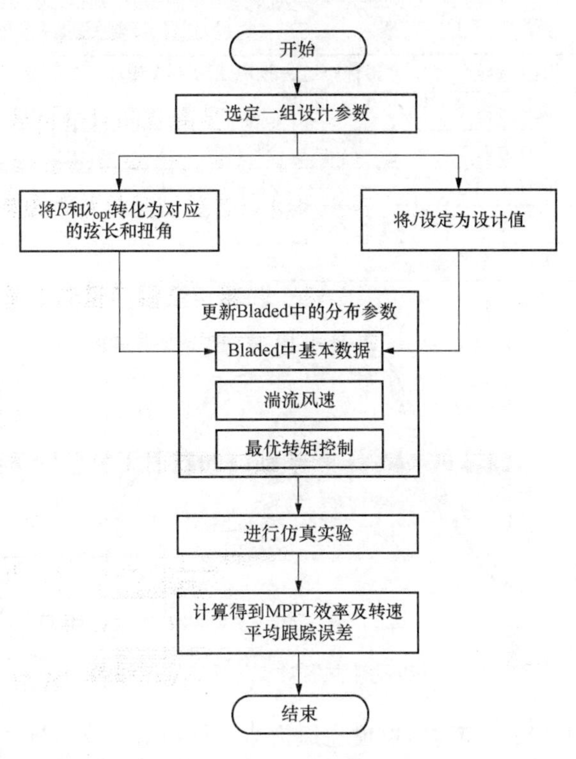

图 7 - 18　计算效率及平均跟踪误差示意图[30]

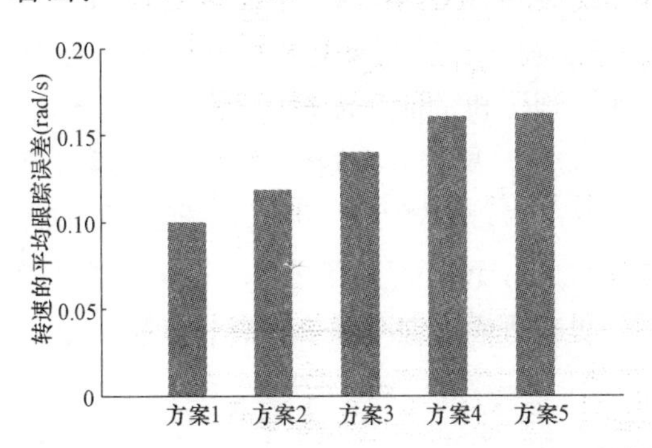

图 7 - 19　最优转矩法下的平均跟踪误差比较[30]

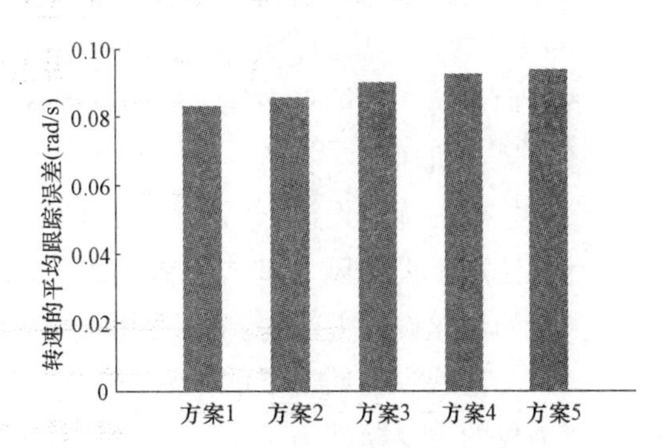

图 7 - 20　非线性控制方法下的平均跟踪误差比较[1]

1) 对于最优转矩法和非线性控制方法，设计方案 1 得到的风力机结构都具有最高的 MPPT 效率和最小的转速跟踪误差，且具有最大的能量能控度。这说明优化能量能控度指标设计出的风力机具有较好的 MPPT 控制性能。能量能控度指标的增加能带来较好的控制效果。

2) 从表 7 - 5 中看出，随着能量能控度的增加，MPPT 效率单调增加，转速跟踪误差单调减少。这表明基于能量能控度指标设计和优化风力机的结构参数是合理且有效的。

表 7-5　　MPPT 效率与能控度的比较[1]

结构参数	最优转矩法 MPPT 效率（%）	非线性控制法 MPPT 效率（%）	能控度 μ_e
设计方案 1	90.03	97.50	1.2411
设计方案 2	88.71	97.47	1.1583
设计方案 3	86.17	97.46	1.0358
设计方案 4	83.73	97.40	0.9643
设计方案 5	81.23	97.30	0.8391

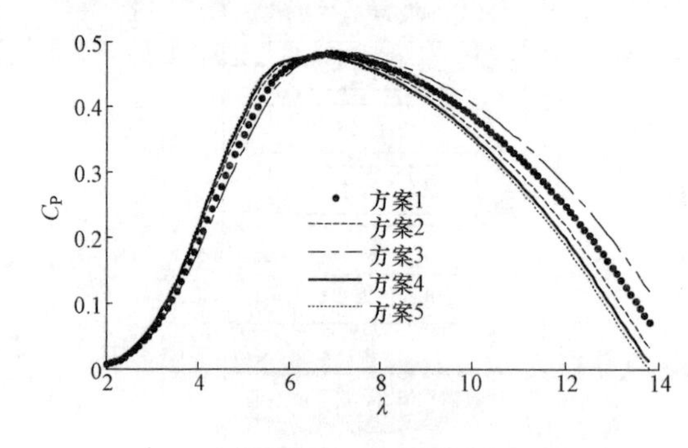

图 7-21　五组设计方案对应的 C_p—λ 曲线[30]

3）一般来说，在进行风力机气动优化设计时，通常选取最大化风能利用系数 C_p^{max} 为目标函数而忽略 MPPT 控制的影响[36]。但是，如图 7-21 所示，设计方案 3 的最佳风能利用系数 C_p^{max} 为是最大的，仿真结果却不是最优的。这说明在进行风力机结构优化设计时，考虑结构参数与 MPPT 控制之间的耦合关系是很有意义且是必要的。

三、两种能控度在风力机结构参数优化设计中的比较[1]

在第 7 章第 3 节中，分别将基于两类能控度的优化设计方法用于设计风力机系统的结构参数。从第 7 章第 3 节第一部分计算和仿真的结果发现：风力机的参数摄动裕度能控度只与转动惯量有关，仿真结果验证了通过该优化设计方法得到的风力机结构具有最高的 MPPT 效率，从而说明利用这种方法设计转动惯量在提高风力机 MPPT 效率上是有效的。而从第 7 章第 3 节第二部分的结果看来：风力机的能量能控度不但与转动惯量相关还与风力机风轮半径 R、最大风能利用系数 C_p^{max}、最佳叶尖速比 λ_{opt} 相关。通过基于能量能控度的优化设计方法得到的风力机也具有较好的 MPPT 性能。这说明了该优化设计方法用于设计风力机结构参数是合理且有效的。下面从三个方面说明基于能量能控度指标的优化设计方法得到的风力机更实用、更合理。

（1）验证减少转动惯量能提高 MPPT 效率，但是不能无限制减少。

风力机的主要模型为

$$J\dot{\omega}_r = \Delta T_{MPPT} = T_a(v,\omega_t) - T_g(\omega_r) \tag{7-79}$$

改写式（7-79）可得

$$\dot{\omega}_r = \frac{\Delta T_{MPPT}}{J} = \frac{T_a(v,\omega_r) - T_g(\omega_r)}{J} \tag{7-80}$$

从式（7-80）可以看出，在只改变 J 的情况下，转动惯量越小，转速的加速度越大，这就意味着风力机加速和减速的快，即更快的跟踪，进而能获得更好的捕获效率。但是很显然，由于风力机本身结构的约束，转动惯量不可能无限制小。因而，在转动惯量的可行范围内，为了提高 MPPT 效率，转动惯量取最小值。这也意味着基于参数摄动裕度能控度优化设计方法对于单质量块的风力机并没有什么用。

(2) 影响风力机 MPPT 性能的结构参数不只是转动惯量。事实上，影响风力机 MPPT 性能的结构参数不只是转动惯量，还有风力机的气动结构参数。下面给出仿真算例说明。选取 1.5MW 水平轴风力机作为对象，利用 Bladed 进行仿真实验，采用的模拟风速为湍流风，与上述第 7 章第 3 节第二部分相同。具体的参数和结果如表 7-6 所示。

表 7-6　　仿真参数和结果[1]

方案编号	J (kg·m²)	R (m)	C_p^{max}	λ_{opt}	η (%)
方案 1	4.721393×10^6	36	0.4783	6.6	83.73
方案 2	4.721393×10^6	36	0.4802	6.8	92.98
方案 3	3.779974×10^6	36	0.4781	6.6	92.92

从表 7-6 中可以得到以下结论：比较方案 1 和方案 2 发现，尽管转动惯量相同，不同的 C_p^{max}，λ_{opt} 使得 MPPT 效率不同，这说明 C_p^{max}，λ_{opt} 对风力机的 MPPT 性能具有重要的影响。另外，通过方案 1 和方案 3 的比较可以看出，转动惯量减少 19.94%的情况下，MPPT 效率增加了 9.19%。而通过方案 1 和方案 2 发现，只需分别增加 C_p^{max}0.39%，λ_{opt}3.03%，MPPT 效率就能增加 9.25%。这说明 C_p^{max}，λ_{opt} 对风力机 MPPT 性能的影响比较大。因此，在优化风力机结构时，C_p^{max}，λ_{opt} 是很重要的结构参数。又注意到能量能控度不仅与转动惯量有关，也与 C_p^{max}，λ_{opt} 有关。因而，基于能量能控度的优化设计方法相较于参数摄动裕度能控度的优化设计方法更适合于风力机。

(3) 风速也会影响 MPPT 性能。另外，从风力机能量能控度的表达式可以看出，它还与平均风速相关，下面给出仿真实验说明平均风速确实会影响风力机的 MPPT 性能。选取 1.5MW 水平轴风力机作为对象，分别使用平均风速为 5m/s 和 6m/s，湍流等级为 A 级的湍流风速，利用 Bladed 进行仿真实验。仿真过程中用到的数据和结果如表 7-7 所示。

表 7-7　　仿真参数和结果[1]

方案编号与相同参数	方案 1	方案 2
	$C_p^{max}=0.4781$　$\lambda_{opt}=6.6$　R=36 (m)　$J=3.779974\times10^6$ (kg·m²)	
$\bar{v}$ (m/s)	5.0	6.0
η (%)	85.14	92.92

从表 7-7 可以看出，平均风速的大小对 MPPT 效率有着重要的影响，这也说明了选取能量能控度指标作为风力机结构参数优化设计的目标函数更合理。

综合上述三方面的比较发现，基于能量能控度的优化设计方法相较于参数摄动裕度能控度的优化设计方法更适合用于优化设计风力机的结构参数。

第 4 节　输出能控度及在风力机系统中的应用❶

前面第 7 章第 2 节中所介绍的能控度都是从系统状态能控的角度提出的，从上述理

❶ 这部分内容已整理成论文《A Quantitative Measure of the Degree of Output Controllability and its Application》，已投稿 International Journal of Systems Science，正在审稿中。

论和仿真效果说明：对于系统状态的控制效果，能控度越大，控制效果越好。但是，在许多实际工程问题中，特别是 PID（Proportional Integral Derivative）控制，控制效果是由输出来表现的。而且，状态能控度用于这类问题未必会得到好的结果。因此，需要提出输出能控度以更好地解决实际问题。

一、输出能控度的定义

考虑如下线性时不变系统

$$\Gamma: \dot{x}(t) = Ax(t) + Bu(t), x(t_0) = x_0 \\ y(t) = Cx(t) \tag{7-81}$$

式中：$x \in R^n$ 为系统的状态向量；$u \in R^m$ 为系统控制输入；A，B，C 分别为相应维数的状态矩阵、输入矩阵和输出矩阵。

$e^{A(t-t_0)}$ 为系统 Γ 的状态转移矩阵，则 Grammian 矩阵定义如下

$$W(t) = \int_{t_0}^{t} e^{A(t-\tau)} BB^{\mathrm{T}} e^{A^T(t-\tau)} \mathrm{d}\tau \tag{7-82}$$

考虑下述有限时间最小能量控制问题

$$\sigma_{\mathrm{e}} = \min_{u(t)} \int_{t_0}^{t_{\mathrm{f}}} u^{\mathrm{T}}(t) u(t) \mathrm{d}t \\ s.t.\ y(t_0) = y_0, y(t_{\mathrm{f}}) = 0 \tag{7-83}$$

类似于文献［16］状态能控度的定义，如果式（7-83）的最优解存在，则可得输出能控度的定义如下：

定义 7.6 对于线性时不变系统式（7-81），假设 y_0 是初始输出向量，则定义系统式（7-81）的输出能控度指标 ρ_{c} 为

$$\rho_c^{-1} = \max_{\| y_0 \| = 1} \min_{u(t)} \int_{t_0}^{t_{\mathrm{f}}} u^{\mathrm{T}}(t) u(t) \mathrm{d}t$$

该指标是从控制能量的角度提出的，它反映了系统输出从 $y(t_0) = y_0$，$\| y_0 \|_2 = 1$ 转移到 $y(t_{\mathrm{f}}) = 0$ 所需要的最小能量。根据定义 7.6 可得到输出能控度指标。

定理 7.5 假设式（7-83）的最小能量问题是可解的，则系统式（7-81）的输出能控度指标可定义为

$$\rho_{\mathrm{c}} = \lambda_{\min}(CWC^{\mathrm{T}}) \tag{7-84}$$

注 7.5 从式（7-84）中可以看出：系统在 $[t_0, t_{\mathrm{f}}]$ 内输出不可控时，输出能控度为 0。另外，定义 7.6 中 $\{y_0 : \| y_0 \|_2 = 1\}$ 相当于对初始输出条件的归一化，引入它的目的是为了使输出能控度指标不依赖于初始条件，为了更好地指导受控对象的结构参数优化设计。

二、输出能控度在风力机系统中的应用

为了更好地将输出能控度用于优化风力机的结构参数，下面分别针对 PID 控制方法和最优转矩法来验证输出能控度越大的风力机，控制效果越好，这为进一步用输出能控度优化设计风力机的结构参数奠定了基础。

本节使用风力机双质量块模型，其线性化过程在第 7 章第 2 节中已介绍。仿真选取 600kW 和 5MW 风力机来验证输出能控度指标，其中仿真用到的结构参数如表 7-8 和

表 7-9 所示。

表 7-8　600kW 风力机结构参数

参数	数值	参数	数值
叶片数 N_B	3	低速轴阻尼系数 D_{ls}	0
叶片长度 R（m）	20	低速轴扭转刚度 K_{ls}	1.6043×10^7
风力机转动惯量 J_r（kg·m²）	5.492064×10^5	额定功率 P_{rated}（kW）	600
发电机转动惯量 J_g（kg·m²）	34.4	额定转矩 T_{rated}（N·m）	3580
齿轮箱变比 n_g	43.165	最佳叶尖速比 λ_{opt}	5.8
风力机阻尼系数 D_r	0	最大风能利用系数 C_p^{max}	0.46
发电机阻尼系数 D_g	0		

表 7-9　5MW 风力机结构参数

参数	数值	参数	数值
叶片长度 R（m）	63	发电机阻尼系数 D_g	1
轮毂半径 R_{hub}（m）	1.50	低速轴阻尼系数 D_{ls}	6.21×10^6
风力机转动惯量 J_r（kg·m²）	3.8759227×10^7	低速轴扭转刚度 K_{ls}	8.67637×10^8
发电机转动惯量 J_g（kg·m²）	534.2	额定功率 P_{rated}（MW）	5.0
齿轮箱变比 n_g	97	最佳叶尖速比 λ_{opt}	7.8
风力机阻尼系数 D_r	1000	最大风能利用系数 C_p^{max}	0.4855

将 600kW 和 5MW 风力机结构参数分别带入式（7-54）中，可得到如下两个风力机系统

$$A_1=\begin{bmatrix}-0.0934 & 0 & -1.8208\times10^{-6}\\ 0 & 0 & 6.7346\times10^{-4}\\ 1.6043\times10^{7} & -3.7167\times10^{5} & 0\end{bmatrix},B_1=\begin{bmatrix}0\\-0.02907\\0\end{bmatrix}\tag{7-85}$$

$$A_1=\begin{bmatrix}-0.0352 & 0 & -2.5800\times10^{-8}\\ 0 & -0.0019 & 1.9299\times10^{-5}\\ 8.6742\times10^{8} & -8.9446\times10^{6} & -1.3957\end{bmatrix},B_2=\begin{bmatrix}0\\-0.0019\\119.8439\end{bmatrix}\tag{7-86}$$

通过计算，可得式（7-85）和式（7-86）的输出能控度为

$$\rho_{c1}=2.8336\times10^{-7},\rho_{c2}=8.2363\times10^{-11}\tag{7-87}$$

1. PID 控制方法

首先，针对风力机系统，设计 PID 控制器，如图 7-22 所示。

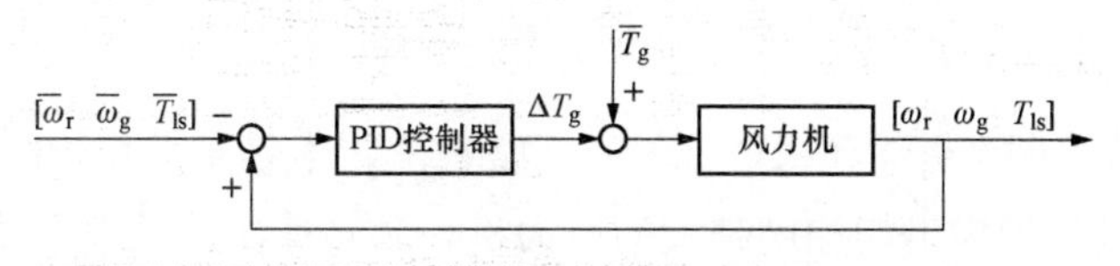

图 7-22　风力机的 PID 控制器

这里，系统式（7-85）和式（7-86）的PID控制器设计参数分别为

$$k_{p1}=-581.7840, k_{i1}=-79.9079, k_{d1}=6124.3188, N_1=0.0950$$

$$k_{p2}=-21973.9720, k_{i2}=-1243.7964, k_{d2}=-92724.5937, N_2=0.2370$$

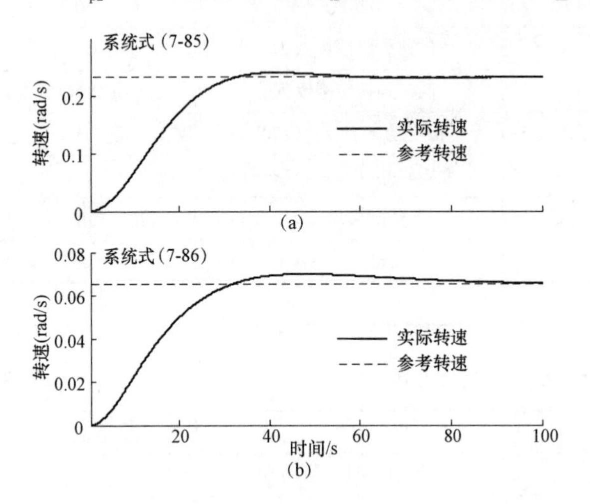

图 7-23　系统式（7-85）和式（7-86）的转速跟踪曲线

(a) 系统式（7-85）；(b) 系统式（7-86）

注 7.6　这里，PID的三个参数是采用相同的设计方法得到的，它们是由MATLAB中的PID模块决定的。也就是说，这两组参数对于系统式（7-85）和式（7-86）分别是最佳的PID参数。

通过计算，可得系统式（7-85）和式（7-86）的MPPT效率分别为89.98%和86.46%，相应的转速跟踪曲线如图7-23所示。

2. 最优转矩法

类似的，通过计算，可得系统式（7-85）和式（7-86）的MPPT效率分别为97.33%和94.59%，相应的转速跟踪曲线如图7-24所示。

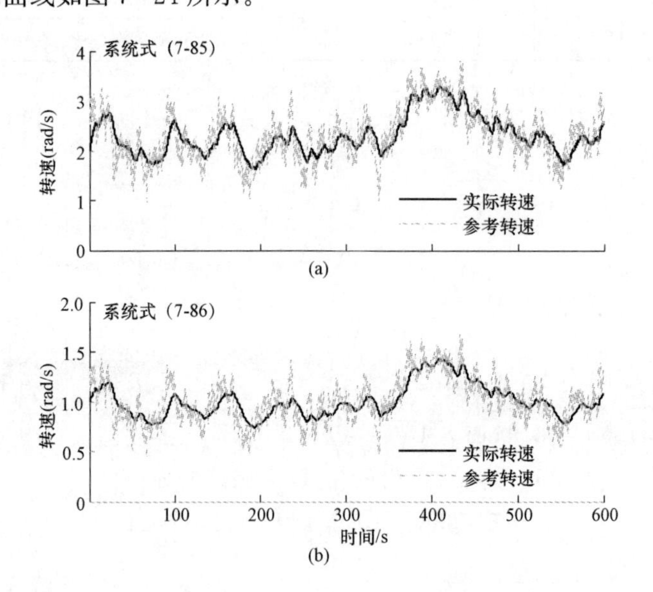

图 7-24　系统式（7-85）和式（7-86）的转速跟踪曲线

(a) 系统式（7-85）；(b) 系统式（7-86）

从式（7-87）、图7-23和图7-24中可以看出：不管是采用PID控制方法还是最优转矩法，都可以得到输出能控度越大的风力机，其转速跟踪的效果越好，MPPT效率越高，这说明输出能控度用于风力机系统是有效的。

注释与参考文献

本章提出了一种基于能控度的风力机结构参数优化方法。提出这个方法的背景是为了解决系统与控制一体化设计在实际运用中遇到的瓶颈问题：控制系统的设计是整个系统设计的末端环节，它在系统总体设计中的参与度从现有的控制器设计方法来看，是很受限制的。它要求系统的受控对象设计基本成型，然后才能够用各种可能的控制器去校验比较效果提出修正建议。然而，系统总体设计的些微改动都是非常困难的。除非控制不能实现，否则不会为了提高控制效率而去改动基本成型的系统结构的[6]。

针对这样的实际困难，本章提出的前瞻性方法，旨在回答：一般而言，怎样的系统是更加容易控制的。大家猜测是能控度越高的系统，无论采取怎样的控制，只要是有效的方法，同类控制器设计方法对它的控制效果会相对得到提高。目前这一工作主要针对风力发电和部分控制理论问题展开的，更多的挑战仍然需要去一一面对。

本章的内容反映了上述猜想[7]在风力发电系统的近似模型中是成立的。具体方法是在验证了状态能控度与风力机控制效果内在关系的基础上，分别基于参数摄动裕度能控度与能量能控度优化设计得到了风力机的相应结构参数，并进行了仿真验证，结果表明，针对最优转矩法和非线性静态状态反馈控制方法，优化得到的结构参数获得了较好的控制效果。值得指出的有两点：

（1）本章提出的方法虽然不像第六章优化参考输入方法那样完全不涉及系统结构参数，但它基于能控度的参数优化不依赖于具体的控制器，只与系统结构参数本身有关。可以像可靠性设计、维修性设计及保障性设计那样较早阶段介入总体设计，为控制工程师及早介入系统总体设计提供了一条更为可行的途径。

（2）虽然仿真的结果表明，本章的优化方法对于提高风力机的发电效率行之有效，但是要具体用于实际工程中任重道远。另外，对于输出能控度，在风力机系统中也取得了不错的应用效果。但是要将它用于优化风力机结构参数，还需要进一步研究。特别需要说明的是本章的方法具有一般性，但截至目前我们尚未发现如何从理论上进行证明的框架路线，只能就具体系统的具体控制进行不断的验证，并在验证中获得改进与提高。

本章内容主要源自夏亚平博士在攻读学位期间关于风力机参数优化部分的研究工作[1]。她在文献［8］提出的框架下，提出了一类基于能控度的受控对象结构参数优化方法，并以风力机风能捕获跟踪控制为平台，给出了在风力机结构参数优化方面的应用。该部分的后续研究已获一项国家自然科学基金资助：“基于能控度的结构参数优化新方法的研究（61903318）”，目前仍在继续探索中。同时，有关在风力机设计上的实际应用仍有待进一步深入和完善。

［1］夏亚平．怎样的受控对象更好控制？——基于能控度视角的探索［D］．南京：南京理工大学，2016.
［2］钱学森．工程控制论（新世纪版）［M］．上海：上海交通大学出版社，2007.

[3] 中国科学院．中国学科发展战略：控制科学 [M]．北京：科学出版社，2015.

[4] Ouzts P，Soloway D，Moerder D，et al. The role of guidance，navigation，and control in hypersonic vehicle multidisciplinary design and optimization [C] //International Space Planes & Hypersonic Systems & Technologies Conference. Bremen，UK：AIAA，2009：7329.

[5] 张勇，陆宇平，刘燕斌，等．高超声速飞行器控制一体化设计 [J]．航空动力学报，2012，27 (12)：2724 - 2732.

[6] 邹云．捏柿子："更好控制的对象?" 与 "控制系统一体化设计" [J]．系统与控制纵横，2017，4 (1)：59 - 64.

[7] 邹云，夏亚平，殷明慧，等．怎样的受控对象更好控制——一个基于能控度的分析与猜想 [J]．中国科学：信息科学，2017，47 (1)：47 - 57.

[8] 邹云，蔡晨晓．一体化设计新视角：系统的控制性设计概念与方法 [J]．南京理工大学学报（自然科学版），2011，35 (4)：427 - 430.

[9] Eising R. Between controllable and uncontrollable [J]．Systems and Control Letters，1984，4 (5)：263 - 264.

[10] Boley D，Lu W S. Measuring how far a controllable system is from an uncontrollable one [J]. IEEE Transactions on Automatic Control，1986，31 (3)：249 - 251.

[11] Son N K，Thuan D D. The structured distance to non - surjectivity and its application to calculating the controllability radius of descriptor systems [J]．Journal of Mathematical Analysis and Applications，2012，388 (1)：272 - 281.

[12] 邹云，杨成梧．能控广义系统与不能控广义系统集之间的距离 [J]．自动化学报，1991，17 (2)：220 - 224.

[13] Müller P C，Weber H I. Analysis and optimization of certain qualities of controllability and observability for linear dynamical systems [J]．Automatica，1972，8 (3)：237 - 246.

[14] 陈启宗，王纪文．线性系统理论与设计 [M]．北京：科学出版社，1988.

[15] Kang O，Park Y，Park Y S，et al. New measure representing degree of controllability for disturbance rejection [J]．Journal of Guidance，Control，and Dynamics，2009，32 (5)：1658 - 1661.

[16] Xia Y，Yin M，Cai C，et al. A new measure of the degree of controllability for linear system with external disturbance and its application to wind turbines [J]．Journal of Vibration and Control，2018，24 (4)：739 - 759.

[17] Lim K B，Gawronski W. Actuator and sensor placement for control of flexible structures [J]. Control and Dynamic Systems，1993，57：109 - 152.

[18] Trentelman H L，Stoorvogel A A，Hautus M. Control theory for linear systems [M]．Berlin，Germany：Springer，2001.

[19] Lee H，Park Y，Park Y. Quantitative measures of compensation capabilities and output noise sensitivities of linear systems [C] //2011 11th International Conference on Control. Gyeonggi - do，Korea：IEEE，2011：277 - 280.

[20] Lee H，Park Y. Quantitative measures of output noise sensitivities of linear systems in modal domain [C] //2012 12th International Conference on Control，Automation and Systems. JeJu，Island：IEEE，2012：1313 - 1316.

[21] Xia Y，Yin M，Zou Y. Implications of the degree of controllability of controlled plants in the sense of LQR optimal control [J]．International Journal of Systems Science，2018，49 (2)：358 - 370.

[22] 夏亚平，殷明慧，杨志强，等．关于最大功率点跟踪的风力机的能控度分析［C］//第33届中国控制会议论文集．南京：南京理工大学，2014：2336-2341.

[23] 胡寿松，王执铨，胡维礼．最优控制理论与系统［M］．北京：科学出版社，2005.

[24] Darrow P J. Wind turbine control design to reduce capital costs [R]. Colorado: National Renewable Energy Laboratory, 2010.

[25] Boukhezzar B, Siguerdidjane H. Nonlinear control of a variable-speed wind turbine using a two-mass model [J]. IEEE Transactions on Energy Conversion, 2011, 26 (1): 149-162.

[26] Morren J, Pierik J, Haan S W H D. Inertial response of variable speed wind turbines [J]. Electric Power Systems Research, 2006, 76 (11): 980-987.

[27] Jonkman J M, Buhl Jr M L. FAST user's guide [R]. Colorado: National Renewable Energy Laboratory, 2005.

[28] Kim K H, Van T L, Lee D C, et al. Maximum output power tracking control in variable-speed wind turbine systems considering rotor inertial power [J]. IEEE Transactions on Industrial Electronics, 2013, 60 (8): 3207-3217.

[29] Bossanyi E A. Wind turbine control for load reduction [J]. Wind Energy, 2003, 6 (3): 229-244.

[30] Xia Y, Yin M, Li R, et al. Integrated structure and maximum power point tracking control design for wind turbines based on degree of controllability [J]. Journal of Vibration and Control, 2019, 25 (2): 397-407.

[31] Selig M S. PROPID user manual [R]. Illinois, USA: University of Illinois at Urbana-Champaign, 2012.

[32] Tangler J L, Somers D M. NREL airfoil families for HAWTs [R]. Colorado: National Renewable Energy Laboratory, 1995.

[33] Cove S R, Ordonez M, Luchino F, et al. Applying response surface methodology to small planar transformer winding design [J]. IEEE Transactions on Industrial Electronics, 2013, 60 (2): 483-493.

[34] Hansen M O L. Aerodynamics of wind turbines [M]. 2nd ed. London: Earthscan, 2008.

[35] Burton T, Jenkins N, Sharpe D, et al. Wind energy handbook [M]. 2nd ed. New York: John Wiley and Sons, 2011.

[36] Johansen J, Madsen H A, Gaunaa M, et al. Design of a wind turbine rotor for maximum aerodynamic efficiency [J]. Wind Energy, 2009, 12 (3): 261-273.

附　　录

附录 A　基于 Bladed 的湍流风速构建

A.1　Bladed 构建三维湍流风速介绍

相比均匀风场模型和单点风场模型，三维湍流风场模型够更准确地模拟风场的实际湍流特性。风力机商业仿真软件 Bladed 采用基于 Veers 所描述的方法模拟三维湍流风场。假定风轮平面被矩形栅格点所覆盖，如图 2-2 所示。

对于每个栅格点，均以这样的方式产生分离的时间关系曲线：每条时间关系曲线具有特定的单点风湍流频谱特性，而每对时间关系曲线均有特定的交叉频谱或相干特性。根据 IEC-61400-1 标准，本节选择 Kaimal 模型来描述这一自频谱密度和空间交叉相关性。具体操作步骤如下：

（1）打开 Bladed 软件，进入 Wind 界面，选择 Define turbulence 模块（见图 A.1）。

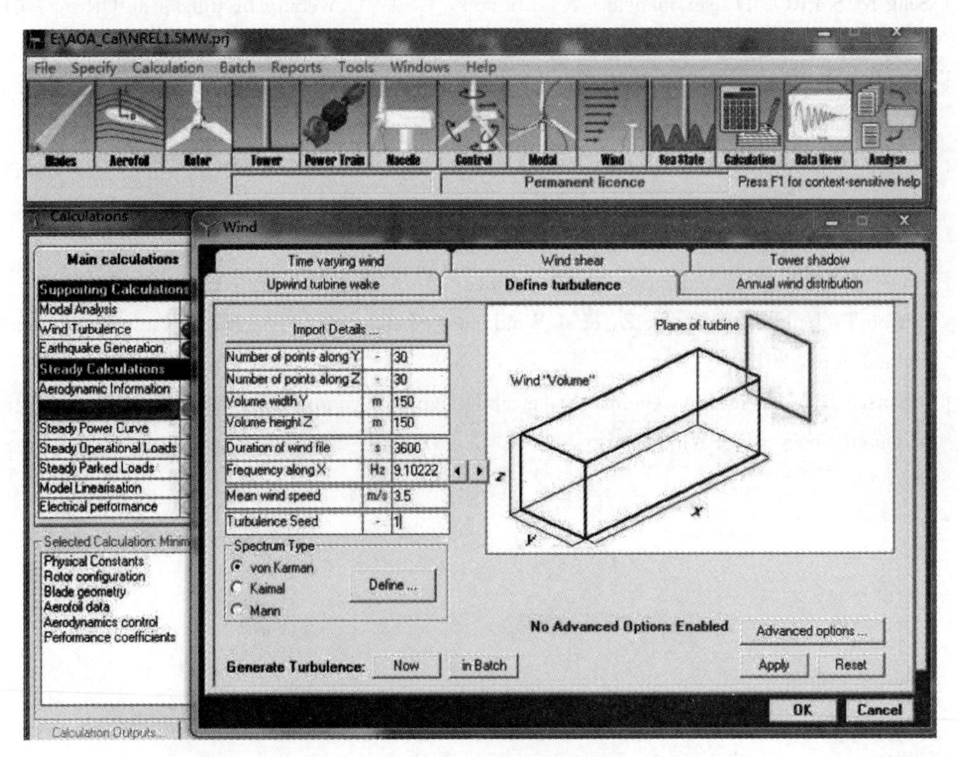

图 A.1　Bladed 软件界面

（2）湍流风参数设置，点击 Now 生成 3D 湍流风文件（见图 A.2）。

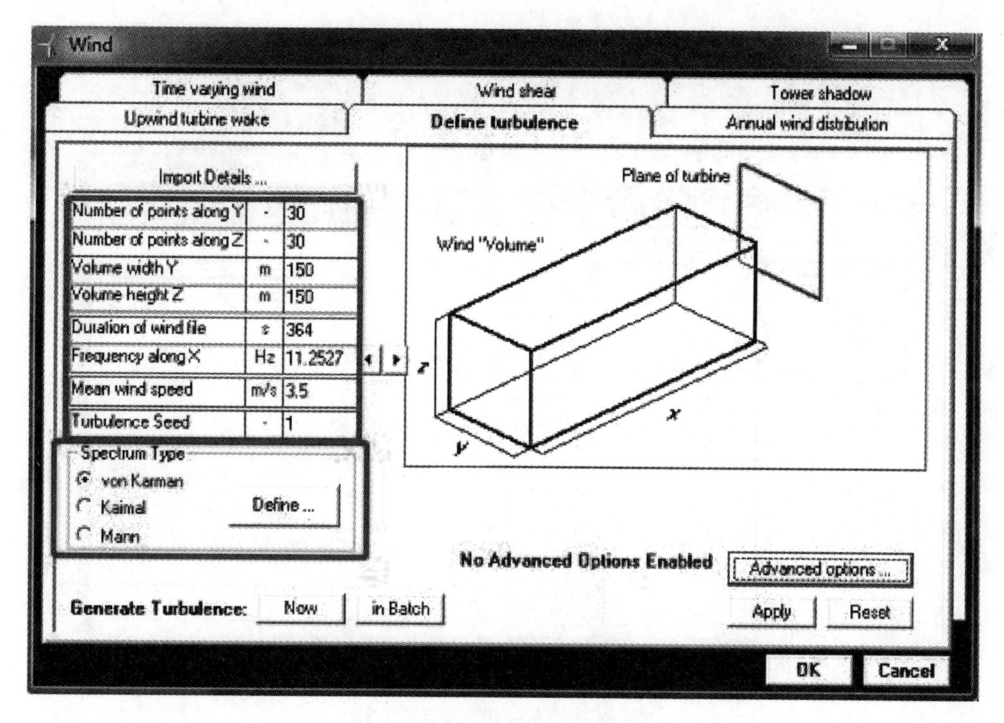

图 A. 2　湍流风参数设置

其中：Number of point along Y，水平方向栅格点个数；Number of point alongZ，垂直方向栅格点个数；Volume width Y，栅格覆盖的宽度；Volume height Z，栅格覆盖的高度；Duration of wind file，风速序列长度；Frequency along X，采样频率；Mean wind speed，平均风速；Turbulence Seed，生成风种子个数；Spectrum Type，选择风谱类型。

可以选择 von Karman 模型或者 Kaimal 模型，可在模型中设置湍流强度、积分尺度、风速所在高度、地形粗糙度、纬度等条件。

A. 2　Bladed 提取单点风速数据说明

本书涉及的单点风速模型同样通过 Bladed 软件获取，具体流程如下：

（1）在 Bladed 中建立风力机和杆塔模型后，进入 Wind 界面，选择 Time varying wind 模块；

（2）选择 3D Turbulent Wind 选项，在 Turbulent wind name 一栏，选择附录 A. 1 中生成的 3D 湍流风文件（见图 A. 3）；

（3）点击 View Wind Data，进入 Wind Viewer 界面（见图 A. 4）；

（4）选取风力机轮毂位置，点击 Stats 获取风速数据，点击 View 参看风速数据曲线（见图 A. 5）。

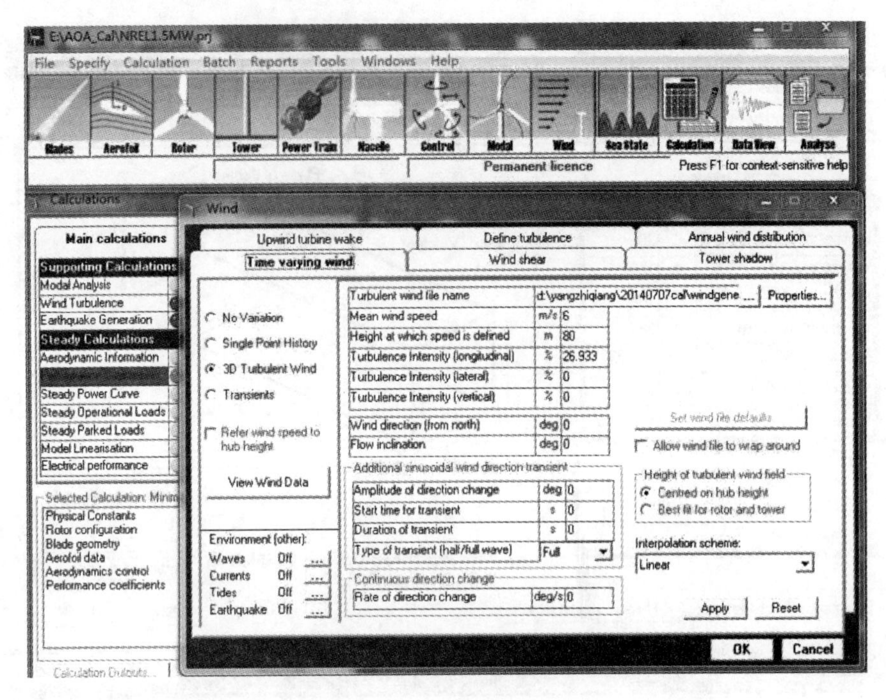

图 A. 3　读取 3D 湍流风文件

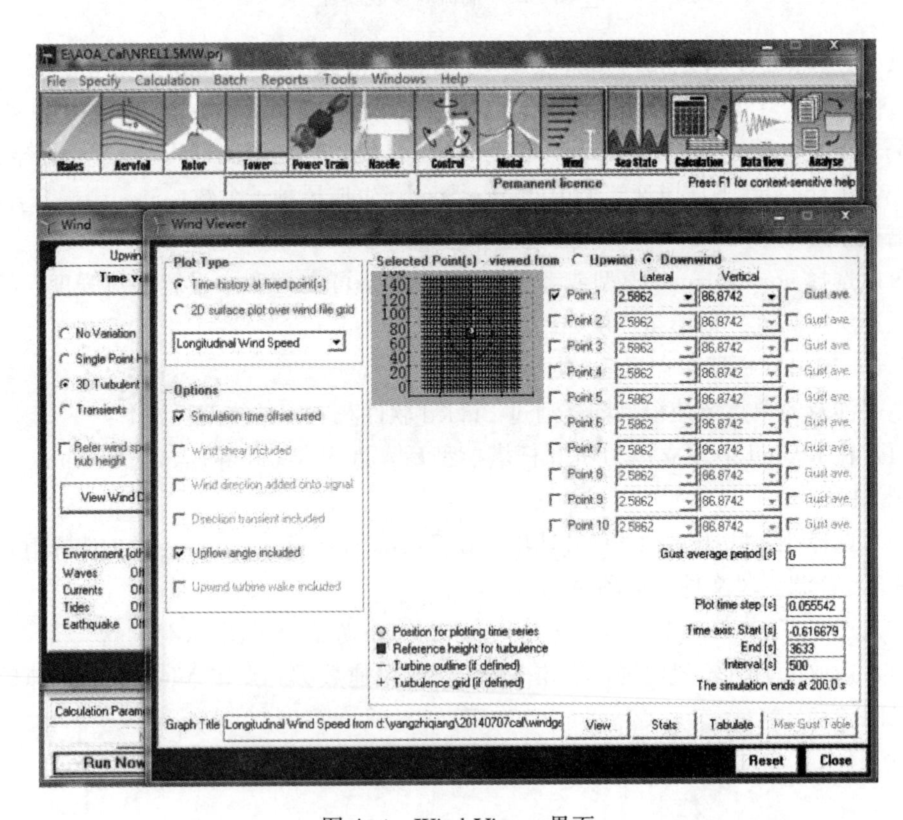

图 A. 4　Wind Viewer 界面

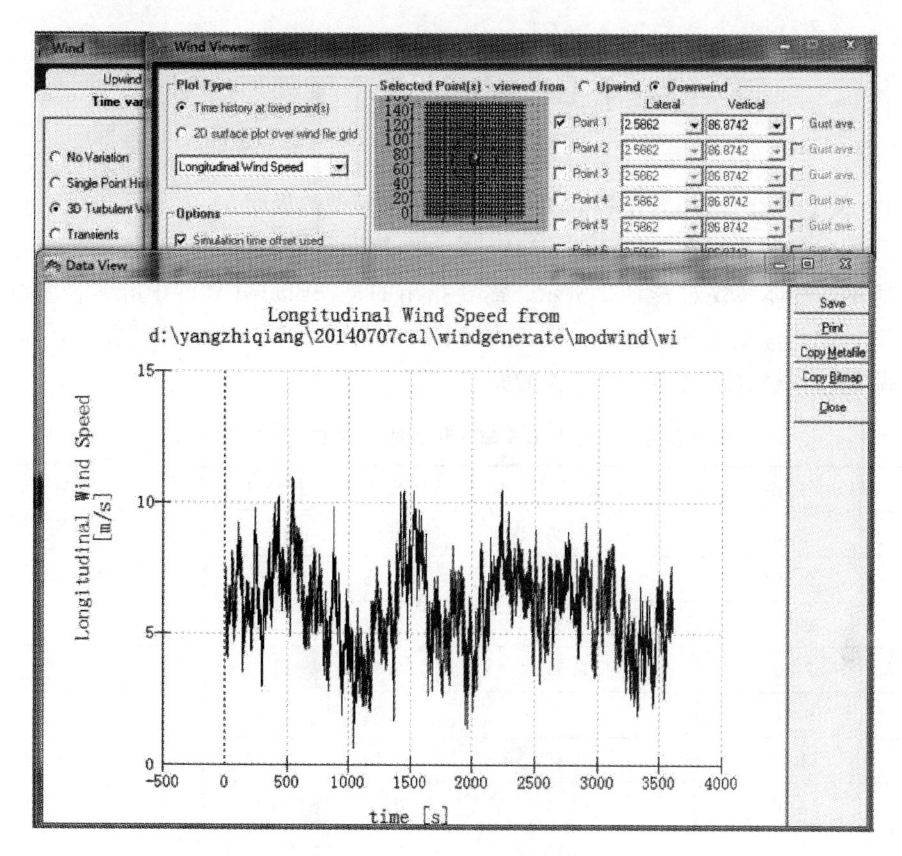

图 A.5 单点风速数据曲线

附录B 风力机模型说明

B.1 关于 NREL 1.5MW 和 5MW 风力机复杂模型的说明

在 Bladed 软件中构建 NREL 1.5MW 风力机的复杂模型，叶片的气动外形参数如表 B.1 所示，整体参数如表 B.2 所示。需要指出的是，Bladed 软件中叶素位置的定义与 NREL 给出的原定义有所区别：NREL 将轮毂中心定义为叶素位置的原点，而 Bladed 软件将轮毂半径处定义为叶素位置的原点。

表 B.1 Bladed 软件中 NREL 1.5 MW 风力机叶片的气动外形参数

叶素	原定义位置（m）	Bladed 定义位置（m）	弦长（m）	扭角（°）	翼型
1	1.75	0.00	1.95	11.10	Cylinder
2	2.86	1.11	1.95	11.10	
3	5.08	3.33	2.27	11.10	
4	7.30	5.55	2.59	11.10	s818
5	9.51	7.76	2.74	10.41	
6	11.73	9.98	2.58	8.38	
7	13.95	12.20	2.41	6.35	
8	16.16	14.41	2.25	4.33	
9	18.38	16.63	2.08	2.85	s825
10	20.60	18.85	1.92	2.22	
11	22.81	21.06	1.75	1.58	
12	25.03	23.28	1.59	0.95	
13	27.25	25.50	1.43	0.53	
14	29.46	27.71	1.28	0.38	
15	31.68	29.93	1.13	0.23	s826
16	33.90	32.15	0.98	0.08	
17	35.00	33.26	0.50	0.00	

表 B.2 NREL 1.5MW 风力机整体参数

参数	数值	参数	数值
叶片长度 R（m）	35	风力机转动惯量 J_r（$kg \cdot m^2$）	4.740703×10^6
轮毂半径 R_{hub}（m）	1.75	额定功率 P_{rated}（MW）	1.5
最佳叶尖速比 λ_{opt}	6.8		

在 Bladed 软件中构建 NREL 5MW 风力机的复杂模型，叶片的气动外形参数如表 B. 3 所示，整体参数如表 B. 4 所示。

表 B. 3　　Bladed 软件中 NREL 5 MW 风力机叶片的气动外形参数

叶素	原定义位置（m）	Bladed 定义位置（m）	弦长（m）	扭角（°）	翼型
1	1.50	0.00	3.54	13.31	Cylinder1
2	2.87	1.37	3.54	13.31	
3	5.60	4.10	3.85	13.31	
4	8.33	6.83	4.17	13.31	Cylinder2
5	11.75	10.25	4.56	13.31	DU40 _ A17
6	15.85	14.35	4.65	11.48	DU35 _ A17
7	19.95	18.45	4.46	10.16	
8	24.05	22.55	4.25	9.01	DU30 _ A17
9	18.38	16.63	2.08	2.85	DU25 _ A17
10	20.60	18.85	1.92	2.22	
11	36.35	34.85	3.50	5.36	DU21 _ A17
12	40.45	38.95	3.26	4.19	
13	44.55	43.05	3.01	3.13	NACA64 _ A17
14	48.65	47.15	2.76	2.32	
15	52.75	51.25	2.52	1.53	
16	56.17	54.67	2.31	0.86	
17	58.90	57.40	2.09	0.37	
18	61.63	60.13	1.42	0.11	
19	63.00	61.50	0.50	0.00	

表 B. 4　　NREL 5MW 风力机整体参数

参数	数值	参数	数值
叶片长度 R（m）	63	风力机转动惯量 J_r（kg · m^2）	3.8759227×10^7
轮毂半径 R_{hub}（m）	1.50	额定功率 P_{rated}（MW）	5.0
最佳叶尖速比 λ_{opt}	7.8		

B. 2　关于 CART3 600kW 风力机简化模型的说明

表 B. 5　　CART3 600kW 风力机整体参数

参数	数值	参数	数值
叶片长度 R（m）	20	风力机转动惯量 J_r（kg · m^2）	5.492064×10^5
轮毂半径 R_{hub}（m）	0.82	额定功率 P_{rated}（kW）	600
最佳叶尖速比 λ_{opt}	5.8		

B.3 风力机简化气动模型说明

在本书的风力机简化模型中采用 $C_p-\lambda$ 曲线表示气动模型，根据式（2-40）$C_p(\lambda, \beta)$ 表达式，令桨距角 $\beta=0$，得到 $C_p-\lambda$ 曲线数据如表 B.6 所示。

表 B.6 $C_p-\lambda$ 曲线数据

λ	C_p	λ	C_p	λ	C_p	λ	C_p
2.0	0.0014	4.8	0.1983	7.6	0.4081	10.4	0.2899
2.2	0.0033	5.0	0.2211	7.8	0.4104	10.6	0.2708
2.4	0.0065	5.2	0.2435	8	0.4109	10.8	0.2507
2.6	0.0115	5.4	0.2651	8.2	0.4096	11.0	0.2296
2.8	0.0187	5.6	0.2858	8.4	0.4065	11.2	0.2074
3.0	0.0282	5.8	0.3053	8.6	0.4017	11.4	0.1843
3.2	0.0400	6.0	0.3235	8.8	0.3953	11.6	0.1603
3.4	0.0543	6.2	0.3402	9.0	0.3872	11.8	0.1355
3.6	0.0707	6.4	0.3552	9.2	0.3775	12.0	0.1099
3.8	0.0891	6.6	0.3686	9.4	0.3663	12.2	0.0836
4.0	0.1091	6.8	0.3802	9.6	0.3537	12.4	0.0565
4.2	0.1304	7	0.3900	9.8	0.3397	12.6	0.0288
4.4	0.1526	7.2	0.3979	10.0	0.3244		
4.6	0.1753	7.4	0.4039	10.2	0.3077		

后记：关于广义跟踪控制技术的一点注释

广义跟踪控制技术是指用以提高跟踪控制系统跟踪效能的相关系统设计技术。它不仅包括经典意义下的跟踪控制器参数优化设计，也包括控制器以外其他可调系统硬件参数与可控工艺参数的优化设计技术，目的是提高系统跟踪控制效益。

直到本书定稿的最后一刻，殷明慧教授还在为书名是否加上“广义”二字推敲斟酌。在他看来，凡是可以提高风力机控制系统捕获风能效果的优化设计显然都是控制。对于电气工程师而言，这是无可置疑、自然而然的事情。然而，站在控制学科的角度，看上去却是另一种景象。记得 2013 年之前，每当研究小组以风力机系统 MPPT 控制为研究课题的博士研究生在博士学位论文预答辩时，来自控制学科的教授总是很困惑：你们的控制究竟在哪？学生们的回答是：风电系统的跟踪控制技术研究都是这样描述的。回答没有错。这是事实。然而，问题并没有获得有效解释。同期存在的另一个事实是：论文盲审时，若非正好被送到风电控制专家那里，论文评审成绩则可能受到严重影响。

其实，这是不难理解的：从传统控制学科的视角看，不是针对控制器结构和参数的设计或优化，就称不上是控制设计。在控制学科学者的眼里，控制系统的标准控制框图应该是图 HJ. 1 式样的。它设计的是控制器 $K(s)$，目的是使得受控对象Σ的行为 y 与参考输入 r 的误差 e 趋于 0 或者极小化。其中，u 称为控制变量，$u(s)=K(s)e(s)$ 称为控制律或控制策略。

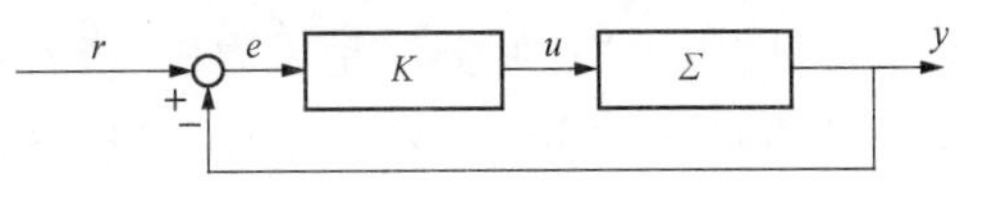

图 HJ. 1　控制学科视角下的控制设计框图

而那时，学生们在绪论里给出的实现 MPPT 的最优转矩法的控制框图是如图 HJ. 2 所示的形式。

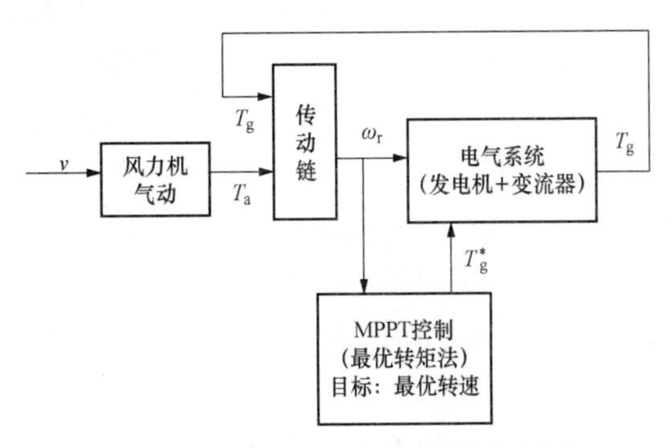

图 HJ. 2　实现 MPPT 的最优转矩法的控制原理框图

图 HJ. 2 下方的框图标出了 MPPT 控制，其实质上设定了风力机转速（输入）与电磁转矩指令（输出）之间的代数关系。可见，在图 HJ. 2 中，没有如图 HJ. 1 所示的控制学科视角下的反馈控制器，受控对象也不明确。一说到控制设计，立即出现与最优转速、最优功率曲线相关的一系列具体跟踪算法：最优转矩法、功率曲线法……。这样描述的模型，使得控制学科的教授们感觉很难抓住 MPPT 控制设计在控制科学视角下的要点，直接影响了他们对论文的学术评价。

因此，怎样将图 HJ. 2 用图 HJ. 1 来描述变得非常重要。然而，对此学生们说不清楚，导师们也说不清楚。到 2013 年张小莲博士以关于 MPPT 控制的最优转矩法研究为课题的学位论文预答辩时，这个问题已经变得非常突出，到了必须要解决的程度。为此，张小莲博士的学位论文推迟了两个月送审。最终，在殷教授的全面参与下，解决了这个问题，给出了如图 HJ. 3 所示的框图模型❶。

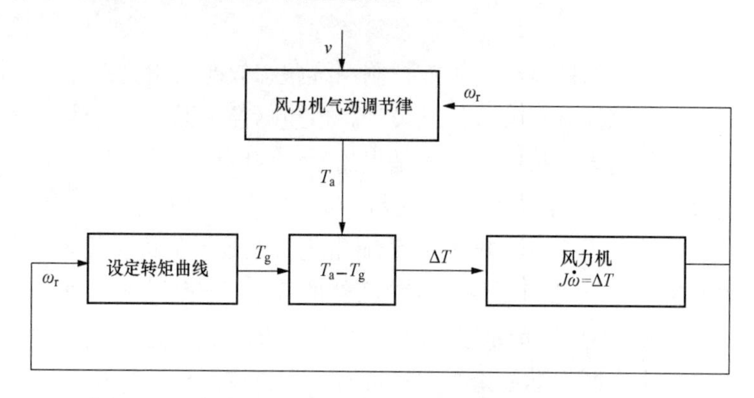

图 HJ. 3　实现 MPPT 的最优转矩法的控制学科视角框图

由图 HJ. 3 可以看出，最优转矩法对于最优转速的跟踪主要由风力机的物理特性——气动调节律和设定转矩曲线共同决定的。风速保持恒定时，在它们的共同作用下，风力机转速与最优转速的误差将收敛于 0，风力机趋于稳定平衡点——最大功率点。在这一框图中，“风力机气动调节律”为“控制器”，它是由风轮固有的气动特性自然生成的。也即此处采用的“控制器”是风力机气动特性设计环节配置的，无需控制工程师设计。

张小莲博士的主要工作在于优化设定转矩曲线，使得风力机能够获得更高的跟踪效益。也即，主要是对转矩曲线进行调整。这个工作类似于对控制系统参考输入的优化，它只是一种开环控制。最优转矩法虽然实现了最优转速跟踪，但在控制工程师的眼中，它很难被视作如图 HJ. 1 所示的标准控制器设计。

这类研究中，之所以没有采用依据最优转速得到的理论上最优的转矩曲线作为参考输入，然后通过“风力机气动调节律”或其他的跟踪调节律进行跟踪以获取最大风能捕获效率，是因为这种理论上的最优转矩曲线在其设置过程中，忽略了风速湍流特性和风力机动态特性的影响，因而在实际中并非最优。因此，对于这类跟踪控制效益问题，跟踪什么参考输入比如何跟踪上给定的参考输入更具研究意义。此时，怎样的参考输入设置才能全面反映湍流风速和风力机动态特性的综合影响以提升风能捕获效率，成为风力机跟踪控制系统设计必须面对的首要矛盾。这个设计，传统而言是电气工程师关注的课题。近年来，研究小组取得的最新研究进展表明：它可以作为一种广义控制变量，纳入现代最优控制理论和方法的研究与设计范畴。

实际上，就控制学科而言，寻根溯源，深究“控制”的本质，就会发现：原教旨意义下的“控制”，就是从外部被施加于系统以影响其行为的可实现举措。这个定义，与

❶ 2013 年，张小莲的博士学位论文盲审一改预答辩时教授们的低估预期，获得了两优一良的好成绩。这也是此前送盲审的 MPPT 控制研究学位论文的历史最好成绩。记得也是那一年起，MPPT 控制论文盲审再未出现过因问题描述不合控制学科习惯导致意外低评。

电气工程师对风力机控制的认知是一致的。只是随着控制理论的不断发展，控制工程师的任务分工趋于细分，控制的概念也逐渐狭义化。久而久之，就变成了主要集中于关于控制律或控制策略、尤其是闭环反馈控制策略的设计，从而造成了前述问题。

因此，如图 HJ.4 所示，为了与狭义的控制策略设计区分开来，我们将提高系统跟踪控制效益的各种设计技术，包括跟踪控制器参数的优化设计、被跟踪参考输入的优化设计以及受控对象结构参数的优化设计等，统称为广义跟踪控制技术。它们可以是闭环设计，也可以是开环设计。诚然，这是一种受控对象－控制系统－控制工艺一体化设计。考虑到一体化设计的内涵非常宽泛，而这里仅针对跟踪控制效益，因此我们认为将之称为广义跟踪控制技术更具针对性。

图 HJ.4 广义跟踪控制

其实，对于风力机风能捕获跟踪控制，同样存在基于闭环反馈控制框架设计的MPPT 控制，如叶尖速比法。为此，数学科班出身的陈载宇博士将团队开展的风力机风能捕获广义跟踪控制研究统一到图 HJ.5 所示的框图中，进而从控制学科视角较为清晰地阐述了团队工作。这个框图里，无论是跟踪控制器参数优化设计、参考输入优化设计，还是受控对象气动参数设计都一目了然。

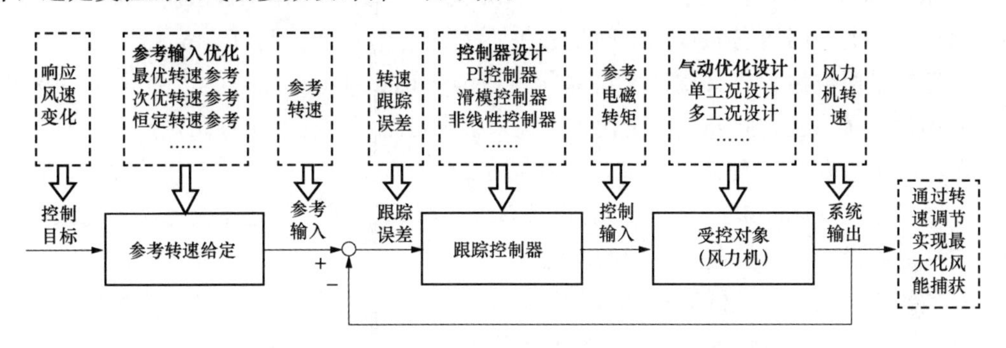

图 HJ.5 控制学科视角下风力机风能捕获广义跟踪控制框图

张小莲博士研究的最优转矩法可以视作图 HJ.5 断开反馈通道的一种特例。此外，如前所述，那里的“跟踪控制器”是利用风轮气动特性自然形成的“风力机气动调节律”来实现的。实际上，殷教授指导张小莲博士完成的许多关于转矩曲线调整的工作，包括基于收缩跟踪区间、有效跟踪区间的一系列改进手段，均是在优化参考输入。之所以要做进一步的优化，是因为低风速场景下，风力机动态特性缓慢而风速变化非常快，导致风力机针对单纯依据气动理论设计的传统最优转速的跟踪完全失效，造成风能捕获效率的大幅降低的缘故。

鉴于未虑及低风速场景下风力机动态特性的影响，传统最优转速曲线不再是实际意义上的最优设置。这就提出了一个跟踪控制理论和方法中尚未探讨过的问题：将被跟踪的参考输入也作为一种广义控制变量纳入跟踪控制策略设计的跟踪效益最优控制。殷教授提出的方法是缩小风速跟踪区间，进而陈载宇博士提出改变传统最优转速曲线的特性，使得风力机对之跟踪可以获得更大的风能捕获效率。

与此同时，殷教授指导杨志强博士进行的通过风力机气动参数优化设计进一步提高风力机风能捕获效率的方法，在图 HJ.5 中就对应于受控对象的结构参数优化。其后，夏亚平博士在她的博士学位论文中又进一步探索了：一般情形下，怎样的受控对象更容易控制的问题。从多方面验证了“在同样的控制器设计方法与相同的性能指标下，能控度越大的受控对象控制效果越好”的控制学猜想。进而，她以风力机风能捕获跟踪控制为平台，给出了一种基于极大化能控度的风力机结构参数优化设计方法。该方法具有很强的前瞻性，它使得系统总体设计可考虑控制器设计的共性要求，从而可在较为一般的意义下获得更好的控制效果。

这些方法，从控制科学的角度来看都有一个共同的特点：它们都不是仅针对控制器参数的优化设计，而是将视角扩大到包括工艺参数在内的整个系统中的可调或可控参数。其主要原因还在于低风速场景下，风力机的慢动态特性实质性地限制了跟踪控制器参数优化的改进效果。因此，调控手段有必要扩展到整个系统，目的则是相对改善或克服风力机慢动态特性造成的跟踪效益损失。这个特点是高风速场景所没有的。

需要指出的是这里的广义跟踪控制，并非指广义系统的跟踪控制。控制理论中，将由微分方程和代数方程约束联立形式描述的微分一代数（differential - algebraic equations）系统称为广义系统（generalized systems）。由于其状态运动被限制在 n 维空间中的代数子流形上，因而它的状态空间是一种不完全的半状态空间（semi - state space）。因此，它在早期被称为广义状态空间系统（generalized state - space systems），后来进一步简称为广义系统。此外，由于代数方程未必满足隐函数存在定理条件，从而存在一个由破坏隐函数存在定理条件的状态点构成的奇异面（singular surface）。故此，它也被称为奇异系统（singular systems）。广义系统的跟踪控制依旧是经典意义下的跟踪控制，与这里所说的广义控制是不同的概念。

本书的全部内容，从低风速场景的跟踪失效现象的发现到广义跟踪控制技术的形成，都是由在我名下攻读博士学位的研究生所组成的研究团队为主完成的。其中，殷教授是我早期指导过的硕士研究生，博士论文阶段师从薛禹胜院士。获得博士学位后一直作为我在电力系统自动化研究方向的核心助手，协助指导博士研究生。这个方向上的研究始于他对低风速风力机的实验观察，并一直由他带领研究生组织展开。在这一过程中，有几位学生给我留下特别深刻的印象。早期如张小莲博士和杨志强博士，近期如陈载宇博士和夏亚平博士。

张小莲博士和杨志强博士在完成学位论文期间，为探索与解决低风速场景下风电机组跟踪损失和控制方法的改进，做出了重要的先期贡献。陈载宇则将他们的工作做了系统化的推进，使得这一研究方向在理论体系上趋于成形。夏亚平的研究则非常具有前瞻性。因为研究方向创意较为原始，几乎没有可供直接参考的文献，她在初期研究进展非常缓慢。在她之前，已有两位博士研究生因此申请更换了研究方向。即使在这样的情况下，她依旧坚持了下来，并最终取得了一系列非常深刻的进展，非常难能可贵。毕业后，她在该方向的后续研究取得了更为深入的结果，获得了国家自然科学基金的资助。

我的本科专业是数学，硕士与博士学位均主攻控制理论。我与电气工程的结缘，始于 1997 年在东南大学在职攻读电力系统自动化方向的第二博士学位。期间，由于导师陈珩先生的意外去世，学位计划没有能够坚持下去。以这样的专业背景，作为这个风力发电控制研究团队的学术带头人，面临的困难与挑战是巨大的。在此，我想特别感谢国网江苏省电力有限公司电力科学研究院副院长李群博士。在他还是研究室技术项目负责人的时候，从 ABC 起步精心指导刚留校不久还是讲师、同时在做企业博士后的殷教授。正是这一阶段，开启了广义跟踪控制技术的研究方向。近十年来，正是李群博士提供的持续稳定的工程合作平台和工程技术指导才使我们走到了今天。

风电机组广义跟踪控制的研究还很初步，包括考虑友好并网控制在内的一系列复杂综合设计问题仍待深入探索。我个人相信：随着殷教授这一代青年团队骨干教师的不断成长，这支始终朝气蓬勃的创新研究团队的未来会更加光明。

邹　云

2019 年 8 月